佟大群——著

集安火盆文化

中国社会科学出版社

图书在版编目（CIP）数据

集安火盆文化/佟大群著. —北京：中国社会科学出版社，
2019.11
　ISBN　978-7-5203-5204-8

　Ⅰ.①集…　Ⅱ.①佟…　Ⅲ.饮食—文化—集安—普及读物
Ⅳ.①TS971.202.344-49

　中国版本图书馆 CIP 数据核字（2019）第 216452 号

出　版　人　赵剑英
责任编辑　安　芳
责任校对　张爱华
责任印制　李寡寡

出　　　版　中国社会科学出版社
社　　　址　北京鼓楼西大街甲 158 号
邮　　　编　100720
网　　　址　http://www.csspw.cn
发 行 部　010-84083685
门 市 部　010-84029450
经　　　销　新华书店及其他书店

印刷装订　北京君升印刷有限公司
版　　　次　2019 年 11 月第 1 版
印　　　次　2019 年 11 月第 1 次印刷

开　　　本　787×1092　1/16
印　　　张　17.25
字　　　数　256 千字
定　　　价　98.00 元

凡购买中国社会科学出版社图书，如有质量问题请与本社营销中心联系调换
电话：010-84083683

序

杨文慧（现任吉林省集安市委书记、人民政府市长）

　　集安火盆，是集安特色风味小吃，历史久远，积淀厚重，是"文化集安"的重要元素，是"美食集安"的一张名片。

　　品尝集安火盆，能感受边境风情。集安市位于长白山南麓，辖区面积3341平方公里，地处鸭绿江国际经济合作带核心区，与朝鲜民主主义人民共和国隔江相望，境内口岸机关齐全，是中国十大边疆重镇之一，边境风情饱满浓郁。这里有"抗美援朝第一渡"，有鸭绿江上唯一一座由朝方斥资修建的公路桥。火盆美食后，驻足江堤，朝鲜满浦风光可尽收眼底。

　　品尝集安火盆，能体验养生福地。集安市四季分明，环境优美，相对吉林省其他县市，有平均降雨量最大、积温最高、无霜期最长、风速最低等"四大特点"，森林覆盖率高，空气质量优良天数超过330天，有"塞外小江南"之美誉，是中国园林城市、国家级生态示范区、中国优秀旅游城市，是难得的养生福地。在这方福地，品特色饮食，对身心都是享受。

　　品尝集安火盆，能领略特色食材。集安地区植被茂密，川流潺潺，物华天宝，是中国重要健康食品、保健品原料和生产基地。这里有山葡萄、五味子、食用菌、山野菜、蜂产品等特色农产品，有"新开河""清河野山参"等参中上品。这些都是集安火盆的特色食材，令人回味无穷。

　　品尝集安火盆，能玩味朴厚文化。集安市是中国历史文化名城，是汉唐时期高句丽王城所在地，迄今已发现汉唐时期各类遗址、墓葬万余处，是中国境内第30处世界文化遗产地。千百年来，东北地区兴替反复，无数风物代谢，集安控扼东疆孔道，地杰人灵，民心笃实，世风朴厚，文明传承，不绝如缕，既为火盆文化发展创造了必不可少的外部环境，也为集安火盆文化之风骨，打上了鲜明的地域特色。长白山麓、鸭绿江畔，三五好友，围坐一处，分享美食，巡礼文化，非常令人惬意。

吉林省社科院学者多年关注集安发展，将古籍文献、考古资料、田野调查相结合，发微索隐，旨在发掘、弘扬集安火盆文化。经过近两年专研，《集安火盆文化》一书竣笔，是值得鼓励的文化创新。

是为序！

2019 年 2 月 18 日

目　　录

绪　论 ……………………………………………………………… 1

第一章　文化溯源 ………………………………………………… 7
　一　山东发端 …………………………………………………… 7
　　1. 盘形鼎 …………………………………………………… 7
　　2. 盆形鼎 …………………………………………………… 10
　　3. 环足盘 …………………………………………………… 12
　二　辽东流传 …………………………………………………… 14
　　1. 盘形鼎 …………………………………………………… 14
　　2. 盆形鼎 …………………………………………………… 15
　　3. 环足盘 …………………………………………………… 18
　三　文化关联 …………………………………………………… 22
　　1. 器形关联 ………………………………………………… 22
　　2. 功能关联 ………………………………………………… 24
　　3. 地域关联 ………………………………………………… 27

第二章　文化发展 ………………………………………………… 34
　一　半岛隐退 …………………………………………………… 34
　　1. 辽南地区 ………………………………………………… 34
　　2. 辽北地区 ………………………………………………… 39
　　3. 且说器盖 ………………………………………………… 42
　二　辽西寄身 …………………………………………………… 44
　　1. 夏商遗存 ………………………………………………… 44
　　2. 周代遗存 ………………………………………………… 49

3. 主流炊具 ·················· 53

三　路径辨析 ·················· 59

　　1. 中原陆路 ·················· 59

　　2. 半岛行程 ·················· 62

　　3. 貊族足迹 ·················· 69

第三章　文化更新 ·················· 77

一　声名远播 ·················· 77

　　1. 驻足辽西 ·················· 77

　　2. 回流辽东 ·················· 79

　　3. 三足简省 ·················· 81

二　文脉赓续 ·················· 84

　　1. 舞台转换 ·················· 85

　　2. 貊盘解密 ·················· 88

　　3. 陶鼎再现 ·················· 93

三　辗转传承 ·················· 96

　　1. 饮食新俗 ·················· 96

　　2. 集安记忆 ·················· 100

　　3. 铁制渊源 ·················· 101

第四章　食材辨证 ·················· 107

一　肉类食材 ·················· 107

　　1. 野生鸟兽 ·················· 107

　　2. 家畜家禽 ·················· 111

　　3. 小众食材 ·················· 116

二　果蔬粮豆 ·················· 117

　　1. 山珍菜蔬 ·················· 117

　　2. 各种粮豆 ·················· 121

　　3. 果汁果脯 ·················· 125

三　调味汤饮 ·················· 126

　　1. 主要调味 ·················· 126

2. 保健汤饮 ………………………………… 131

3. 药酒药茶 ………………………………… 135

第五章　量材使器 ………………………………… 141

一　烹饪用具 ………………………………… 141

1. 炙烤器 ………………………………… 141

2. 蒸煮器 ………………………………… 143

3. 煎炒器 ………………………………… 153

二　进餐用具 ………………………………… 156

1. 豆碗器 ………………………………… 156

2. 盆盘器 ………………………………… 162

3. 箸勺器 ………………………………… 166

三　宴饮用具 ………………………………… 171

1. 杯形器 ………………………………… 172

2. 壶形器 ………………………………… 174

3. 热饮器 ………………………………… 179

第六章　烹饪溯源 ………………………………… 184

一　或燔或炙 ………………………………… 184

1. 说文燔炙 ………………………………… 184

2. 技法大略 ………………………………… 188

3. 历史典故 ………………………………… 196

二　以蒸以烹 ………………………………… 202

1. 解字蒸烹 ………………………………… 202

2. 技法大略 ………………………………… 206

3. 汉魏名馔 ………………………………… 213

三　且煎且熬 ………………………………… 217

1. 释义煎熬 ………………………………… 217

2. 技法大略 ………………………………… 219

3. 柴炭油脂 ………………………………… 221

第七章　火盆与康养 …………………………………………… 227

　　一　食材与康养 ………………………………………… 227

　　　　1. 食分五味 ………………………………………… 227

　　　　2. 味入五脏 ………………………………………… 229

　　　　3. 五脏滋养 ………………………………………… 230

　　二　食谱与康养 ………………………………………… 232

　　　　1. 食材选搭 ………………………………………… 232

　　　　2. 就餐程式 ………………………………………… 234

　　　　3. 佐餐食品 ………………………………………… 236

　　三　食俗与康养 ………………………………………… 239

　　　　1. 饮食有节 ………………………………………… 239

　　　　2. 因时制宜 ………………………………………… 241

　　　　3. 合食共乐 ………………………………………… 243

余　　论 …………………………………………………………… 247

参考文献 …………………………………………………………… 249

后　　记 …………………………………………………………… 267

绪　　论

"火盆文化"源远流长。自传入集安后，依托当地资源，在沉淀中发展，在发展中沉淀，形成了多元汇集的新样态。集安火盆文化，是一个值得深入研究的新命题。

一　拓宽视域综合研究

东北先人，将"盘形鼎"等器具功能，进行颇富创意的发掘改良，发明了"火盆"饮食法。自传入集安后，"火盆"借地利、顺四时，调和五味，脍炙人口，传承至今。

集安火盆，是地域间、民族间文化融合的产物，需要以更全面理论素养、更广阔文化视野，进行系统深入的梳理、解读。就已掌握情况看来，有关论断，还值得商榷。

譬如"火盆"器具认定。一般认为，"盘"与罐、釜、鼎、鬲、甑、甗、鏊等器不同，只是盛器，不做炊具。有学者，曾以《齐民要术》为例，将"盘"的功能，细分为三：盛装已加工食材、盛装待加工食材、盛装正加工食材。①

---

① 详见徐海荣主编《中国饮食史》卷3，杭州出版社2014年版，第161页。

再如"貊盘"。有研究者提出,"貊盘"只是北方游牧民族餐具,主要用来盛装烹饪好的肉食,是"胡风饮食"浸润中原的标志性餐具,并将新疆及内地出土的各式盘,不论材质,都视作"貊盘"[①]。

又有研究者,将"貊族"视为"火盆"的创造者,将"高丽火盆"视为"火盆文化"的全部内涵。实际上,上述论断,都值得推敲。

众所周知,地理环境、气候物产、经济条件、文化传统、民俗尚好,都是影响饮食文化发展的因素。特定的自然环境,孕育特定的食材品类;特定的食材品类,催生特定的烹饪技艺;特定的烹饪技艺,养成特殊的饮食文化。

我们的研究,只有系统梳理传世文献,充分重视出土文物,不辞劳苦开展田野调查,综合运用多元学科方法,参考借鉴既有研究成果,将"盘"的炊具功能,将"貊族"的历史作用,将"貊盘"的文化意义,将"集安火盆"的文化传承,都进行系统阐述,才能得出相对客观的结论。

二 烹饪器具渊源有自

"火盆"作为炊具,可溯源到新石器时代的黄河流域。其祖形器,是山东龙山文化的"盘形鼎"和"环足盘"。在"文明之光"照耀华夏前夕,这类器具,经胶东半岛,传入辽东半岛南端,又辗转北上,相继在辽北、辽西等地传播。位于辽东半岛南端的旅顺大连地区,是龙山文化东传的重要驿站,是"集安火盆"的发源地。郭家村等处出土的盘形鼎、环足盘,是火盆文化得以溯源的重要时空坐标。

东北新石器时代文化,以平底器为主,以"筒形罐"为标志。[②] 盘形鼎、

---

① 高启安:《"貊盘"考——兼论游牧肉食方式对中原的影响》,载赵荣光等主编《留住祖先餐桌的记忆:2011杭州 亚洲食学论坛论文集》,云南人民出版社2011年版。
② 参见霍东峰《环渤海地区新石器时代考古学文化研究》,博士学位论文,吉林大学,2010年,第240页。

环足盘等新式器具，自山东传来后，受东北"平底器"文化影响，"三足"渐而简化，甚至消失。"火盆"器具，必须同时具备"浅腹平底"的器形特征和"明火加温"的功能属性。至于鼎足或环足之有无，不影响我们对"火盆"原型器的判断。"三足"简省后的"火盆"，与一般意义上的"浅腹平底盘"，各有其演进逻辑，不能仅就外观，模糊论断。

陶质"火盆"，相对易得，成本也低，是火盆烹饪的"绝对主角"。甚至进入青铜时代、铁器时代以后，"火盆"炊具，仍长期以陶质为主。[1] 火盆器形相对固定，纹饰则与其他用作饮食器、盛装器的陶盆盘一样，越来越少、越来越简[2]，直至无纹饰。青铜火盆、铸铁火盆，在东北地区始终较为少见。直到现当代，铸铁火盆，才成为火盆烹饪的绝对主流。

总而言之，"火盆"既不是一般意义上的"平底盘"，也不是一般意义上的"三足器"。"火盆"是古辽东人对"盘形鼎"等器具潜力的创造发掘，是山东龙山文化在东北的创造性演绎，是一种"全新"的文化形态。

三　次第传承精彩演绎

集安位于鸭绿江左岸，长白山西南部，物华天宝，民风朴厚，是火盆文化演绎的重要舞台，是火盆文化发展的重要驿站。

考古学研究表明，盘形鼎、环足盘等器具，大致在新石器晚期，由胶东半岛传入辽东半岛。尔后，与辽南文化相融合，与半岛生态相适应，创生"火盆文化"。先秦时代，火盆文化发展中心北移，辽西等地先民，继续发掘"火盆"潜力，充分发挥"二传手"作用，为火盆文化的生生不息，做出重要

---

[1] 有研究者指出，用泥圈套接法制做陶器，是东北新石器时代的一大特点。而且这种方法在后来的青铜时代乃至铁器时代还普遍使用。赵宾福：《东北地区新石器时代考古学文化的发展阶段与区域特征》，《社会科学战线》2004年第4期。

[2] 赵宾福：《东北地区新石器时代考古学文化的发展阶段与区域特征》，《社会科学战线》2004年第4期。

贡献。

汉唐时代，火盆文化发扬光大，尤为中原士人所表彰。"貊盘"作为特色文化符号，令火盆文化青史留名。唐以后，火盆文化由盛转衰，但不绝如缕。宋元至明清，数百年间，在今通化、柳河、集安地区辗转传承。民国初年以后，因移民迁入，经济发展，渐有复兴迹象。近年来，在东北振兴发展、弘扬传统文化的时代背景下，火盆文化亦呈现"经典回归"态势。作为一种特色饮食，"火盆"，有着顽强的生命力，其文化演绎，漫长而曲折，但始终绵亘不断，传承不辍。

集安火盆文化，深植乡土，传承有序，是地域间文化交流、融合的产物。值得注意的是，"貊人"仅是"火盆文化"的传承人[1]，"貊盘"只是继"多足盘"以后，火盆文化发展的"时空坐标"之一。亦言之，"貊人"与"貊盘"，只是"火盆文化"的有机构成，而非"火盆文化"的全部内涵。

四　内涵丰富特色鲜明

集安火盆文化内涵丰富，诸如食材品类、烹饪器具、烹调技术、风俗观念、娱乐活动等，都是火盆文化研究的重要内容。物质、行为、精神，三位一体的文化构成，是集安火盆文化最值得关注的内容。

集安火盆，聚长白山食材之大成，传承数千年烹饪之精粹，是多元融合、风味独特的地方小吃。集安火盆，利用以"平底盘"为代表的多种器具，综合炙、蒸、煮、炖等中国传统烹饪技法，将谷、畜、果、蔬等食材潜力激活，极大丰富了史前以来，东北以"炖煮"为主的饮食文化。

集安火盆，因时制宜、饮食有节、合食共乐的饮食风俗和饮食习惯，令

---

① 目前，学界已基本认同，夏代初年以降、西汉末年以前，辽东半岛以石构墓葬文化为特征的古代居民，就是传世文献中的"貊"族。如此说来，我们可以确认，先秦时代的辽东"貊"族，既不是"火盆"文化的创造者，也不是"火盆"器具的发明者。

人在果腹之余，有情谊共叙、天伦可享的精神体验。尤其是"盛冬"时节，天寒地冻，三五亲朋挚友，围坐长炕，"温火"取暖[①]，自助烹饪，聚餐美食。其寓乐于食、合食共乐，不论古今，都是难得之惬意。这是火盆文化的天然魅力，是火盆饮食为民众所喜的重要原因，同时也是火盆文化生生不息的社会基础。

　　总而言之，火盆传入集安后，逐渐养成了多元一体的文化风格，这是一种综合主食与副食、荤菜与素菜、内地与关东、传统与现代的"复合型"饮食文化。千百年来，其器形或有损益，其口味或有浓淡，但是其"初心"始终不改。或许，这也是这道小吃，何以在创新发展中有序传承、在有序传承中创新发展的原动力。

---

① （宋）欧阳修、宋祁等撰：《新唐书》卷220，《列传第一百四十五·东夷·高丽》，中华书局1975年版，第6186页。

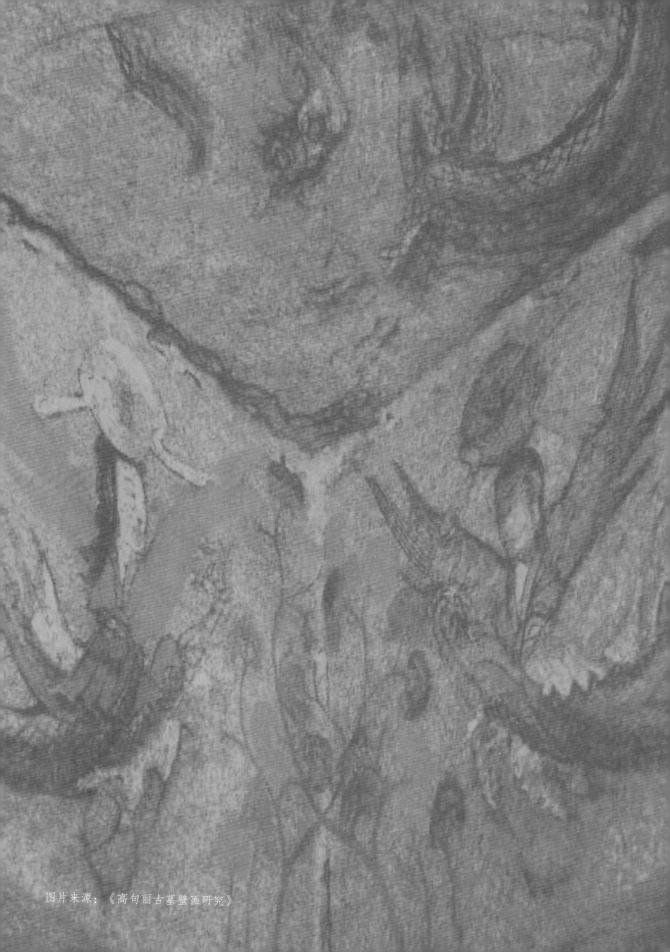

图片来源：《高句丽古墓壁画研究》

第一章　文化溯源

"集安火盆"的祖形器，源于新石器时代中晚期的山东。在日益活跃的文化交流中，这种器具经胶东半岛，传入辽东半岛，并作为一种新式炊具，催生了"火盆文化"。

一　山东发端

"集安火盆"的祖形器，是发轫于山东的盘形鼎和环足盘。因为今见出土文物中，唯有这两类器具，同时具备"浅腹平底"的器形特征，以及"明火加温"的功能属性。

1. 盘形鼎

盘形鼎，因器身如"盘"而得名。考古发掘资料显示，今山东聊城、济宁、威海等地，均有盘形鼎出土，系龙山文化[①]遗存。其中，以聊城尚庄盘形鼎，器形尤其经典。

---

① 龙山文化，以山东省章丘市龙山镇城子崖遗址命名，是大汶口文化之后，中国新石器时代晚期，又一支影响深远的考古学文化，绝对年代在公元前2500年至公元前1900年之间，有姚官庄、杨家圈、尹家城等类型。杨家圈类型文化遗存，主要分布在胶东半岛胶莱河以东地区，其影响波及辽东半岛南端。参见北京大学考古系，烟台市博物馆编《胶东考古》，文物出版社2001年版，第205页。

尚庄遗址，位于今山东省聊城市茌（chí）平区（原茌平县），是鲁西北与豫北、冀南接壤处的重要遗址。该遗址，文化遗存丰富，已清理出土各类陶、石、骨、角器千余件。其中，仅陶器就多达918件，器形主要为鼎、鬶、鬲、罐、盆、瓮、杯、豆、算等。遗址出土各类陶鼎113件，均为龙山文化遗存，是尚庄遗址的典型器物。其中，包括本书主角——盘形鼎（原报告称作"VIII式鼎"）。[①]

尚庄遗址出土盘形鼎，先后累计11件，皆为泥质黑陶。其中1件（H108：45），通高26.2厘米，口径35.6厘米。器身呈盘形，大平底，浅直腹，子母口，附鸟首形足（又称"鸟头形足"）（见图1-1）。

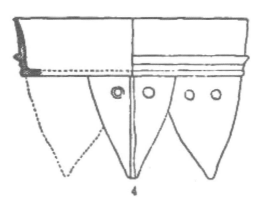

图 1-1　尚庄鸟首足盘形鼎（H108：45）[②]

值得一提的是，尚庄等遗址中，有大量"鸟首形足"出土。这类鼎足，呈弧面等腰三角形，上宽下尖，足面中部，往往饰一条竖堆纹，两侧上部，各加一个眼眶，下部向内微弯。有的有纹饰，有的无纹饰[③]，在新石器时代晚期，较有代表性。（见图1-2）

---

① 山东省文物考古研究所：《茌平尚庄新石器时代遗址》，《考古学报》1985年第4期。

② 图片来源：山东省博物馆、聊城地区文化局、茌平县文化馆：《山东茌平县尚庄遗址第一次发掘简报》，《文物》1978年第4期，图六（尚庄第三期文化遗物），4。

③ 山东省文物考古研究所：《茌平尚庄新石器时代遗址》，《考古学报》1985年第4期。

尚庄平底深腹鸟首足鼎（H146：14）① 　　　黑陶鸟首型足鼎②

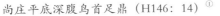

图 1-2　鸟首形鼎及鼎足

　　另据《胶东考古》一书记载，原栖霞县（今栖霞市）文化馆工作人员，曾在该县杨家圈遗址，采集1件盘形鼎（QY：07，原报告称"三足陶盆"），泥质灰陶，轮制，圆唇，宽沿斜折，浅直腹，平底微圜，近于大平底，下附三宽足，足已残，高度不详，系龙山文化遗存③。（见图1-3）

　　我们注意到，位于河南省洛阳市的东干沟遗址，也出土多件盘形鼎（原报告称"圈足鼎"，又称"三足盘""瓦足皿"），器形与城子崖、两城镇出土龙山文化盘形鼎相似。④其中1件，鼎足造型，与杨家出土的盘形鼎相似，加

---

　　① 图片来源：山东省文物考古研究所：《茌平尚庄新石器时代遗址》，《考古学报》1985年第4期，图版四，1；图二十，3。这件深腹盆形鼎（原报告称"Ⅱ式鼎"），细砂红褐陶，口径19.8厘米，高17.8厘米，宽平沿，敞口，平底，双腹盆形，上腹浅，下腹深而圆方唇，鸟头形足，颈部三个小横鼻，沿上和腹部饰凹弦纹。这类盆形鼎，该遗址先后出土27件。

　　② 图片来源：山东博物馆网站（http://www.sdmuseum.com/articles/ch00079/201801/dcd75c0c-0959-4923-862a-18edd587db65.shtml）。泥质黑陶，高18.8厘米，口径26厘米，足高8厘米。敞口，折腹，双耳下有三个鸟喙足，系龙山文化典型器物。

　　③ 北京大学考古系、烟台市博物馆编：《胶东考古》，文物出版社2001年版，第198页。

　　④ 多为泥质黑陶或灰陶，鼎身盘形，平底，深浅有别，附三足，足呈弧形（或称"圈足""瓦足"），高低不等。其中，1件（T82H118：11），敞口，圆唇外翻，腹较深，平底，矮足，呈C型，盘与足交界处有棱；1件（T89H12：38），敞口，卷沿，圆唇外翻，腹较深，平底，底微圜，矮足，足残，盘与足交界处无棱；还有1件（T86②：20），卷沿，厚胎，浅盘，大平底，足残。参见考古研究所洛阳发掘队《1958年洛阳东干沟遗址发掘简报》，《考古》1959年第10期；袁广阔：《二里头文化研究》，博士学位论文，郑州大学，2005年，第21页。

工方法也应大致相同——"由圈足间隔切割而成，足侧缘微内卷"①。（见图1-4）

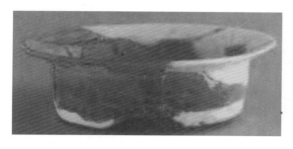
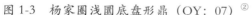

图1-3　杨家圈浅圜底盘形鼎（QY：07）②　　　　　图1-4　洛阳东干沟盘形鼎③

2. 盆形鼎

盆形鼎有多种形制，这里特指"浅腹盆形鼎"。山东尚庄、乳山小管村等处，均有出土。具体有圜底、大平底、曲腹、斜直腹等不同形制。

第一，圜底曲腹盆形鼎。

尚庄遗址出土多件（原报告称"IV式鼎"），鼎身呈盆形，平折沿，直颈，扁圆腹，圜底，V形足。其中1件（H205：1），细砂灰陶，口径33厘米，高17.5厘米，腹有一对称月牙形把手。（见图1-5）

日照两城镇遗址出土1件圜底盆形鼎，泥质黑衣陶，口径26.6厘米，高16厘米，直口，浅腹，圜底，曲腹，腹中部有凸弦纹一周和小实鼻3个，鸟首形足，山东龙山文化特征突出。（见图1-6）

第二，大平底曲腹盆形鼎。

尚庄遗址先后出土25件（原报告称"III式鼎"）④，器身呈盆形，大平底，

① 北京大学考古系，烟台市博物馆编：《胶东考古》，文物出版社2001年版，第198页。

② 图片来源：北京大学考古系，烟台市博物馆编：《胶东考古》，文物出版社2001年版，图版四十五，5。

③ 图片来源：北京大学赛克勒考古与艺术博物馆网站（http://amsm.pku.edu.cn/zpxs/yc/15002.htm）。口径22.5厘米，高13.2厘米，表面磨光，做工较精细。据称，这类器具，盛行于龙山时代及二里头文化时期，在辽东、山东、江苏、河北北部、北京等地均有发现。

④ 依口唇、鼎腹弧度，又可细分二式，原报告称III-1、III-2。其中，III-1式，10件，大口，折沿，直颈，微弧腹；III-2式，15件，圆唇，侈口，曲腹。另外，该遗址还清理出土大平底盆残鼎16件，窄平沿，腹微鼓，侧三角形足，无复原件。

颈腹间，有一对称双耳，附鸟首形足。其中1件（H119：11），泥质黑灰陶，口径31.6厘米，高30.6厘米，圆唇，侈口，曲腹，腹饰凹弦纹及对称小横盲鼻，鸟首形足。（见图1-7）

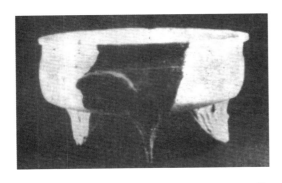

图1-5　尚庄圜底曲腹盆形鼎（H205：1）①　　　图1-6　两城镇盆形鼎②

图1-7　尚庄大平底曲腹盆形鼎（H119：11）③

第三，斜直腹大平底盆形鼎。

小管村遗址出土的浅腹盆形鼎，器形与前者略有区别。小管村遗址，位

　　① 图片来源：山东省文物考古研究所：《茌平尚庄新石器时代遗址》，《考古学报》1985年第4期，图二十，9；图版四，2。
　　② 图片来源：中国陶瓷全集编辑委员会编：《中国陶瓷全集》（1），图194，上海人民美术出版社1999年版，第206页。
　　③ 图片来源：山东省博物馆、聊城地区文化局、茌平县文化馆：《山东茌平县尚庄遗址第一次发掘简报》，《文物》1978年第4期，图六（第三期陶器），1；图12（尚庄第三期文化遗物），3。原报告将其归入"III-2式"。

于山东省乳山市小管村西南，是胶东半岛一处重要新石器时代遗址。[1]该遗址出土2件浅腹盆形鼎，也有斜直腹、大平底特征。

其中1件（T1③b：2，原报告称"Ⅰ式"），夹砂黑褐陶，口径46厘米，腹高15.2厘米，方唇，敞口，斜直腹，大平底，足残，腹上部，有一对称耳形，附堆纹，另有一道凹弦纹饰。[2]（见图1-8）

另1件（H2：2，原报告称"Ⅱ式"），夹砂黑陶，口径达67.2厘米，残高17.6厘米，圆唇，敞口，折沿，斜直腹，大平底，铲形足，足外侧饰附加堆纹，并刻划沟槽，腹上部有5组附加堆纹，口部有流，流下有乳丁一对。[3]（见图1-9）

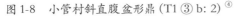

图1-8 小管村斜直腹盆形鼎(T1③b: 2)[4]

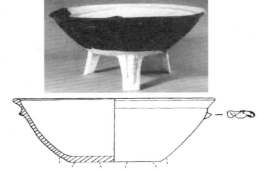

图1-9 小管村斜直腹盆形鼎(H2: 2)[5]

3. 环足盘

环足盘，是一类较为特殊的盘形器：器形似"盘"而有"足"，似"鼎"

---

① 1983年，北京大学考古学系，会同烟台市文物管理委员会、乳山仙图书馆，对该遗址进行联合发掘，有三个时期堆积。其中，第一期属北庄文化遗存，年代与大汶口文化晚期相当，既有大汶口文化因素，也有地方特色。第二期文化遗存非常丰富，属于山东龙山文化。参见北京大学考古系，烟台市博物馆编：《胶东考古》，文物出版社2001年版，第214-242页。

② 北京大学考古系，烟台市博物馆编：《胶东考古》，文物出版社2001年版，第229页。

③ 北京大学考古系，烟台市博物馆编：《胶东考古》，文物出版社2001年版，第229页。

④ 图片来源：北京大学考古系，烟台市博物馆编：《胶东考古》，文物出版社2001年版，图七，1；图版五十一，1。

⑤ 图片来源：北京大学考古系，烟台市博物馆编：《胶东考古》，文物出版社2001年版，（图七，4；图版五十一，2）。

而"足"异。根据其伴生器类型推断，环足盘，是盘形鼎的异化，都共指同一源头——"盆形鼎"。

山东尚庄遗址、西吴寺遗址等处，都有陶制环足盘出土，均为龙山文化遗存，可分为大平底直腹、小平底曲腹两个类型。

第一，大平底环足盘。

尚庄遗址出土龙山文化时期陶盘中，有1件环足盘（H75：97，原报告称"Ⅲ式盘"），形制较为特殊。这件泥质黑陶环足盘，口径14.4厘米，高5.5厘米，直腹，腹饰一周凸棱，大平底，底沿外凸，三环形足，环足较矮。[①]这件环足盘，器形略小，在环足盘中，属于环足较低矮的一种。（见图1-10）

第二，小平底环足盘。

西吴寺遗址，位于山东省济宁市兖州区小孟镇西吴寺村。该遗址出土1件环足盘（H235：7），系龙山文化遗存。[②]这件泥质褐陶环足盘，口径32.5厘米，通高11厘米，素面磨光，圆唇，平折沿，弧壁，浅腹，腹部有三周凹弦纹，小平底，三环形足。（见图1-11）

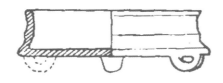
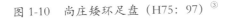

图1-10 尚庄矮环足盘（H75：97）[③] 　　图1-11 西吴寺环足盘（H235：7）[④]

---

① 山东省文物考古研究所：《茌平尚庄新石器时代遗址》，《考古学报》1985年第4期，图二四，17。

② 朱泓先生有关龙山文化兖州西吴寺遗址颅骨特征的研究报告，证明其与大汶口文化组的密切关系，并作出其为东亚蒙古人种的判断。详见朱泓《兖州西吴寺龙山文化颅骨的人类学特征》，《考古》1990年第10期。

③ 图片来源：山东省文物考古研究所：《茌平尚庄新石器时代遗址》，《考古学报》1985年第4期，图二四，17。

④ 图片来源：文化部文物局田野考古领队培训班：《兖州西吴寺遗址第一、二次发掘简报》，《文物》1986年第8期，图6-8。

除此之外，考古工作者在乳山遗址，还清理出土1件较为特殊的环足器——环足杯。这件泥质磨光黑陶环足杯（H4：11），口径10厘米，口残，器高不详，直腹，平底，环足，单把。[1] 若非"单把"的造型，其与小型平底环足盘，并无显著区别。

我们注意到，与环足杯一同出土的，还有1件三足杯（H11：12），口径7.2厘米，泥质磨光黑陶，口残，器高不详，直腹，腹部有三道凹弦纹，平底，三实足。[2]

这两件三足杯，除了"实足"与"环足"的区别，并无太大差异，都是"杯"的衍生品。那么，环足盘、盘形鼎之间，是否也有类似关联呢？

我们认为，"环足"可以视为"鼎足"的一种。这种造型的鼎足，既便于加工制作，也有利于火候调节，是一种值得关注的技术创新。因此，环足陶盘与盘形鼎一样，都可以视为"陶鼎"的新演绎、新发展。从这个意义上来说，环足盘与盘形鼎，堪称鼎文化中的"并蒂莲花"。

二 辽东流传

东北地区的盘形鼎、盆形鼎及环足盘，始见于辽东半岛的大连、岫岩地区[3]，分属小珠山上层文化、北沟文化遗存，有鲜明的山东龙山文化印记，系由胶东半岛，渡海东传的结果。

1. 盘形鼎

严格意义的"盘形鼎"，在新石器时代晚期的辽东半岛并不多见。大连上

---

[1] 北京大学考古系，烟台市博物馆编：《胶东考古》，文物出版社2001年版，第234页。

[2] 北京大学考古系，烟台市博物馆编：《胶东考古》，文物出版社2001年版，第205页。

[3] 一般认为，辽东地区泛指辽河以东的广大地区，包括辽东半岛及其北部山区，就行政区划而言，涵盖辽宁省东部、南部，以及吉林省东南部边缘地带。参见杜战伟、赵宾福、刘伟《后洼上层文化的渊源与流向——论辽东地区以刻划纹为标识的水洞下层文化系统》，《北方文物》2014年第1期。

马石遗址出土的 1 件，姑且可以划入"盘形鼎"的范畴。

上马石遗址，位于辽宁省长海县大长山岛东部三官庙村，是辽东半岛南端一处较为知名的新石器贝丘遗址。该处出土陶鼎 4 件，其中 1 件（78ⅠT6④：51，或称"A 型二式鼎"），口径 13 厘米，残高 5.1 厘米，器形较小，侈口，直壁，平底，近底部饰凹弦纹三周，扁凿形足，已磨损，系小珠山上层文化。[①]（见图 1-12）

其他所谓"盘形鼎"，其鼎身的器形，介于"盆"与"盘"之间，在形态上，处于器身"矮化"的阶段。我们将其归入"盆形鼎"的类别，详见下文。

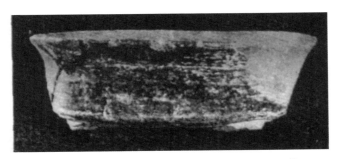

图 1-12　上马石矮足盆形鼎（78ⅠT6④：51）[②]

2. 盆形鼎

这里的"盆形鼎"，特指"平底盆形鼎"，有折腹、斜直腹等不同形制，属小珠山上层文化遗存，有龙山文化特征。[③]

第一，折腹平底盆形鼎。

小珠山上层文化（或称"郭家村上层遗存"），分布在大连地区的小珠山、蛎碴岗、南窑、上马石、郭家村、大潘家村、长兴岛三堂、普兰店乔东等处。文化年代大致在公元前 2500 年至公元前 2200 年之间，相当于龙山文化早、中期。所见文化遗存中，不乏龙山文化特征的陶器。

① 许明纲、许玉林、苏小华、刘俊勇、王璀英：《长海县广鹿岛大长山岛贝丘遗址》，《考古学报》1981 年第 1 期。
② 图片来源：许明纲、许玉林、苏小华、刘俊勇、王璀英：《长海县广鹿岛大长山岛贝丘遗址》，《考古学报》1981 年第 1 期，图版十三，4。
③ 辽东半岛的盆形鼎，较早见于郭家村、吴家村等处新石器时代晚期遗址，有圜底、平底等类型，分属小珠山中层文化、小珠山上层文化。

折腹平底盆形鼎，有敞口、折腹、平底三个显著特征。1976年，郭家村遗址上层，曾出土2件（原报告称作"V式鼎"）。

其中1件（76IIT5F1：3），口径24.4厘米，高8.8厘米，经二次火烧，陶鼎呈砖红色，扁凿足。[①]（见图1-13）

另1件（76IIT2②：23），黑皮陶，口径22厘米，高9.3厘米，亦扁凿足，足折断后，继续使用。[②]（见图1-14）

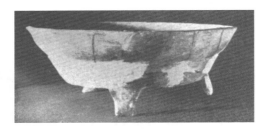

图1-13 郭家村折腹盆形鼎（76IIT5F1：3）[③]

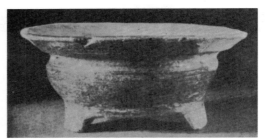

图1-14 郭家村折腹盆形鼎（76IIT2②：23）[④]

第二，斜腹平底盆形鼎。

[①] 辽宁省博物馆、旅顺博物馆：《大连市郭家村新石器时代遗址》，《考古学报》1984年第3期。

[②] 辽宁省博物馆、旅顺博物馆：《大连市郭家村新石器时代遗址》，《考古学报》1984年第3期。

[③] 图片来源：辽宁省博物馆、旅顺博物馆：《大连市郭家村新石器时代遗址》，《考古学报》1984年第3期，图版五，3。

[④] 图片来源：辽宁省博物馆、旅顺博物馆：《大连市郭家村新石器时代遗址》，《考古学报》1984年第3期，图二三，5；图版五，1。

斜直腹平底盆形鼎，郭家村遗址、蛎碴岗遗址都有出土。郭家村遗址上层出土的1件（76IIT4②：38，原报告称作"Ⅳ式鼎"），口径14.8厘米，残高6厘米，器表磨光，敞口，斜壁，大平底，足已残。[①]这件盘形鼎，器形略小，当非日常实用器，或为明器。（见图1-15）

蛎碴岗遗址[②]出土1件（78T5②：45），夹砂黑褐陶，口径21.8厘米，高9.1厘米，素面，敞口，斜腹，平底，足残，从残痕分析，当为扁凿足。（见图1-16）

图1-15　郭家村斜腹盆形鼎（76IIT4②：38）[③]

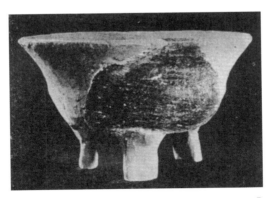

图1-16　蛎碴岗斜腹盆形鼎（78T5②：45）[④]

---

① 辽宁省博物馆、旅顺博物馆：《大连市郭家村新石器时代遗址》，《考古学报》1984年第3期。
② 蛎碴岗遗址在大连市广鹿岛西南部，是辽南贝丘遗址中文化遗存较丰富的一处。
③ 图片来源：辽宁省博物馆、旅顺博物馆：《大连市郭家村新石器时代遗址》，《考古学报》1984年第3期，图版五，2。
④ 图片来源：许明纲、许玉林、苏小华、刘俊勇、王瑾英：《长海县广鹿岛大长山岛贝丘遗址》，《考古学报》1981年第1期，图版十三，1。

第三，迷你盆形鼎。

大连郭家村遗址上层，出土 1 件形制特殊的盆形鼎（76ⅡT7 ②：21），口径 13.1 厘米，高 5.7 厘米，似钵而有足，似釜而底平，似盆而腹浅，似鼎而足短，不妨称之为"迷你盆形鼎"（原报告称作"Ⅵ式鼎"）。原报告指出，这件迷你盆形鼎，"足折断后继续使用"[①]。（见图 1-17）

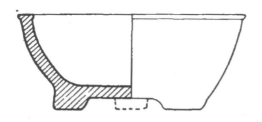

图 1-17　郭家村直腹盆形鼎（76ⅡT7 ②：21）[②]

发掘者认为，这类"迷你"陶鼎，应为时人的娱乐用具。笔者不以为然。因为据老铁山积石墓[③]出土类似器具推断，这类"迷你"陶器，用作明器的可能性更大。而且，按原比例放大后，这类迷你盆形鼎，完全有可能用作炊具等实用器。

总而言之，无论玩具也好、明器也罢。这类"迷你"陶鼎的发现，至少可以反映当时的普及程度。

3. 环足盘

新石器时代晚期，辽东半岛环足盘文化比较发达，半岛南端、北部均有出土。口径大小不一、环足高矮不等，可分为圜底、大平底两种，与龙山文

① 辽宁省博物馆、旅顺博物馆：《大连市郭家村新石器时代遗址》，《考古学报》1984年第3期。

② 图片来源：辽宁省博物馆、旅顺博物馆：《大连市郭家村新石器时代遗址》，《考古学报》1984年第3期，图二三，6；图版五，4。

③ 详见旅大市文物管理组《旅顺老铁山积石墓》，《考古》1978年第2期。

化颇有渊源。

第一，圜底环足盘。

北沟西山遗址、上马石遗址等均有出土。北沟西山遗址，位于辽宁省岫岩满族自治县岫岩镇西北的西北营子村。1987年10月，为配合铁路修建工程，辽宁省文物考古研究所等组织发掘。综合测年数据，推断该文化距今约4500年，与小珠山上层文化大致同期。有学者提出"北沟文化"的概念，并将折沿罐等，视为北沟文化的标志性器物。①

该遗址出土多件磨光黑陶环足盘。其中1件（T1②：47，原报告称"III式"环足盘），口径25厘米，盘深6厘米，侈口，弧壁，腹壁近底处，有一圈凹弦纹，圜底，三环足，环足高3厘米。（见图1-18）

上马石遗址，先后出土5件圜底环足盘。其中1件（78IT6④：49，原报告称作"I式环足器"），口径18.6厘米，高8.8厘米，圆唇，敞口，弧腹，腹饰有一周凹弦纹，圜底，底中部外凸，下附三环足，属小珠山上层文化遗存②。（见图1-19）

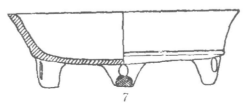

图1-18　北沟西山圜底环足盘（T1②：47）③

①　参见赵宾福、杜战伟《太子河上游三种新石器文化的辨识——论本溪地区水洞下层文化、偏堡子文化和北沟文化》，《中国国家博物馆馆刊》2011年第10期；陈国庆、张鑫：《北沟文化分期与渊源考》，载吉林大学边疆考古研究中心《边疆考古研究》第13辑，科学出版社2013年版，第93-99页。

②　许明纲、许玉林、苏小华、刘俊勇、王璀英：《长海县广鹿岛大长山岛贝丘遗址》，《考古学报》1981年第1期。

③　图片来源：许玉林、杨永芳：《辽宁岫岩北沟西山遗址发掘简报》，《考古》1992年第5期，图四，7。

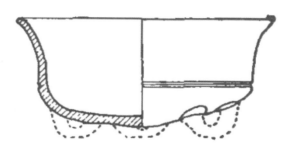

图 1-19　上马石圈底环足盘（78IT6 ④：49）[1]

第二，大平底环足盘。

上马石遗址、蛎碴岗遗址、四平山遗址、北沟西山遗址等均有出土，器形有直壁、斜直壁、弧壁之别。

其一，直壁大平底环足盘。上马石遗址出土的 1 件（78 I T5 ④：41，原报告称作"II 式环足器"），口径 22.4 厘米，高 9 厘米，敞口，直壁，浅腹，大平底，腹饰两周凹弦纹，环足破损严重。[2]（见图 1-20）另 1 件（78 I T2 ④：27，原报告称"II 式环足器"），器形较完整，口径 23.3 厘米，高 9.5 厘米。[3]（见图 1-21）这两件，均为小珠山上层文化遗存。

其二，斜直壁大平底环足盘。北沟西山遗址出土（T1 ②：48，原报告称"I 式环足盘"），口径 21 厘米，盘深 6 厘米，侈口，斜直壁，腹壁近底处，饰有两道凹弦纹，平底，三环足，环足高 3 厘米。（见图 1-22）

其三，弧壁大平底环足盘。北沟西山遗址出土（T3 ②：56，原报告称"II 式环足盘"），口径 15.5 厘米，盘深 6 厘米，敞口，弧壁，腹壁中部饰两周凹弦纹，平底，三环足，环足高 3 厘米。（见图 1-23）

---

① 图片来源：许明纲、许玉林、苏小华、刘俊勇、王瑢英：《长海县广鹿岛大长山岛贝丘遗址》，《考古学报》1981 年第 1 期，图十七，17。

② 许明纲、许玉林、苏小华、刘俊勇、王瑢英：《长海县广鹿岛大长山岛贝丘遗址》，《考古学报》1981 年第 1 期。

③ 许明纲、许玉林、苏小华、刘俊勇、王瑢英：《长海县广鹿岛大长山岛贝丘遗址》，《考古学报》1981 年第 1 期。

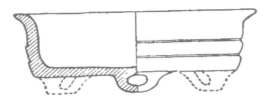

图 1-20　上马石直壁平底环足盘（78 I T5 ④：41）①

图 1-21　上马石直壁平底环足盘（78 I T2 ④：27）②

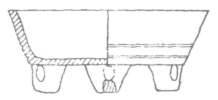

图 1-22　北沟斜直壁平底环足盘（T1 ②：48）③

图 1-23　北沟弧壁平底环足盘（T3 ②：56）④

---

① 图片来源：许明纲、许玉林、苏小华、刘俊勇、王璀英：《长海县广鹿岛大长山岛贝丘遗址》，《考古学报》1981年第1期，图十七，16。

② 图片来源：许明纲、许玉林、苏小华、刘俊勇、王璀英：《长海县广鹿岛大长山岛贝丘遗址》，《考古学报》1981年第1期，图版十三，5。

③ 图片来源：许玉林、杨永芳：《辽宁岫岩北沟西山遗址发掘简报》，《考古》1992年第5期，图四，9。

④ 图片来源：许玉林、杨永芳：《辽宁岫岩北沟西山遗址发掘简报》，《考古》1992年第5期，图四，10。

除此之外，郭家村遗址上层，也有环足盘（原报告称"环足器"）残片出土，惜不能复原。据称，该环足盘上部，与同时出土的斜直腹平底盆形鼎（原报告称"Ⅳ式鼎"）的上部相似；环足呈长方形，横断面呈椭圆形。

蛎碴岗遗址，也有平底环足盘出土，均残，无复原件。其中1件（T6②：14），夹砂黑陶，残高6.3厘米，平底，三环足，环足高3厘米[①]，有较显著龙山文化特征。

三　文化关联

新石器时代晚期，山东、辽东等地，相继涌现出盘形鼎、浅腹盆形鼎、环足盘等"新型器具"，这是值得关注的文化现象。上述器具，显然是为了某种"特殊"使命而来，这给我们的火盆文化溯源，以三点启示。

1. 器形关联

盘形鼎、浅腹盆形鼎、环足盘，在新石器时代各类陶器中，出现年代较晚，器形特征较鲜明，与其他鼎形器、盆盘器之间，存在千丝万缕的关联。

第一，盘形鼎、浅腹盆形鼎、环足盘，虽然号称三类器形，但是浅腹、平底这两点共性，完全可以将其归入"盘形鼎"的范畴。

至于锥形足、鸟首形足、C形足（或称"瓦足"）、V形足，特别是"环足"，作为一种"支撑物"，只是改良取向的略有差别，并非功能的泾渭分明，都可以归入"鼎足"的范畴。再如部分浅腹盆形鼎、环足盘的器底，或大平底，或平底微圜，也只是"细节描述"的需要，因为相对于口径、器身尺寸，这个"圜度"可以忽略不计，完全可以统称为"平底"，属于"盘"的范畴。

---

① 许明纲、许玉林、苏小华、刘俊勇、王璀英：《长海县广鹿岛大长山岛贝丘遗址》，《考古学报》1981年第1期。

第二，盘形鼎、浅腹盆形鼎与环足盘，作为广义的"盘形鼎"，实际上都是"盆形鼎"的衍生。

"盘形鼎"与"盆形鼎"的差别，主要是腹深与底径的比例，而非腹壁、器底、口沿、鼎足，以及器形大小等要素的差别。要言之，腹深大于、等于底径，属于"盆形鼎"的范畴；腹深小于底径，属于"盘形鼎"的范畴，腹深在底径的1/2以下，就是"相对标准"盘形鼎。

第三，盘形鼎、浅腹盆形鼎与环足盘，作为"盆形鼎"的衍生品，都共同指向"圜底鼎"的祖形器——釜形鼎。

通过分析山东扁扁洞遗存、黄崖遗存、后李文化等出土陶器，我们发现，从始见圜底器，到圜底器与支脚共出，再到圜底鼎的发明。这其中，釜形鼎的年代最早，可以视为所有圜底鼎的祖形器。[1]这种从"偶然组合"到"必然固化"的逻辑路径，实际上是生产力发展的必然结果。[2]据此，不难定位上述器具的源流关系和文化序列。

第四，盘形鼎、环足器与普通盆盘器之间的关系，同样值得关注。

考古发掘资料显示，普通盆盘器的出现，不但早于前者，而且分布更广、文化谱系更繁复。[3]盘形鼎等固然有其"鼎形异化"的规律，但是在器形演绎过程中，并不排除普通盆盘器的影响。

---

[1] 扁扁洞遗存、黄崖遗存，就已发现了釜形器，其与后李文化之间，应存在继承关系。综合陶器特征与头骨C14测定数据推断，扁扁洞遗存可能早至新石器时代早期。黄崖遗存所见陶器，与扁扁洞遗址类似，文化年代相近而略晚。参见陈星灿《中国新石器时代早期文化的探索——关于最早陶器的一些问题》，徐钦琦、谢飞、王建主编：《史前考古学新进展》，科学出版社1999年版，第189—202页；赵朝洪、吴小红：《中国早期陶器的发现、年代测定及早期制陶工艺的初步探讨》，《陶瓷学报》2000年第4期。

[2] 有研究者早前提出，"由釜、支脚到鼎的这一转变，是基于文化内部演变"，详见张江凯《论北庄类型》，载北京大学考古系编《考古学研究（三）》，科学出版社1997年版，第43页。

[3] 譬如后李文化、河姆渡文化、仰韶文化、大溪文化、马家窑文化等史前文化遗存中，都有各种陶盆出土。夏、商、周三代乃至于近现代，依然有各种盆形器出土，不但器形丰富，而且材质多元，除了陶，还有瓷、金、银、铜、铁等。即便在东北，诸如兴隆洼文化、赵宝沟文化等遗存中，也有多种陶制盆器出土。参见索秀芬、李少兵《兴隆洼文化的类型研究》，《考古》2013年第11期；陈国庆：《试论赵宝沟文化》，《考古学报》2008年第2期。

以尚庄遗址出土陶器为例，其中1件四足盆形鼎（H17：12，原报告称"Ⅶ式盆"），敞口，圆唇外翻，斜腹，大平底，附四个C形足。与之同时出土的，还有1件侈口平底浅腹盆（H17：8）。除了鼎足之有无，二者之间并无显著区别。（见图1-24）

再如西吴寺遗址，曾清理出土多件盆、盆形鼎，均为龙山文化遗存，其中部分盆与盆形鼎，除了C形足（原报告称"瓦足"）之有无，器身相仿，区别不大。

以上，器形关联，这对我们探究盘形鼎、环足器的器具功能，不无启示。

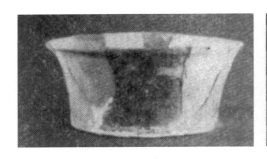 

尚庄浅腹盆（H17：8）[①]　　　　尚庄四足盆形鼎（H17：12）[②]

图1-24　尚庄盆及盆形鼎

2. 功能关联

盘形鼎、环足盘等，能否、是否，以及如何用于食物烹制，是火盆文化溯源过程中，必须回答的三个问题。由于现存文物有限，有些细节，只能根据类似器具，略作推测。

第一，盘形鼎、环足盘等可以用于食物烹制。

"鼎"是新石器时代重要炊具之一。早在盘形鼎等器具出现前，诸如釜形

[①] 图片来源：山东省博物馆、聊城地区文化局、茌平县文化馆：《山东茌平县尚庄遗址第一次发掘简报》，《文物》1978年第4期，图十一，5。

[②] 图片来源：山东省博物馆、聊城地区文化局、茌平县文化馆：《山东茌平县尚庄遗址第一次发掘简报》，《文物》1978年第4期，图十一，6。

鼎、盆形鼎、罐形鼎等"圜底鼎"，已用作炊具。各类圜底鼎的发明，是明火烹饪器具的重要改良，是中国饮食文化发展的重要进步。（见图1-25）

首先，盘形鼎、环足盘等，虽然器底以"平底微圜""大平底"为主，但是，适用于"明火烹饪"的基本功能，并未因器形的细节差异而有根本变更。此外，必须注意到，在漫长文化演绎中，器具的形态"固化"，与器具的功能"固化"之间，并非一一对应。因此，我们看到的盘形鼎、盆形鼎、环足盘，即便有用作盛装器的功能，但是，并不因此而否认其用作炊具的可能。正如部分青铜鼎，虽然已用作盛装器、观赏器、礼器，但是并不影响其曾为炊具的历史事实。

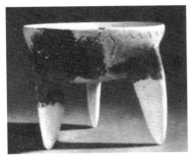 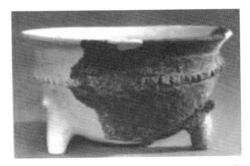

白石村一期钵形鼎（81ITG2⑤：178）①　　白石村二期盆形鼎（81ITG2③：251）②

图1-25　白石村圜底陶鼎

其次，山东、辽东等地新石器时代遗址、墓葬（如四平山积石墓③），都出现盘形鼎、环足盘等共存的文化现象。这种共存，无疑彰显了它们的"共性与个性"。

---

① 图片来源：北京大学考古系、烟台市博物馆编：《胶东考古》，文物出版社2001年版，图版四，3。

② 图片来源：北京大学考古系、烟台市博物馆编：《胶东考古》，文物出版社2001年版，图版十一，5。

③ 四平山积石墓，位于辽宁省大连市营城子黄龙尾半岛，考古学年代大致在大汶口文化晚期到龙山文化中期之间。参见华阳、霍东峰、付珺《四平山积石墓再认识》，《赤峰学院学报（汉文哲学社会科学版）》2009年第2期。

就共性而言。盘形鼎、环足盘等，都是"盆形鼎"的衍生器形。此类衍生，显然是为了某种功能的实现。那么，究竟是为了实现哪种功能？我们想到了"煎炒器"，因为唯有这类浅腹平底器，才能较好实现煎炒焙烙的烹饪功能。

就个性而言。盘形盘主要有 C 形、鸟首形、锥形三类鼎足，与环足盘的环足，形态迥然。作为支脚，上述鼎足、环足，各有特点，但就整体而言，环足的单位重量更小，加工难度更低，实用性更好，使用成本更小。这也是辽东半岛出土文物中，环足盘的类型、数量，都略高于盘形鼎的重要原因。

第二，盘形鼎、环足盘曾经用于食物烹制。

这属于事实认定的范畴。理论上，既需要传世文献说明，也需要出土文物佐证。

首先，传世文献中，有古圣王作鼎的记载，但没有制何种"鼎"的细节。如《史记·封禅书》中言：黄帝采首山之铜，铸鼎于荆山之下。鼎既成，有龙垂胡髯，下迎黄帝。黄帝上骑，群臣、后宫从上者七十余人，龙乃上去。[1]黄帝，是中国远古时代的华夏部落首领，活动年代属于考古学概念中的"新石器时代"。新石器时代考古表明，当时已掌握了"鼎"的制作方法，但是"采铜铸鼎"的可能性不大。《史记》所言，虚实杂糅，需结合考古学、民俗学等知识，进行辩证分析，不可强信，亦不能不信。

其次，盘形鼎、环足盘等出土文物，数量有限。由于关注重点不同，有关考古发掘报告，对诸如"烟炱""明火烧灼"等相关细节的描述，寥寥无几，也鲜有人将盘形鼎、环足盘等归入炊具的范畴。但是，就陶色、陶质、口径等指标分析，这类盘形鼎、环足盘，有的个体，肯定曾用作炊具。

再次，支脚烧的普遍存在、陶灶的发明推广，为盘足矮化、简省，创造了有利条件，客观上有利于发挥盘形鼎、环足盘的炊具功能。从掘坑为

---

① （汉）司马迁：《史记》卷28，《封禅书第六》，中华书局1959年版，第1394页。

炊，到陶土作灶，是人类用火技术的重大进步，也是改善人类体质，进而推动社会的重要力量。人类掌握"陶土作灶"技术以前，各类支脚，是烹饪过程中必不可少的辅助工具。甚至是在鼎形器发明后，支脚的重要作用，依然不能被完全取代。陶灶的发明，完美融合了炊器、烧灶的功能，极大改善了人们的烹饪环境和烹饪体验，是中国烹饪文化的重要进步，对后世影响深远。陶灶发明后，"鼎"及各类"支脚"的实际作用大打折扣。将大平底浅腹盆、盘等置于灶上，不但可以实现同样的烹饪功能，而且更加简单便利。至于矮足的存在，更多的，是为了在煎炒时，便于对灶火温度的直观掌控。

第三，盘形鼎、环足盘适用于食品煎熬。

新石器时代，是中国烹饪文化萌生的重要历史时期，诸如蒸、煮、熏、烤、煎、熬、炒、烙等手段，都已运用在实际烹饪过程中，并各有相对固定的烹调用具。

此前，人们对盘形鼎、环足盘等浅腹平底器的重视不够。实际上，一些食材，既不宜生食，也不宜过度炖煮。只有这类浅腹器具，才能在煮炖、煎炒之间灵活切换，可以最大限度地提高美食体验。

亦言之，这种可以融合煮、炖、煎、炒等烹饪技术于一身，以煎炒为特色的新式器具，可以满足中国饮食文化发展的内在需要。中国饮食文化的高度繁荣，与烹饪器具功能的创造性发掘之间，存在若干具体而生动的逻辑关联，"火盆"即其具体表现之一，值得关注。

3. 地域关联

火盆祖形器经胶东半岛，传入辽东半岛后，与本土文化融合，成为集安火盆文化之发端。

第一，山东发端。

山东与辽东之间的古代居民，早在史前时代，就存在较为密切的经济和文化往来，这已为学界所普遍认同。①

以大连郭家村遗址为例。郭家村遗址，位于辽宁省大连市旅顺口区郭家村，是辽东半岛南端一处重要的新石器时代晚期遗址。该遗址的新石器文化发展，深受大汶口和龙山文化的影响。譬如遗址下层出土的实足鬶、三足觚形器、锥足盆形鼎、盉、矮足豆、红陶弦纹盂，以及遗址上层出土的磨光蛋壳黑陶、袋足鬶、扁凿足鼎、三环足盘等，都与山东大汶口文化早期、龙山文化的器物颇有渊源。（见图 1-26）其中部分器具，与烟台紫荆山遗址出土的同类器物相似②。

再如吴家村遗址采集的 1 件盆形鼎（吴采 73：1），器形也与山东北庄遗址出土的盆形鼎（H103：1）相同。

20 世纪八九十年代，考古工作者在山东淄博市的后李官庄遗址，发现并识别出了一种以釜、支脚为代表的遗存。同类文化遗存，在章丘、邹平、长清等地均有分布。人们将其命名为后李文化，年代在公元前 6100 至公元前 5000 年之间。

就“鼎”形器而言。山东地区的“鼎”形器，较早见于后李文化晚期遗址中，以釜形鼎为代表。尔后，山东“鼎”文化长足发展，进而形成一个体系多元的“鼎文化家族”，堪称中国北方“鼎”文化的发源地之一。

① 譬如辽东小珠山文化，就深受山东大汶口文化、龙山文化影响。小珠山遗址出土的扁凿足鼎、三环足盘、单耳杯等器物，就是典型的山东龙山文化风格器物。学界有关讨论，曾有两种观点，主流观点强调小珠山文化的独立性，认为小珠山各期文化，虽然受到大汶口文化、龙山文化的强烈影响，但自成一体，有序传承。部分学者强调山东文化的重要性，认为诸如小珠山上层文化等，就是山东龙山文化的地方类型或地方变异。前一种观点，可参见中国社会科学院考古研究所、辽宁省文物考古研究所、大连市文物考古研究所《辽宁长海县小珠山新石器时代遗址发掘简报》，《考古》2009年第5期；安志敏《辽东史前遗存的文化谱系》，载张学海主编《纪念城子崖遗址发掘60周年国际学术讨论会文集》，齐鲁出版社1993年版，第107—118页；李伊萍《龙山文化——黄河下游文明进程的重要阶段》，科学出版社2004年版；李浩然《小珠山五期文化研究》，辽宁师范大学2015年硕士学位论文。后一种观点，可参见栾丰实《海岱地区考古研究》，山东大学出版社1997年版；郭大顺、马莎《以辽河流域为中心的新石器时代文化》，《考古学报》1985年第4期；王青《试论山东龙山文化郭家村类型》，《考古》1995年第1期。

② 辽宁省博物馆、旅顺博物馆：《大连市郭家村新石器时代遗址》，《考古学报》1984年第3期。

考古发掘资料显示，"陶鼎"文化传入辽东半岛以前，辽东半岛甚至整个东北地区，始终是筒型罐的天下。郭家村、上马石等处，清理出土多件盘形鼎、环足盘，系小珠山上层文化，均为辽东半岛所首见，发"火盆文化"之先声。

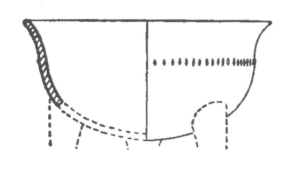

郭家村卷沿盆形鼎（73T1⑤：201）[①]

郭家村杯形鼎（76IIT6③：27）[②]

图 1-26 小珠山中层文化盆、罐鼎

第二，辽东传播。

考古学研究成果表明，辽东半岛南端所见盆盘鼎、环足盘等，至少可以追溯到新石器时代晚期的山东地区。辽东半岛南端，是盘形鼎等器具，传入东北的"第一站"。亦言之，辽南地区，是火盆文化燃起"第一堆篝火"的地方。

在集安火盆文化溯源过程中，我们发现，北沟西山遗址，地位特殊，意义重大。因为，如果仅有郭家村等处辽南遗存，还难以勾勒出新石器时代晚

① 图片来源：辽宁省博物馆、旅顺博物馆：《大连市郭家村新石器时代遗址》，《考古学报》1984年第3期，图一一，1。郭家村遗址下层，出土2件盆形鼎（原报告称"I式陶鼎"），均为小珠山中层文化遗存。此为其中1件，口径25.8厘米，卷沿，锥足。

② 图片来源：辽宁省博物馆、旅顺博物馆：《大连市郭家村新石器时代遗址》，《考古学报》1984年第3期，图版一，2。郭家村遗址下层遗址出土2件杯形鼎（原报告称"碗形"），系小珠山中层文化。此为其中一件，口径9.5厘米，腹饰弦纹六周，扁凿形足，足外撇。另一件（IT9③：16），口径9厘米，口、足均残，深折腹，凸弦纹一周，三圆锥足，由底中央向外撇。

期，"火盆"北传的"文化路径"。但是，北沟西山遗址出土文物，为我们填补了这个非常关键的"文化缺环"。

考古学研究表明，北沟西山遗址年代，大致与小珠山上层文化同期。这里出土的环足盘、圈足盘①等，是继郭家村、上马石、蛎碴岗等之后，辽东半岛北部地区的"首次发现"，可以填补"鸭绿江下游丹东地区新石器晚期考古空白"②。而且，较之辽南地区，这里的环足盘，器具类型更加丰富，单位面积内文化密集度更高。

由此，我们推断，这里是新石器晚期，火盆文化北传的重要时空节点；遗址所见环足盘，是火盆文化北传的难得实物依据。

此外，我们在辽西地区部分新石器文化遗存中，还发现一些扁足三足器。这些显然源自山东的器具，是新石器时代，辽西与山东之间，经辽东半岛而发生文化交流的真实写照。③由此可见，盘形鼎等器具，得以由辽东半岛而传入辽西地区，已有先驱，绝不突兀。

第三，江浙湖广。

新石器时代考古发掘及研究成果显示，盘形鼎在长江流域、黄河流域、岭南地区，都有分布，而且关系错综复杂，尚待厘清。

以良渚文化④为例。良渚文化出土的三足盘形鼎，就器形而言，似乎可以到山东地区探寻根源。（见图1—27）

---

① 该圈足盘（T3②：54），折沿，折腹，矮圈足，口径27厘米，高11厘米，底径10厘米。图见：许玉林、杨永芳：《辽宁岫岩北沟西山遗址发掘简报》，《考古》1992年第5期，图四：3。

② 许玉林、杨永芳：《辽宁岫岩北沟西山遗址发掘简报》，《考古》1992年第5期。

③ 郑钧夫：《燕山南北地区新石器时代晚期遗存研究》，博士学位论文，吉林大学考古学及博物馆学，2010年，第136页。

④ 良渚文化，在长江中下游地区暨环太湖流域有广泛分布，是一支以黑陶和磨光玉器为代表的新石器时代晚期文化，大致在公元前3300年至公元前2200年之间。从文化谱系的角度分析，良渚文化当由马家浜文化、崧泽文化演绎而来，同时也深受其他文化影响。

图 1-27①　良渚文化盘形鼎

湖北天门市张家山②、广东石峡诸处遗址，也有三足盘形鼎出土。

以石峡遗址为例。石峡遗址位于广东曲江市，石峡文化因该遗址而命名。石峡文化是岭南地区一支重要的考古学文化，文化年代距今约 5500 年至 2500 年之间，跨新石器时代晚期到青铜时代。

石峡文化诸遗存中，相继发现多件三足盘形鼎（有学者称作"盆形鼎"），其与山东发现的同类器具，颇有几分相似之处。但是据称，二地之间尚未发现直接文化关联③。因此，二地所见三足盘形鼎，应该各有自己的发展路径。（见图 1-28）

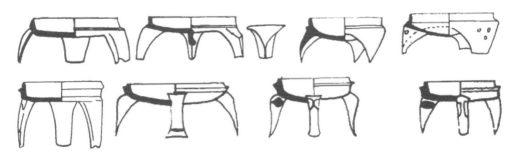

图 1-28　马坝石峡三足盘形鼎④

---

① 图片来源：《权利与信仰》北京大学赛克勒考古与艺术博物馆——良渚文化展（http：//blog.sina.com.cn/s/blog_48da23d20102wcg7.html）。

② 湖北省文物考古研究所：《湖北省天门市张家山新石器时代遗址发掘简报》，《江汉考古》2004 年第 7 期。

③ 曾骐：《石峡文化的陶器》，《中山大学学报（哲学社会科学版）》1985 年第 5 期。

④ 图片来源：曾骐：《石峡文化的陶器》，《中山大学学报（哲学社会科学版）》1985 年第 5 期，图一，1-4，7，14-16。

今见集安火盆炊具，是炒盘、火炉组合器。虽然炒盘、火炉形制简朴，且简省鼎足、环足等构件。但是，盆盘鼎、环足盘的文化印记，依然暗香撩人。固然，这种关联，尚待细节完善。但是，就现有集安火盆炊具的基本属性——"浅腹平底"的器形特征、"明火加温"的功能属性——分析，唯有这类发端甚远的"盆盘鼎"，才兼备上述功能及特征。概言之，今天使用的火盆炊具，与新石器中晚期出现的盆盘鼎、环足盘之间，关联密切。这些史前器具，历时千百年，几经改良，不断丰满，终于形成别具一格的饮食文化。

图片来源：《中国画像石全集》

第二章　文化发展

先秦时期的火盆文化，与前一历史时期的显著区别，就是文化演绎的舞台，由辽东半岛而转移到辽河流域。期间，盘形鼎不但见证了这场堪称壮阔的文化变迁，同时也在不断适应中，脱胎换骨，进而完成了其"入乡随俗"的文化转型。

一　半岛隐退

进入夏纪年以后，特别是在商代中晚期以后，火盆文化演绎路径，开始迥异于昔时。火盆文化在辽南地区，经历一段短暂传承以后，自辽东半岛隐退。

1. 辽南地区

夏早期至商晚期，火盆文化在辽南地区继续发展，这是一个承前启后的历史时期。在当时，辽南地区的考古学文化，以双砣子文化为代表。

双砣子文化，因双砣子遗址而命名。双砣子遗址，文化丰富内涵，基于该遗址而进行的文化分期，成为辽东半岛青铜时代最重要的文化标尺之一。[①]

一般来说，人们将双砣子文化分为三期。其中，学界对"双砣子一期文化"

---

① 有学者指出，人们一度将距今两三千年且有青铜器和铁器出土的遗址和文化，一概划入了"新石器时代"的范畴。这些认识和做法都是错误的。参见赵宾福《东北地区新石器时代考古学文化的发展阶段与区域特征》，《社会科学战线》2004年第4期。

（或称"于家村下层文化类型"[1]）的认识，还存在较大分歧：或认为是新石器时代晚期文化遗存[2]，或认为是早期青铜时代文化遗存[3]。综合C14测年数据，双砣子一期文化的绝对年代，大致在公元前2200年至公元前1900年之间，处于新石器时代与青铜时代的更迭之中，我们姑且将其划入青铜时代早期文化遗存的范畴。

双砣子一期文化与小珠山上层文化之间，同中有异，分属不同文化谱系。[4]理论上，也应属于不同族群。双砣子一期文化中，陶壶等作为新秀，成为先秦时代，辽东半岛地域文化的重要标志。[5]

将军山积石冢（M1），有研究者以单耳杯、高圈足豆器形特征为依据，将其归入双砣子一期文化的范畴。这种划分不无道理。

> 将军山积石冢所见遗物，与山东龙山文化，同中有异。这说明，此类遗存，虽然接受山东龙山文化的浓厚影响，但仍属于辽东土著文化范畴。该积石冢出土的单耳杯、高圈足豆等，屡见于双砣文化，表明二者有密切联系，应属同类遗存。[6]

将军山积石冢，曾出土环足盘、罐形鼎各1件。此外，还有若干陶鬶流部残片及鬶足残部。其中的环足盘

---

① 许玉林、许明纲、杨永芳、高美璇：《旅大地区新石器时代文化和青铜文化概述》，载东北考古与历史编委会编《东北考古与历史》第1辑，文物出版社1982年版，第23—41页。双砣子一期文化，目前经发掘的遗址主要有双砣子、于家村、大嘴子、小黑石砣子、庙山、高丽城山等。遗址发掘情况，可参见旅顺博物馆、辽宁省博物馆《旅顺于家村遗址发掘简报》，载《考古》编辑部编《考古学集刊》（一），中国社会科学出版社1981年版，第88—103页；大连市文物考古研究所《大嘴子——青铜时代遗址1987年发掘报告》，大连出版社2000年版；刘俊勇《大连市旅顺口区小黑石砣子古代遗址破坏纪实》，《辽宁文物》1981年第1期；王璇《小黑石砣子遗址被破坏地段清理简报》，《辽宁文物》1982年第3期；刘俊勇、王璇《辽宁大连市郊区考古调查简报》，《考古》1994年第1期；吉林大学考古学系、辽宁省文物考古研究所、旅顺博物馆、金州博物馆《金州庙山青铜时代遗址》，《辽海文物学刊》1992年第1期。

② 参见许明纲《试论大连地区新时期和青铜文化》，载中国考古学会编《中国考古学会第六次年会论文集》，文物出版社1990年版，第50—66页。

③ 代表作主要有：郭大顺、马沙：《以辽河流域为中心的新石器文化》，《考古学报》1985年第4期；安志敏：《论环渤海的史前文化——兼评"区系"观点》，《考古》1993年第7期。

④ 详见中国社会科学院考古研究所《双砣子与岗上——辽东史前文化的发现和研究》，科学出版社1996年版，第145页。

⑤ 双砣子一期文化的壶，可以追溯到小珠山上层文化时代。小珠山上层文化遗存中已经发现陶壶，就其形制而言，可以视为双砣子一期文化壶的祖型，而且演变关系比较清晰。

⑥ 中国社科院考古研究所：《双砣子与岗上：辽东史前文化的发现和研究》，科学出版社1996年版，第66页。

（A：9），泥质红褐陶，口径16厘米，高7.3厘米，器身上部为敞口盘，平底微圜，下附三个高环形足。[①]（见图2-1）

如上文所述，西吴寺、上马石、四平山、上马石、郭家村、北沟西山等新石器时代晚期遗址，均有环足盘出土，系小珠山上层文化、北沟文化遗存。[②]将军山积石冢出土的这件，可以视为小珠山上层文化，或者说，是山东龙山文化的延续。

图2-1 将军山环足盘（A：9）[③]

将军山积石冢出土的罐形鼎（A：5，原报告称"三足器"），底径5厘米，残高约5.2厘米，系泥质红褐陶，不能复原。该陶鼎，器身如罐，口部已残，腹部有凸弦纹一道，底部原有三足，已残。不考虑器身尺寸，仅就造型及各部比例而言，显然属于"罐形鼎"的范畴。（见图2-2）

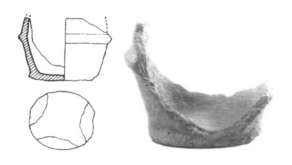

图2-2 将军山积石冢罐形鼎残部（A：5）[④]

---

① 中国社科院考古研究所：《双砣子与岗上：辽东史前文化的发现和研究》，科学出版社1996年版，第61页。

② 高芳、华阳、霍东峰：《老铁山·将军山积石墓浅析》，《内蒙古文物考古》2009年第1期。

③ 图片来源：中国社科院考古研究所：《双砣子与岗上：辽东史前文化的发现和研究》，科学出版社1996年版，图三十八，7；图版四六，6。

④ 图片来源：中国社科院考古研究所：《双砣子与岗上：辽东史前文化的发现和研究》，科学

以上器具，既然是随葬用具，显然在当时的生产、生活中，占有一定地位。

就其尺寸而言，环足盘、罐形鼎等，器形略小，是日用器具的"缩微版"，似乎是专用明器。按原比例，放大1-3倍，完全有用作炊具的可能。

就其组合而言，鬶、罐形鼎等深腹器，可用于炖煮；浅腹环足盘，可以用于煎炒。上述器具，可以基本完成类似今日的"火盆"烹饪流程。据此，也可以窥见墓主人在世时的生活场景。

双砣子二期文化，目前尚缺乏绝对年代数据，据推断，大致处于夏代早期至商代早期之间。[①]双砣子二期文化遗存中，有山东岳石文化、辽西夏家店下层文化元素的存在。这说明，辽东半岛与山东、辽西的经济和文化往来，不但一仍前代，持续不断，而且更加深入。

考古工作者，在双砣子二期文化遗存中，清理出土多件鼎足及圜底鼎形器残部。（见图2-3）虽然未见完整鼎形器，但是这些鼎足及鼎器残部的发现，依然令人振奋。有理由相信：夏商时代，辽南地区依然有鼎文化传播，依然有火盆文化发展的社会基础。

图2-3　双砣子二期陶鼎足[②]

值得注意的是，商代中期以后，双砣子文化的独立性增强。有学者，基于此，将其区分为双砣子三期文化。

出版社1996年版，图三十九，17；图版四十七，4。

　　① 详见赵宾福《中国东北地区夏至战国时期的考古学文化研究》，科学出版社，2009年。

　　② 图片来源：中国社科院考古研究所：《双砣子与岗上：辽东史前文化的发现和研究》，科学出版社1996年版，图版十九，1-11。

考古工作者，在遗址发掘过程中，清理出土若干鼎形器（《双砣子与岗上》称作"多足器"）。其中一件（F2：1），出土时已残缺不全，口径10.4厘米，高5.5厘米，敞口，深腹，平底，三柱状足。我们认为，或为"缩微"版的平底盆形鼎。（见图2-4）

另一件鼎形器（T12：16），仅存底部，底部有五个乳突形足。遗址发掘者，据器形推测，其上部形似碗、钵，倒置过来，或许是一种器盖。我们认为，其为圜底鼎的可能性更大。至于五个"乳突"，当为鼎足的"变形"。而且，以这种多足鼎形器为器盖，已超出实用的范畴，可能性不大。（见图2-5）

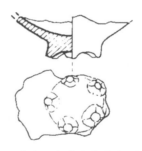

图2-4　双砣子三期盆形鼎（F2：1）①　　图2-5　双砣子三期多足鼎残部（T12：16）②

双砣子文化分布区，虽然尚未发现器形完整的盘形鼎。但是，所见盆形鼎及鼎形器残部等，依然可以为夏商时代的火盆文化溯源，提供不可或缺的历史文化坐标。

大致在商代晚期，双砣子文化没落，并为双房子文化所替代。嗣后，辽南地区文化诸遗存中，非但没有盘形鼎，即便如环足盘等器具，也难得一见。

----

① 图片来源：中国社科院考古研究所：《双砣子与岗上：辽东史前文化的发现和研究》，科学出版社1996年版，图版三三，2。

② 图片来源：中国社科院考古研究所：《双砣子与岗上：辽东史前文化的发现和研究》，科学出版社1996年版，图二十五（双砣子三期文化陶器），4；图版三十四，5。

2.辽北地区

先秦时代，马城子文化、双房文化核心分布区，迄今为止，都没有盆盘鼎、环足盘等器具个体出土。火盆文化在上述地区的杳无踪迹，非常值得关注。

譬如马城子文化。马城子文化，以今本溪、新宾等地为核心分布区[①]，是先秦时代，太子河上游一支比较重要的考古学文化。一般认为，马城子文化年代，大致在夏代末期至西周早期，[②]与双砣子文化一度南北相望，但持续时间略晚。[③]

马城子文化以洞穴墓文化为特色，出土器物以陶器为大宗。就已公布发掘报告而言，马城子文化中所见陶器，器形较为单一，以素面壶、罐、钵为主，其中以陶壶尤为多见。目前，仍未发现浅腹盆、盘形器，更不必说盘形鼎、环足盘。

西周早期，是马城子文化的繁荣发展阶段。进入西周中期，该文化衰微，为蒸蒸日上的双房文化所代替。[④]

双房文化是西周早期至战国晚期，一支分布较广的考古学文化，除了辽东半岛北部，辽东半岛南部，甚至辽西平原东缘，均有该文化遗存分布。本书重点关注辽北地区的双房文化遗存。

---

① 《马城子——太子河上游洞穴遗存》公布的7处青铜时代洞穴墓地——张家堡A洞、山城子BC洞、马城子ABC洞、北甸A洞等，是马城子文化的重要代表。此外，东升洞穴遗址、后沟村狐狸洞墓、老虎洞墓、龙头山石棺墓、虎沟石棺墓、小孤家子石棺墓、辽阳杏花村石棺墓等，也属于该文化类型。详见辽宁省文物考古研究所、本溪市博物馆《马城子——太子河上游洞穴遗存》，文物出版社1994年版。

② 有学者根据器物类型，并结合C14测年数据，探讨马城子文化分期问题，参见华玉冰《中国东北地区石棚研究》，科学出版社2011年版。

③ 双砣子文化年代略早，该文化向北流布，对马城子文化面貌产生过重要影响。

④ 唐淼：《长白山地及其延伸地带青铜时代墓葬分群及谱系关系》，载吉林大学边疆考古研究中心《边疆考古研究》第11辑，科学出版社2012年版，第158-171页。

双房文化，有"上马石上层类型""尹家村二期文化""老虎冲类型""双房类型""双房遗存"等称谓。王巍提出，"双房遗存"以双房遗址所见大石盖墓为代表，上马石上层类型、老虎冲遗存等均属此类。赵宾福则提出"双房文化"的概念，认为辽东地区有素面无耳壶、叠唇筒腹罐、侈口鼓腹罐、侈口扳耳罐等遗物出土的积石墓、土坑墓和房址等，都可以划入此类型。①

较以马城子文化、双砣子文化，双房子文化的年代略晚。双房文化，接受了早前及同期周边文化的影响②，并表现出较鲜明的地域性特征。战国晚期，双房子文化融入燕文化，并为后者所取代。

双房文化的墓葬材料多③，遗址材料少。出土青铜器，主要有琵琶形短剑、琵琶形铜矛、扇形铜斧、铜凿、铜镞等。出土陶器，目前见于报道的，有壶、罐、豆、钵、碗、盆、甗等多种器形。其中，以壶、罐两类平底陶器为主，碗、钵、盆、甗等陶器极少。壶、罐、豆是双房文化器物群中的典型陶器。

至于浅腹盆形鼎、盘形鼎、环足盆盘等，则始终未见。据此推断，西周早期至战国晚期，包括辽北在内的辽东地区，已非火盆文化的传播范围。

综上所述，仅就已见考古发掘报告而言，辽北地区的双砣子文化、马城子文化诸遗存中，都未发现"盘鼎"等器具传播的迹象。至于分布更广，影响

"双房式陶壶"，始见于双房石盖石棺墓（位于辽宁普兰店市，旧称新金县），是双房文化的标志性器物。曾有"弦纹壶""钵口壶"等称谓。由于上述概念，不足以涵盖陆续发现的侈口弦纹、钵口素面等类型，故有学者提出"双房式陶壶"的概念。

---

① 参见赵宾福《以陶器为视角的双房文化分期研究》，《考古与文物》2008年第1期；赵宾福《双房文化青铜器的型式学与年代学研究》，《文物与考古》2010年第1期。

② 如双房子文化的钵口、圈足、半月形贴耳、横弦纹，以双砣子三期文化为源头；双房子文化的横桥耳、叠唇筒形罐、树桥耳壶，以马城子文化为源头。参见唐淼《长白山地及其延伸地带青铜时代墓葬分群及谱系关系》，载吉林大学边疆考古研究中心《边疆考古研究》第11辑，科学出版社2012年版，第158–171页。此外，部分墓葬，有土著陶器与燕式陶器（燕式豆、燕式罐）、明刀币、铁器等共存的现象，这说明战国的燕文化，曾对该文化产生影响。参见赵宾福《双房文化青铜器的型式学与年代学研究》，《文物与考古》2010年第1期。

③ 双房子文化的墓葬文化较为发达，墓葬分土坑墓和石构墓两大类，其中的石构墓葬，又有积石墓、石棺墓、石盖墓、石棚多种，涵盖了先秦时代东北南部地区的主要墓葬类型。

更大的双房文化诸遗存，非但不见盘形鼎，其他鼎、鬲等三足器，迄今也未见出土。据此，我们判断，在整个青铜时代，"火盆"文化并未在辽北地区传播。

我们注意到，在郑家洼子遗址，考古工作者清理出1件无足平底浅盘。

郑家洼子遗址，是一处青铜短剑墓，大致在春秋末期到战国晚期之间，属"郑家洼子类型"。该墓葬出土的陶盘（T9：13），口径19.5厘米，高3.1厘米，壁厚1.5厘米，侈口，浅腹。①

这件"平底盘"，器形略小，或许只是普通盛装器。但是，器壁厚实，比例适中，稍稍放大1倍至1.5倍，完全可以用作炊具。由于缺少相关信息，这件陶制平底盆的文化寓意，还有待进一步发掘和诠释。

> "郑家洼子类型"，是华玉冰等学者提出的考古学命名。华玉冰提出，郑家洼子类型，是新城子文化分布区内，晚于新城子文化的一类遗存，以郑家洼子青铜短剑墓为代表，涵盖本溪上堡、刘家哨、朴堡等地石棺墓中同类文化遗存。②

实际上，非但先秦时代，整个史前时代，除了岫岩县的西山北沟遗址，辽北地区所见文化遗存中，都没有发现盆盘鼎文化传播的蛛丝马迹。

以"水洞下层文化"为例。"水洞下层文化"，是近年重新命名的新石器文化遗存，以太子河上游为核心分布区。该文化，曾有"马城子文化""马城子文化类型""马城子B洞下层文化""马城子下层文化"等不同称谓。③仅就

---

① 中国社会科学院考古研究所东北考古队：《沈阳肇工街和郑家洼子遗址的发掘》，《考古》1989年第10期。

② 详见华玉冰、王来柱《新城子文化初步研究：兼谈与辽东地区相关考古遗存的关系》，《考古》2011年第6期。

③ 近年来，赵宾福等人提出"水洞下层文化系统"的概念，包括年代相继的三种文化：水洞下层文化、后洼上层文化、小珠山中层文化。这三种考古学文化，可以构成连续发展的文化链条，属于一脉相承的文化系统。从发展到消亡，经历了1000余年时间。详见赵宾福、杜战伟《太子河上游三种新石器文化的辨识——论本溪地区水洞下层文化、偏堡子文化和北沟文化》，《中国国家博物馆馆刊》2011年第10期；赵宾福《东北石器时代考古》，吉林大学出版社2003年版，第330页；杜战伟、赵宾福、刘伟《后洼上层文化的渊源与流向——论辽东地区以刻划纹为标识的水洞下层文化系统》，《北方文物》2014年第1期。

已发表考古发掘报告判断，该文化分布区，没有发现类似于龙山文化、小珠山上层文化的盆盘鼎、环足盘等器具。

再如"后洼上层文化"。该文化，因位于丹东市的后洼遗址上层遗存而得名，在辽东北部山区的本溪，以及辽东半岛的黄海沿岸、鸭绿江下游均有分布。[1] 后洼上层文化诸遗存中，也没有发现盆盘鼎或环足盘的只鳞片羽。

总而言之，整个史前及先秦时期，除了岫岩一隅，辽北地区的烹饪方式，始终以炖煮、熏烧等为主。以煎、炒为特色的"火盆"饮食，既非原生，也未传入。

> 最新研究表明，后洼上层文化自太子河上游发端，拓展到辽东半岛的黄海沿岸、鸭绿江下游右岸，甚至辽东半岛的渤海沿岸。据称，胶东半岛及其附属岛屿，也有该文化特征的刻划纹和筒形罐。但是，后洼上层文化，尚未发现胶东半岛的文化印记。这说明，当时的文化交流，呈"东风压倒西风"的态势。这对探究新石器时代晚期，太子河流域与周边区域，乃至胶东半岛的部族迁徙和文化交流，有重要价值。

3. 且说器盖

曾有学者指出，双砣子二期遗存中的那件环足盘（F2：1），"若倒置过来即为器盖，可能是盖、盘两用"[2]。这种推测或有道理。但是，我们注意到，山东尚庄、大连双砣子等处遗存中，均有"专用"器盖出土。因此，以环足盘"客串"器盖，大可不必。（见图2-6，图2-7）

譬如尚庄遗址出土覆盆式器盖，火候低，陶质松软，似未烧透，与同期出土陶器的烧制火候及质地，形成较鲜明对比。[3] 易言之，以环足盘作"器盖"

---

① 人们曾普遍认为，后洼上层文化，是"后洼类型"（一说"后洼下层文化"）的继承者，二者是前后继承的文化遗存。有学者根据最新资料，提出修正：后洼上层文化的考古学年代，介于小珠山下层文化与小珠山中层文化之间，它不是"后洼类型"的继承者，而是"水洞下层文化"（如马城子B洞下层遗存）的发展。参见杜战伟、赵宾福、刘伟《后洼上层文化的渊源与流向——论辽东地区以刻划纹为标识的水洞下层文化系统》，《北方文物》2014年第1期。

② 中国社科院考古研究所：《双砣子与岗上：辽东史前文化的发现和研究》，科学出版社1996年版，第61页。

③ 山东省文物考古研究所：《茌平尚庄新石器时代遗址》，《考古学报》1985年第4期。

的可能性，未必没有。但是，基本属于权宜之计，绝非普遍现象。

值得一提的是，我们在田野调查中听闻：集安当地百姓，将锅盖翻过来，当成"火盆"炊具使用，"集安火盆"源于此举云云。

这与以"环足盘""多足鼎"为"器盖"的推测，颇有相似之处，很值得商榷。主要理由有三：

其一，火盆烹饪的历史，源远流长，有专用器具，从未以"锅盖"为炊具。

其二，1949年以前，辽东地区日用"锅盖"，多为木、苇、竹类制品，金属锅盖，非寻常百姓所有，而且明火熏灼后，印记不易清除，既影响美观，也影响使用年限，大可不必。

其三，新中国成立以来，锅盖多为铝制品，器形大、器壁薄、导热快，不便于，也适于慢火煎炒。而且，铝摄入过量，对健康不利。

III式陶器盖（H202：6）　　　　　　VI式陶器盖（IIIT212④：1）

图 2-6　尚庄陶器盖（龙山文化遗存）[①]

---

① 图片来源：山东省文物考古研究所：《茌平尚庄新石器时代遗址》，《考古学报》1985年第4期，图版七，5、6；另可参见部分陶盖线图。山东省博物馆、聊城地区文化局、茌平县文化馆：《山东茌平县尚庄遗址第一次发掘简报》，《文物》1978年第4期，图四（第二期陶器）。

I式（T8：23）　　　　　　　　I式（T11：38）

II式（H8：1）　　　　　　　　III式（T4：51）

图2-7　大连双砣子二期文化陶器盖[①]

二　辽西寄身

火盆文化自辽东半岛隐退的同时，辗转传入辽西地区，并踏雪有痕。这为后世之追溯，留下了不可多得的重要线索。

1. 夏商遗存

辽西地区的夏商文化，以夏家店下层文化为代表。该文化有兼收并蓄的风格特征，这为"盘形鼎"的传入，提供了必要的文化空间。该文化遗存中所见器具，可视为继新石器时代之后，"火盆"文化在辽西地区传播的历史文化坐标。

---

　　① 中国社科院考古研究所：《双砣子与岗上：辽东史前文化的发现和研究》，科学出版社1996年版，图版二十二，1，3，5，6。

夏家店下层文化，是青铜时代早期，中国北方一支重要的考古学文化。有关该文化年代的讨论，意见稍有分歧。一般认为，该文化自北向南拓展，有愈南愈晚的特征。辽西大小凌河流域的夏家店下层文化，大致在商代初年结束，绝对年代约在公元前2300年至公元前1600年之间；京津唐地区的夏家店下层文化，则可能延续到商末周初；燕山以南的夏家店下层文化，存在时间更长。[1]

第一，喀喇沁大前山盘形鼎。

考古工作者，在内蒙古喀喇沁大前山遗址[2]，清理出土部分陶鼎，均为夏家店下层文化遗存。这些陶鼎，"数量不多，均为泥质陶"。

其中一具灰黑陶鼎（96KDIG6：11，或称"三足盘"），器身呈盘形，口径28.3厘米，底径18厘米，器高8.7厘米，敞口，卷沿外翻，大平底，三个柱状矮足。（图2-8）

图2-8 大前山盘形鼎（96KDIG6：11）[3]

---

① 林沄认为介于夏代至商代早期；赵宾福认为，夏家店下层文化的晚期，相当于中原的商早期；田广林则认为大致处于夏朝建立之前到殷商末年之间。详见林沄《夏代的中国北方系青铜器》，载吉林大学边疆考古研究中心等主编《边疆考古研究》第1辑，科学出版社2002年版，第2页；赵宾福《从并立到互动——辽宁青铜时代的文化格局》，《辽宁大学学报（哲学社会科学版）》2015年第1期；田广林《关于夏家店下层文化燕北类型的年代及相关问题》，《内蒙古大学学报（人文社会科学版）》2003年第2期。

② 遗址位于内蒙古赤峰市喀喇沁旗永丰乡大山前村。1996年，重点发掘第1地点，有小河沿文化、夏家店下层文化、夏家店上层文化、战国四个时期的文化堆积，以夏家店下层文化遗存最丰富。在靠北部的夏家店下层文化堆积中，出土少量兴隆洼文化、红山文化陶片，表明这两个时期的先民也曾在这里或附近一带活动。参见中国社会科学院考古研究所、内蒙古自治区文物考古研究所、吉林大学考古系赤峰考古队《内蒙古喀喇沁旗大山前遗址1996年发掘简报》，《考古》1998年第9期。

③ 图片来源：中国社会科学院考古研究所、内蒙古自治区文物考古研究所、吉林大学考古系赤峰考古队：《内蒙古喀喇沁旗大山前遗址1996年发掘简报》，《考古》1998年第9期，图四，3。

第二，赤峰东山嘴四足盘形鼎。

1973年，考古工作者在四分地东山嘴遗址（又作"东山咀遗址"，本书除参考文献，均统称"东山嘴遗址"）①，清理出土若干陶制盘形器。其中1件命名为"II式盘"的多足盘（F8：6），确切地讲，应称作"盘形鼎"。这件陶鼎，口径21.8厘米，通高7厘米，口沿外折，平底，四足，器表印有绳纹，后经打磨。（见图2-9）

值得注意的是，该遗址试掘报告指出，这件盘形鼎的四足，是"另接上去的"②。这种分别加工、二次成型的制作工艺，与新石器时代的工艺流程，一脉相承。同时也是后来的盘形鼎，何以由"有足"，过渡到"无足"的实物见证。

这件四足盘形鼎，对探究先秦时代辽西地区的火盆文化传播，有重要价值和意义。

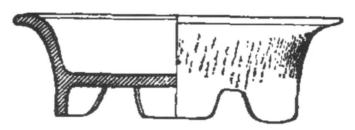

图2-9　东山嘴四足盘形鼎（F8：6）③

第三，赤峰东山嘴八足盘形鼎。

赤峰四分地东山嘴遗址，还出土1件"异形"盘形鼎（H6：1），考古工作者将其命名为"I式盘"。这件黑陶异形鼎，口径21厘米，高6厘米，器

---

① 1973年秋，配合沙通铁路工程，对位于今赤峰市初头朗镇四分地的东山嘴遗址进行试掘，发现1件铸造铜饰品的小陶范，未发现青铜器。参见杨建华《赤峰东山嘴遗址布局分析及其相关问题》，《北方文物》2001年第1期。

② 辽宁省博物馆、昭乌达盟文物工作站、赤峰县文化馆：《内蒙古赤峰县四分地东山咀遗址试掘简报》，《考古》1983年第5期。

③ 图片来源：辽宁省博物馆、昭乌达盟文物工作站、赤峰县文化馆：《内蒙古赤峰县四分地东山咀遗址试掘简报》，《考古》1983年第5期，图七，11。

身呈盘形，圆唇，口沿外折，有八短足，形制规整，器面磨光，素面无纹饰。（见图 2-10）

其鼎足制作工艺，或许与山东龙山文化、二里头文化的 C 形鼎相似——将圈足，分段环切。原报告称，这件八足陶鼎，有龙山文化特点，是夏家店下层文化早期阶段的典型器物。[①]

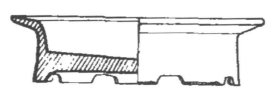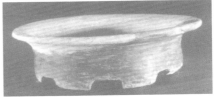

图 2-10　东山嘴八足盘形鼎（H6：1）[②]

第四，赤峰康家湾盘形鼎。

我们注意到，赤峰康家湾遗址[③]，也出土 1 只三足盘形鼎（ⅡT105②：7，原报告称"三足盘"），系夏家店下层文化遗存。

这件泥质灰陶盘形鼎，口径 22 厘米，底径 10 厘米，高 6 厘米，器身呈盘形，尖唇，斜沿，敞口，平底，底下有三个扁平瓦状足。（见图 2-11）。

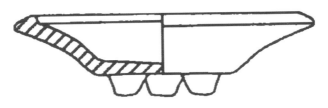

图 2-11　康家湾盘形鼎[④]

---

① 辽宁省博物馆、昭乌达盟文物工作站、赤峰县文化馆：《内蒙古赤峰县四分地东山咀遗址试掘简报》，《考古》1983 年第 5 期。

② 图片来源：辽宁省博物馆、昭乌达盟文物工作站、赤峰县文化馆：《内蒙古赤峰县四分地东山咀遗址试掘简报》，《考古》1983 年第 5 期，图七，10；图版四，2。

③ 康家湾遗址，位于内蒙古赤峰市松山区初头朗镇康家湾村北的山坡上。2006 年，为配合水利工程建设，进行了抢救性考古发掘。该遗址以夏家店下层文化为主。

④ 图片来源：吉林大学边疆考古研究中心、内蒙古文物考古研究所：《内蒙古赤峰市康家湾遗址 2006 年发掘简报》，《考古》2008 年第 11 期，图九：10。

这件盘形鼎，与该遗址同时出土的部分陶盘，除了"三足"，并无显著区别。我们推测，这类盘形鼎的出现，有两种可能：其一，源于山东龙山文化的"盘形鼎"，已传到当时的赤峰康家湾地区，并生根发芽。其二，受罐形鼎制作工艺启发，青铜时代的康家湾人，创造了自己的"盘形鼎"。（见图 2-12）

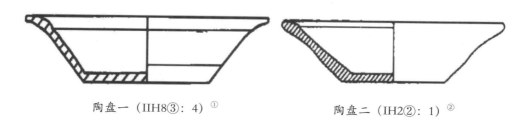

陶盘一（IIH8③：4）①   陶盘二（IH2②：1）②

图 2-12 康家湾 B 型陶盘

如上文所述，除了较为传统的"三足"盘形鼎，夏商时代的辽西地区，还出现了"四足""八足"盘形鼎，这是值得关注的现象。

我们认为，仅就器形而论，上述"盘形鼎"，显然在"三足"的基础上，进行了大幅改造——由三高足，变为四短足、八短足。这种改造，用意何在？还值得推敲。

除此之外，辽西夏家店下层文化遗存中，还有部分圈足平底盘的发现，这类器具的实际功能，也有待商榷。如赤峰东山嘴遗址，就出土 1 件圈足盘（H1：9，考古报告中将其称为"Ⅲ式盘"），黑陶泥质，口径 30 厘米，高 7.8 厘米，口沿外折，平底，圈足，口沿和底较厚重。（见图 2-13）

---

① 图片来源：吉林大学边疆考古研究中心、内蒙古文物考古研究所：《内蒙古赤峰市康家湾遗址2006年发掘简报》，《考古》2008年第11期，图九：8。泥质灰陶。方唇，平沿，大敞口，斜弧腹，平底。口径24厘米，底径12厘米，高5厘米。

② 图片来源：吉林大学边疆考古研究中心、内蒙古文物考古研究所：《内蒙古赤峰市康家湾遗址2006年发掘简报》，《考古》2008年第11期，图九：14。泥质红褐陶。圆唇，斜沿，敞口，斜直腹，平底。口径18厘米，底径10厘米，高3.7厘米。

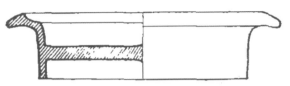

图 2-13　东山嘴圈足平底陶盘[1]

赤峰喀喇沁旗大山前遗址，也清理出土 1 件泥质灰陶圈足盘（H192③：4），口径 20 厘米，高 5.6 厘米，敞口，圆唇，卷沿，腹微束，下部微折，接圈足，圈足内侧，捏附二鼻状泥块与盘底相接，器表施黑色陶衣，系夏家店下层文化遗存[2]。（见图 2-14）

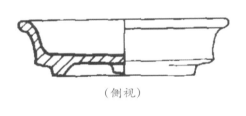
（侧视）

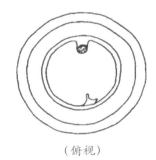
（俯视）

图 2-14　喀喇沁大山前圈足陶盘[3]

2. 周代遗存

辽西地区周代文化遗存中，也有陶制盘形鼎出土。由于鼎足已矮化，往往被称作"三足盘"。

辽西地区的周代文化遗存，以夏家店上层文化为代表。夏家店上层文化，是继夏家店下层文化、魏营子类型文化之后，中国北方另一支有重要影响的

---

[1]　图片来源：辽宁省博物馆、昭乌达盟文物工作站、赤峰县文化馆：《内蒙古赤峰县四分地东山咀遗址试掘简报》，《考古》1983 年第 5 期，图七，16；图版四，6。

[2]　中国社会科学院考古研究所、内蒙古自治区文物考古研究所赤峰考古队、吉林大学边疆考古研究中心：《内蒙古喀喇沁旗大山前遗址 1998 年的发掘》，《考古》2004 年第 3 期。

[3]　图片来源：中国社会科学院考古研究所等：《内蒙古喀喇沁旗大山前遗址 1998 年的发掘》，《考古》2004 年第 3 期，图五，2。

青铜文化。该文化，主要分布在燕山南北麓到西辽河一带。其中的老哈河上游与大凌河中上游之间，是该文化早中期遗存分布最稠密的区域，大致处于西周晚期到战国晚期之间。[①]

周代辽西地区出土的"盘形鼎"数量，远不如前代。

目前，仅见于赤峰上机房营子的石城遗址，系夏家店上层文化遗存。[②]这件盘形鼎（H4：2，原报告称为"三足盘"），系敞口泥质灰陶，口径26.4厘米，底径22.4厘米，高5厘米，器身呈盘形，平沿，圆唇，斜弧腹微束，大平底，三矮平足。[③]（见图2-15）

图2-15　上机房营子三足盘形鼎（H4：2）[④]

先秦时期，东北地区不存在批量生产青铜炊具的条件，因此，鲜见用作煎炒器的青铜器。但是，青铜炒盘，在中原地区并不鲜见。

譬如1978年，湖北曾侯乙墓出土1件双层青铜"炒炉"。该炉上层为盘，下层为炉。盘下有四蹄足，立于炉上。炉底有扁方形镂空，炉下有三蹄足。

---

① 详见席永杰、滕海键、季静《夏家店上层文化研究述论》，《赤峰学院学报（汉文哲学社会科学版）》2011年第5期。

② 2006年秋，为配合三座店水利枢纽工程的建设，吉林大学边疆考古研究中心与内蒙古文物考古研究所，联合对上机房营子石城址遗址，进行了大规模的考古发掘，揭露和出土了大量遗迹、遗物，分属于夏家店下层文化和夏家店上层文化，为探讨阴河流域青铜时代考古文化面貌及诸多相关问题，提供了丰富的科学资料。详见吉林大学边疆考古研究中心、内蒙古文物考古研究所《2006年赤峰上机房营子石城址考古发掘简报》，《北方文物》2008年第3期。

③ 吉林大学边疆考古研究中心、内蒙古文物考古研究所：《2006年赤峰上机房营子石城址考古发掘简报》，《北方文物》2008年第3期。

④ 图片来源：吉林大学边疆考古研究中心、内蒙古文物考古研究所：《2006年赤峰上机房营子石城址考古发掘简报》，《北方文物》2008年第3期，图四：2。

（见图 2-16）

　　该发掘报告称，出土时，该铜炉上层盘内有鱼骨，下层炉内有木炭，故有"炒炉"之称。①这件青铜炒炉，对我们探究战国早期"湖北版火盆"文化，提供了难得的实物资料。

图 2-16　曾侯乙墓青铜"炒炉"②

　　再如声名显赫的"兮甲盘"。

　　"兮甲盘"，为西周晚期的青铜器，于宋代出土，到元朝时，为书法家鲜于枢所收藏。鲜于枢，官至三司史掾。公务之余，喜收藏古铜吉金。某日，在僚属李顺父家中，发现一只青铜盘。可惜，该盘已被李氏家人折断盘足，用作饼盘。鲜于枢以为大有来头，遂将其收藏，是为赫赫有名的传世重

———————

① 随县擂鼓墩一号墓考古发掘队：《湖北随县曾侯乙墓发掘简报》，《文物》1979年第7期。
② 图片来源："湖南考古·考古知识"（李忠超）（http://www.hnkgs.com/show_news.aspx?id=1953）。另可参见随县擂鼓墩一号墓考古发掘队《湖北随县曾侯乙墓发掘简报》，《文物》1979年第7期，图七。

宝——"兮甲盘"。^①（见图 2-17）

鲜于枢以后，兮甲盘又历经数代传承，在清末民初，转入收藏家陈介祺之手。随后，再次下落不明，仅有拓片存世。

20 世纪，日本、中国香港地区曾先后传出"兮甲盘"的消息，但均被证实为伪造^②。直到 2010 年，一位旅美华人，在美国一家小型拍卖会上，发现了"兮甲盘"，并花重金买下。2014 年，"兮甲盘"悄然回到中国展出。经多位专家鉴定，确认为真品无疑。

图 2-17　兮甲盘^③

"兮甲盘"，盘体呈圆形，盘沿边缘饰有花纹，底足缺失。"兮甲盘"内底铸铭文 133 字，记述了周宣王伐严允（原作"玁狁"）的战争，获得战功而受赏赐一事。（见图 2-18）

---

① 转引自参阅郭沫若《两周金文辞大系图录考释（二）》，科学出版社 2002 年版，第 304 页。

② 日本书道博物馆藏伪"兮甲盘"。但是，比对铭文，发现该盘与陈介祺藏品铭文拓片不同，当为伪造。香港中文大学文物馆藏伪"兮甲盘"。该盘与传说中的"兮甲盘"高度相似。但经杜廼松、王仁聪二位先生鉴定，发现该铜盘铭文有种种伪造迹象，显然是依据《三代吉金文存》中收录的"兮甲盘"真铭，利用腐蚀法伪造而成。

③ 图片来源：壹号收藏网（http://www.1shoucang.com/article-22067-1.html）。

周宣王五年的三月（月晦）庚寅日，宣王始下令，出兵征讨猃狁，将其驱逐到太原一代。兮甲吉甫遵周王命随征，克敌执俘，凯旋而归。宣王大喜，赏兮甲良马四匹，辒车一乘。宣王又命兮甲，负责管理成周（今洛阳）周边政务。至于南方的淮夷，本来就是向我周朝缴纳帛的人，至此，不敢不缴帛、尽义务。他们的朝觐者及商贩，不敢不按规定，定期朝贡、贸易。胆敢违逆王命，必定予以刑罚，甚至征讨。我周朝的诸侯、百姓，凡从事商贸，无不在市肆内进行，无人胆敢到荒蛮之地私自贸易，否则，必受刑罚。

兮伯吉父特作此盘记载。其年寿万年无疆。子子孙孙永宝用。[1]

图 2-18　兮甲盘铭文

"兮甲盘"流落民间后，一度成为民家"饼盘"。在中国古代，"饼"不仅仅是面饼，还有肉饼等。既然以"兮甲盘"为烙饼炊具，类似器具显然也有类似功能，至于是否曾用于火盆烹饪，尚在未可知之间。

3. 主流炊具

先秦时代的辽西地区，烹食器具一仍前代，以罐、尊、鬲、甗等蒸煮器为主，盘形鼎等煎炒器，并不常见。譬如喇沁旗大山前遗址，与盘形鼎一同出土，更多的是鼎、鬲、甗，以及颇富地域特色的罐、尊等器具。至于盆、盘等，作为常见厨具，大多用于饮食盛装。

第一，陶鼎。

陶鼎，常用炖煮器。辽西地区出土陶鼎，多为夹砂质或泥质，有罐、尊、盆等不同形制，以罐形鼎数量最多。

譬如大前山遗址出土的 1 件罐形鼎（F32 ①：1），灰褐陶，口径 14.4 厘

---

① 铭文转引自郭沫若《两周金文辞大系图录考释（一）》，科学出版社2002年版，第372页。释文可参见郭沫若《两周金文辞大系图录考释（二）》，科学出版社2002年版，第304页。

米，高24厘米，侈口，圆唇上捏附二小耳，耳已残断，短颈，圆肩，鼓腹，最大腹径在上部，平底，三扁足，肩部以上，施黑色陶衣，腹饰旋断绳纹，足饰绳纹。（见图2-19）

另1件灰陶罐形鼎（H266⑥：3），口径12.4厘米，高22厘米，侈口，圆唇上捏附两个不对称耳，短颈，颈部抹光，圆鼓腹，腹饰旋断绳纹，平底，三圆锥状足，足底磨平，足饰绳纹。（见图2-20）

还有1件夹砂褐陶罐形鼎（96KDIF8H1：1），口径11.5厘米，高14.2厘米，卷沿，圆唇，口沿上残留一小钮，最大腹径居中，鼓腹，矮领，平底，加三个扁锥状实足，器表多数地方绳纹已被抹去，仅下腹及足部留有绳纹。

另1件褐陶罐形鼎（96KDIG2⑮：1），口径13.8厘米，高23.2厘米，圆唇，最大腹径略靠上，平底，三扁足，饰旋断绳纹。[1]

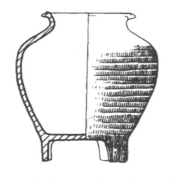

图2-19　大前山陶鼎（F32①：1）[2]　　图2-20　大前山陶鼎（H266⑥：3）[3]

第二，陶鬲。

---

① 中国社会科学院考古研究所、内蒙古自治区文物考古研究所、吉林大学考古系赤峰考古队：《内蒙古喀喇沁旗大山前遗址1996年发掘简报》，《考古》1998年第9期。

② 图片来源：中国社会科学院考古研究所、内蒙古自治区文物考古研究所赤峰考古队、吉林大学边疆考古研究中心：《内蒙古喀喇沁旗大山前遗址1998年的发掘》，《考古》2004年第3期，图四，4。

③ 图片来源：中国社会科学院考古研究所、内蒙古自治区文物考古研究所赤峰考古队、吉林大学边疆考古研究中心：《内蒙古喀喇沁旗大山前遗址1998年的发掘》，《考古》2004年第3期，图版六，6。

陶鬲，新石器时代及青铜时代，较为常见的粥、水加热器。青铜时代，辽西地区出土的陶鬲，款式较多。康家湾遗址陶鬲（IIH6②：1），夹砂黑灰陶，口径 15 厘米，高 15.8 厘米，圆唇，侈口，直腹，联裆三袋足，口沿下饰数道凹弦纹，器身和足上饰细绳纹，系夏家店下层文化遗存。（见图 2-21）

大前山遗址出土的 1 件陶鬲（96KDIG2⑱：3），砂质灰陶，口径 14 厘米，高 24.8 厘米，无实足跟，器表有烟熏痕迹。

该遗址出土的另 1 件夹砂灰陶鬲（H240④：22），口径 17.6 厘米，高 19.6 厘米。通体矮胖，三足外撇，两足间夹角较大，敞口，筒腹，三筒状空足，接实足根。上腹部，有一周突棱。腹及足上部，压印由平行短线组成的两条纹饰带。口沿内外、腹、空足的外表，均施黑色陶衣。实足根处的陶衣，呈黄褐色。底与足相接处的裆外部，可见清晰绳纹。（见图 2-22）

图 2-21　康家湾陶鬲（IIH6②：1）[①]　　图 2-22　大前山陶鬲（H240④：22）[②]

第三，陶甗。

陶甗，青铜时代常用蒸食器。辽西地区出土陶甗，鲜见完整器个体。所

① 图片来源：吉林大学边疆考古研究中心、内蒙古文物考古研究所：《内蒙古赤峰市康家湾遗址 2006 年发掘简报》，《考古》2008 年第 11 期，图版一，5。

② 图片来源：中国社会科学院考古研究所、内蒙古自治区文物考古研究所赤峰考古队、吉林大学边疆考古研究中心：《内蒙古喀喇沁旗大山前遗址 1998 年的发掘》，《考古》2004 年第 3 期，图版六，5。

见陶鬲，上半部分基本残缺，下半部有不同类型，可见当时的普及程度较高。

以大前山遗址为例。该处出土陶鬲，多为模制夹砂灰陶，空足，有实足跟，或饰绳纹。

其中1件（96DIH137①：1），足根残缺，空足相接处，拍印横向绳纹，残高24厘米。

另1件（96KDIG2⑱：1），残高23厘米，三空足较前者内聚。

还有1件（T432⑥：19），灰陶，残高30厘米，通体饰绳纹，空足相接处为横向绳纹。值得注意的是，这件陶鬲，器表有烟炱，系日用炊具痕迹。（见图2-23）

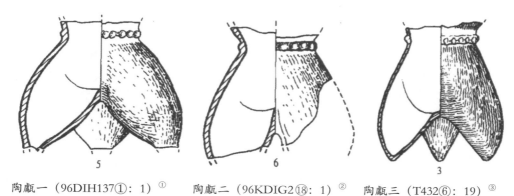

陶鬲一（96DIH137①：1）①   陶鬲二（96KDIG2⑱：1）②   陶鬲三（T432⑥：19）③

图2-23　大前山陶鬲

第四，陶盆盘。

辽西地区，早在新石器时代，盆文化就较为发达，并演绎出深腹、浅腹、

---

① 图片来源：中国社会科学院考古研究所、内蒙古自治区文物考古研究所、吉林大学考古系赤峰考古队：《内蒙古喀喇沁旗大山前遗址1996年发掘简报》，《考古》1998年第9期，图四，5。
② 图片来源：中国社会科学院考古研究所、内蒙古自治区文物考古研究所、吉林大学考古系赤峰考古队：《内蒙古喀喇沁旗大山前遗址1996年发掘简报》，《考古》1998年第9期，图四，6。
③ 图片来源：中国社会科学院考古研究所、内蒙古自治区文物考古研究所赤峰考古队、吉林大学边疆考古研究中心：《内蒙古喀喇沁旗大山前遗址1998年的发掘》，《考古》2004年第3期，图四，3。

双腹、折腹、折肩、鋬耳、无耳、平底、圜底、卷沿、折沿等器形丰富的陶盆系列。诸如红山后遗址、石棚山墓地等，都有典型器具出土。[①] 其中，以折腹盆的特色较为鲜明。一般认为，折腹盆是红山文化的传统器形，而且呈现出早期为敛口、中期为直口、晚期有双腹的发展趋势。到了小河沿文化时期，折腹盆在前代的基础上有继承也有创新，特别是小河沿晚期折腹盆，已鲜见红山文化时代的器物特征。需要说明的是，平底浅腹盆，在新石器时代的东北地区并不多见。而且，将这类平底浅腹盆，归入"盘"类也未尝不可。早在"盘形鼎"传入前，辽西地区的盆文化，已经历了数千年发展史。[②]

如前文提到的敖汉旗小河沿南台地、克什克腾旗林西县白音长汗等遗址出土的陶盘，综合该遗址的文化类型及特征，其器形比例及材质，用作火盆烹饪，完全没有问题，唯独尺寸略小。在火盆文化溯源过程中，我们发现，"尺寸"确实是一个值得关注的细节。因为有些"迷你"陶盘，不论是明器、模型，抑或玩具，均不排除其"放大版"，有用作炊具的"可能性"。

辽西地区的盘文化，同样源远流长。至少自新石器时代中期以后，陶盘就是较为常见的"盛器"或"食器"，并一度作为明器，成为墓主的随葬品。

红山文化遗存中，有"平底陶盘"出土。其中的彩陶平底盘，尤其惹人注目。如城子山遗址[③]，就曾出土1件平底彩陶盘（T2②：8），由于器形略小，当为明器。[④] 小河沿文化遗存中，盘形器并不多见。

---

① 图片来源：辽宁省文物考古研究所等：《大南沟——后红山文化墓地发掘报告》，科学出版社1998年版。

② 辽南小珠山文化区，也有陶盆文化。如郭家村遗址，就有折沿深腹盆、侈口鋬耳盆等实物器具出土。辽宁省博物馆、旅顺博物馆：《大连市郭家村新石器时代遗址》，《考古学报》1984年第3期。

③ 城子山遗址，位于今辽宁省凌源市凌北乡三官甸子村，地近牛河梁红山文化墓地。遗址东部的遗迹均系夏家店下层文化遗存，西部遗存则以红山文化为主。此外，牛河梁第十六地点，也清理出2件红山文化陶盘，1件为素面平底，1件为彩陶平底，二者均处于同一文化层，年代应当相近。详见辽宁省文物考古研究所《牛河梁第十六地点红山文化积石冢中心大墓发掘简报》，《文物》2008年第10期。

④ 此盘，口径16厘米，底径6厘米，卷沿，浅腹，平底，腹部、底部施彩绘纹。李恭笃：《辽宁凌源县三官甸子城子山遗址试掘报告》，《考古》1986年第6期。

考古学工作者，在敖汉旗南台地遗址发掘过程中，曾清理出的1件陶盘（F11：2），口径21.5厘米，底径16厘米，高4.5厘米，浅腹，平底，口沿外折。该陶盘器形略小，但是原比例放大，显然是已出土的史前陶盘中，与今用"火盆"，器形最接近的一个。（见图2-24）

南台子遗址的第二期，也属于小河沿文化。该期文化遗存中，也清理出土1件陶制平底浅盘（H46：1）。辽东半岛如郭家村遗址等处，也有类似平底浅盘出土。

图 2-24　南台地陶盘（F11：2）[1]

进入青铜时代，辽西地区的盆盘文化继续发展，兹不详述。

一般认为，盆盘器，当以"盛装"为核心功能。但是，就出土文物分析，这些盆盘器，未必没有用作"炊具"的可能。首先，就制作工艺而言。盆、盘加"足"，就是盆盘鼎、环足盘，二者之间，并无技术鸿沟。其次，就共存关系分析。山东、辽东等处遗存中，盆、盘器与盆盘鼎、环足盘共存的现象较为普遍，辅以支脚，普通盆盘也能满足煎炒焙烙之需。

综上所述，就康家湾、大山前遗址所见炊具类型、数量分析，先秦时期，炖、煮、蒸，是上述地区的主流烹饪手段，深腹鬲、甗、鼎是主流烹饪器具，盘形鼎等或用于烹饪，但不普遍。

---

① 图片来源：李恭笃：《辽宁敖汉旗小河沿三种原始文化的发现》，《文物》1977年第12期，图四十八。

三　路径辨析

先秦时期，辽西出土"盘形鼎"的文化渊源，是一个值得商榷的问题。综合传世文献与出土文物分析，较之中原陆路，其由辽东半岛西线，辗转传入辽西地区的可能性最大。

1.中原陆路

研究显示，辽西夏家店下层文化的中期、晚期，均深受中原文化影响。理论上，中原与辽西之间，可能存在一条文化往来的陆路通道。若依此上溯，则辽西夏家店下层文化中的"盘形鼎"，也应是经陆路传来的。但是，仅就出土文物而言，这个逻辑并不成立。

第一，辽西先世文化未见鼎形器因素。

夏家店下层文化以前，从兴隆洼文化，到小河沿文化，辽西地区始终未发现盘形鼎、环足盘等器具。兴隆洼文化自不必说，就小河沿文化而言，该文化晚期，一度深受山东大汶口文化[①]的强烈影响，但大汶口文化中常见的鼎、鬶、觚、高足杯等器类，则始终不见于小河沿文化。[②]

---

① 大汶口文化，因泰安大汶口遗址的发掘而得名，有关研究较为充分。觚形杯、实足鬶、盉、袋足鬶、高柄杯、筒形杯等是代表器形。详见山东省博物馆《谈谈大汶口文化》，文物编辑委员会编《文物集刊——长江下游新石器时代文化学术讨论会文集》，文物出版社1980年版，第19—27页；高广仁《试论大汶口文化的分期》，《考古学报》1978年第4期；栾丰实《大汶口文化的分期与类型》，载栾丰实《海岱地区考古研究》，山东大学出版社1997年版，第46—51页；山东省文物考古研究所《山东20世纪的考古发现和研究》，科学出版社2005年版。其中，分布于胶东半岛丘陵地区及庙岛列岛的"北庄类型"，是大汶口文化在胶东半岛的一个地方类型，有人缘此提出"北庄文化"的概念。参见张江凯《论北庄类型》，载北京大学考古系编《考古学研究（三）》，科学出版社1997年版；山东省文物考古研究所编著《山东20世纪的考古发现和研究》，科学出版社2005年版。

② 小河沿文化，是新石器时代晚期中国北方一个较为重要的文化类型，今辽西、内蒙古东南部、京津唐、华北平原北部均有分布。其命名、内涵、类别等，学界尚有争议。小河沿文化渊源复杂，除了筒形罐所体现的土著文化（红山文化、赵宝沟文化等），在其形成发展过程中，又受到来自黄河流域等文化的影响，是一个开放、多元的文化类型。参见陈国庆《浅析小河沿文化与其他考古学文化的互动关系》，载吉林大学边疆考古研究中心《边疆考古研究》第8辑，科学出版社2009年版，第36-45页。

第二，盘形鼎陆路北传止步于京津唐。

考古发掘显示，新石器时代末期，山东龙山文化三足鼎曾由陆路北上。北京房山区镇江营遗址 [1] 中，出土 1 件三足平底盆形鼎（FZ037）。这件盆形鼎，口径 19.6 厘米，底径 17.2 厘米，足高 5.2 厘米，通高 14.8 厘米，圆唇，直口，筒腹，平底，有三角形足。据分析，三鼎足单独做成，再帖接到盆底。（图 2-25）

发掘者将该盆形鼎的考古学年代，判定为龙山文化晚期，但未进入夏纪年。这件陶鼎，为山东龙山文化的陆路北传，提供了重要坐标。[2]

图 2-25 北京镇江营盆形鼎（FZ037）[3]

无独有偶，1986 年，北京大学考古实习队会同唐山当地文管部门，在位于丰润县（今河北省唐山市丰润区）的韩家街遗址，也清理出土 1 件三足平底盘形鼎，被认定为典型龙山文化遗存。这件泥质灰陶鼎，轮制，外表磨光，深腹盘形，盘腹饰一道凹弦纹，附三个鸟首形鼎足。鼎足造型及风格，在山

① 镇江营遗址，位于北京市房山区的拒马河西岸，是华北平原西北隅，一处新石器时代文化遗存。学界的定性，不很一致，有雪山二期类型、镇江营文化、镇江营遗存等不同命名。详见北京市文物研究所《镇江营与塔照——拒马河流域先秦考古文化的类型与谱系》，中国大百科全书出版社1999年版。

② 参见北京市文物研究所《镇江营与塔照——拒马河流域先秦考古文化的类型与谱系》，中国大百科全书出版社1999年版，第134页。

③ 图片来源：北京市文物研究所：《镇江营与塔照——拒马河流域先秦考古文化的类型与谱系》，中国大百科全书出版社1999年版，第129页。图84：17（"新石器第四期泥质陶器"）；图版21-2。

东尚庄遗址中较为常见。①（见图2-26）

但必须承认的是，这类盆盘鼎在新石器时代晚期的京津唐地区并不多见。山东龙山文化之陆路北传，似乎也止步于此。其与辽西地区出土的盆盘鼎之间，如果没有直接关联，那么，究竟存在什么样的文化关联？还值得进一步推敲。

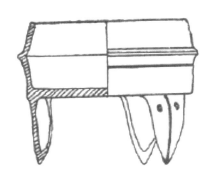

图 2-26　唐山韩家街盘鼎（无编号）②

第三，先秦青铜鼎发展殊途殊归。

先秦时期，青铜盘形鼎的烹饪功能已基本退化，大多用作礼仪场合的盥洗器。这个趋势，在西周时期的中原地区，已表现得非常明显。概言之，青铜盘形鼎已循着另一条路径——礼器——发展，其与初始的烹饪功能，已渐行渐远。

譬如山东高青县陈庄的一处西周墓葬（M27），出土了一件青铜盘形鼎（发掘者称之为"双附耳三足铜盘"），方唇，窄折沿近平，浅弧腹，大平底微圜，三柱状矮足，足横截面呈扁椭圆形，对称环形附耳，由腹底向上弯曲竖立。素面，口部略变形，底部、足、附耳均有范线凸棱。其与一同出土，还有簋、壶、爵、卣等青铜礼器。这件盘形鼎，或许已失去日用炊具的价值，

---

① 北京大学考古实习队：《河北唐山地区史前遗址调查》，《考古》1990年第8期。
② 图片来源：北京大学考古实习队：《河北唐山地区史前遗址调查》，《考古》1990年第8期，图8：3）。

而成为身份地位的象征。[①]（见图 2-27）

类似盆盘鼎，在商周青铜器中较为多见，兹不枚举。

这类脱"俗"入"雅"的青铜盆盘鼎，显然已循着另一条路径——礼器——演绎，其与辽西地区所见陶制盆盘鼎之间，没有直接关联。亦言之，商周时期辽西地区的火盆，必另有渊源，中原陆路并非传来渠道。

图 2-27　高青县陈庄西周三足铜盘鼎[②]

2. 半岛行程

据出土文物推测，火盆文化的传播路线，可能有辽东半岛东岸沿线、辽东半岛西岸沿线两条，可简称"半岛东线"及"半岛西线"。

第一，半岛东线。

辽东半岛东岸沿线，特别是辽东半岛南端与鸭绿江中下游之间，自古以来，就是东北东部大通道的重要构成。而且，就小珠山、后洼诸遗址的空间

---

① 陈庄遗址，位于山东省淄博市高青县花沟镇的陈庄和唐口村之间。文化内涵以周代遗存为主。其中，西周时期的最为丰富，其次为春秋战国时期。此外，还有唐、宋、金等时期遗存。出土铜盘的 M27，应为西周中期墓葬。参见山东省文物考古研究所《山东高青县陈庄西周遗存发掘简报》，《考古》2011 年第 2 期。有学者据铭文推测，陈庄遗址的西周遗存，或许与西周初年的姜太公有关，而姜太公正是齐国的缔造者。

② 图片来源："中国考古网"之"山东高青县陈庄村遗址"（http://www.kaogu.cn/cn/xueshuhuodongzixun/kaoguluntan2009niankaogu/2013/1025/29744.html）；黑白图来源：山东省文物考古研究所：《山东高青县陈庄西周遗址》，《考古》2010 年第 8 期，图七：1（M27：9）。该铜鼎线图，可参见山东省文物考古研究所《山东高青县陈庄西周遗存发掘简报》，《考古》2011 年第 2 期，图十七：6。该铜鼎，口径 28.7 厘米至 29.1 厘米，高 11.4 厘米。测量数据转引自山东省文物考古研究所《山东高青县陈庄西周遗存发掘简报》，《考古》2011 年第 2 期。

分布及文化关联而言，至迟在新石器时代中晚期，大连地区、丹东地区之间，已形成较为活跃的文化通道。

考古发掘显示，小珠山下层文化，与后洼下层文化之间，不但交流密切，而且有若干相同或相似文化要素，如庄河北吴屯遗址下层遗存的筒形罐，虽然属于后洼下层文化类型，但是其纹饰风格，显然有小珠山下层文化特点。

> 小珠山下层文化，因广鹿岛小珠山遗址发掘而得名，其绝对年代，至少在公元前4000年以前[1]，是辽东半岛已知年代最早的一支考古学文化，与吉长地区的左家山下层文化[2]、沈阳地区的新乐下层文化年代相当[3]。

我们注意到，庄河在地理位置上，介于辽南与丹东之间，有条件成为二者之间文化交流的中继站。因此，北吴屯遗址所见遗存，可以视为丹东后洼下层文化与大连小珠山下层文化之间互联互通的产物。

> 后洼下层文化，因后洼遗址发掘而命名，推测其绝对年，在公元前4400年至公元前4000年之间，主要分布于丹东后洼、东沟大岗、庄河北吴屯等处，是鸭绿江右岸一支较为重要的考古学文化。[4]

小珠山中层文化，因位于大连市的小珠山遗址而得名。除了大连，今丹东地区也有分布。这说明，继小珠山下层文化之后，大连与丹东之间的文化

---

① 赵宾福、刘伟：《小珠山下层文化新论——辽东半岛含"之字纹"陶器遗存的整合研究》，《考古学探究》（韩国）2010年第7号，转引自赵宾福、杜战伟《太子河上游三种新石器文化的辨识——论本溪地区水洞下层文化、偏堡子文化和北沟文化》，《中国国家博物馆馆刊》2011年第10期。

② 赵宾福：《东北石器时代考古》，吉林大学出版社2003年版，第330页。

③ 赵宾福、杜战伟：《新乐下层文化的分期与年代》，《文物》2011年第3期。

④ 参见王月前《鸭绿江右岸地区新石器遗存研究》，载中国历史博物馆考古部编《中国历史博物馆考古部纪念文集》，科学出版社2000年版，第107—126页。有人主张将其归入"小珠山下层文化"，称"后洼类型"。详见许玉林《后洼遗址考古新发现与研究》，中国考古学会编《中国考古学会第六次年会论文集》，文物出版社1990年版，第13—23页；朱延平《小珠山下层文化试析》，中国社会科学院考古研究所编《考古求知集——96考古研究所中青年学术讨论会文集》，中国科学出版社1997年版，第186—193页。

交流，仍持续不断。

　　就既有文化遗存而言，不论小珠山下层文化、小珠山中层文化，还是后洼文化、水洞下层文化等，都不见盆盘鼎、平底浅腹盆的踪迹。这至少说明，至迟在公元前 2900 年以前，辽东（包括太子河流域、鸭绿江下游地区）、辽南（包括临近海岛），既不是盆盘鼎的发源地，也不是火盆文化的传播区。

> 　　小珠山中层文化，因小珠山遗址而命名，以长海县小珠山遗址中层、长海县吴家村、旅顺郭家村下层等遗存为代表，是新石器时代晚期另一支较有影响的考古学文化。该文化继承了早前土著文化因素[1]，保持了以深腹罐为主的文化特征，同时还接收了外来文化影响[2]。

　　我们注意到，考古工作者在位于今辽宁省岫岩县的北沟西山遗址，清理出土有龙山文化特征的器具，包括磨光黑陶圈足盘、三环足器、镂孔豆等。据称，"这些器类，以往多在辽东半岛南部的大连地区小朱[珠]山上层文化中发现"，在辽东半岛北部山区，尚属"首次"发现。[3] 由此可见，新石器时代晚期，山东盆盘器（包括环足盘）文化传播，已沿半岛东线北上，直至半岛北部山区。[4]

　　除了北沟西山遗址，半岛东线沿岸及其邻近地区，尚未发现相同或类似文化遗存。因此，上述器具，可以视为龙山文化，循半岛东线北传的"极限"。

----

　　[1] 主持1978年小珠山遗址发掘学者主张：小珠山下层文化与小珠山中层文化之间，有密切继承关系。后洼遗址、北吴屯遗址发掘后，杜战伟、赵宾福等学者提出不同看法：第一，小珠山中层文化与小珠山下层文化之间，不仅面貌迥异，而且存在明显时间缺环。郭家村上层遗存表明，小珠山中层文化已扩大到渤海沿岸；第二，小珠山中层文化的筒形罐，源于后洼上层文化，递变关系清晰；小珠山中层文化的壶，在后洼上层中也能找到祖形，器形演变趋势明显；第三，小珠山中层文化的房址构筑方式，与后洼上层文化相似。详见杜战伟、赵宾福、刘伟《后洼上层文化的渊源与流向——论辽东地区以刻划纹为标识的水洞下层文化系统》，《北方文物》2014年第1期。
　　[2] 赵宾福等人提出，就陶器而言，小珠山中层文化由两部分组成：其一占主导地位的土著文化，其二来自胶东半岛的外来文化。
　　[3] 许玉林、杨永芳：《辽宁岫岩北沟西山遗址发掘简报》，《考古》1992年第5期。
　　[4] 北沟西山遗址背靠的大洋河，是辽东半岛最大的一条独流入海河。我们推测，这些器具，循半岛东岸北上，再沿大洋河上溯。

易言之，北沟西山遗址是新石器时代，辽东半岛所有含盆盘鼎、环足盘器具遗址中，与今集安地区，空间距离最近的一处。但是，由于二者之间的时间阙环，这些环足器的发现，不足以作为火盆文化，循"半岛东线"，经岫岩地区，传入集安地区的直接证据。

第二，半岛西线。

新石器时代晚期以来，辽东半岛西岸一线，北接辽西，中继旅大，南抵胶东，是一条较为活跃的文化通道。而且，可以佐证的考古发现，并不缺乏。[①]

我们注意到，"平安堡二期类型"[②]是一支分布在辽河平原的考古学文化，反映了该地区由新石器时代，向青铜时代过渡的文化特征[③]。该类型文化遗存中，发现了袋足三足器的足尖。有学者表示，此类三足器，并非当地传统器形。[④]

此外，在平安堡遗址三期遗存（一般认为属于"高台山文化"）中，发现多件陶甗、陶鬲、陶鼎。[⑤]譬如陶鼎，共出土3件，分两式：

I式鼎，2件，其中1件（H3054：8），口径10.4厘米，高17厘米，弧腹，直口，平底微圜，下腹，施3个对称盲耳，器表局部泛红。（见图2-28）

II式鼎，仅1件（G3003：2），口径12厘米，高16厘米，外叠唇，口微侈，

---

① 小珠山中层文化遗存中出现的盆形鼎，与山东北庄一期的出土的盆形鼎如出一辙，说明当时的胶东半岛文化，已传入辽东半岛。北庄二期文化遗存中，人们发现了作为随葬品的煤精镯，而煤精原产于抚顺地区。这说明，当时的胶东与辽东山区，也存在文化交流。参见张江凯《论北庄类型》，载北京大学考古系编《考古学研究（三）》，科学出版社1997年版，第43页。

② 平安堡二期类型，是辽宁彰武平安堡遗址发掘后，首次识别出来的一种新文化遗存。其年代及性质，目前主要有两种观点：第一，是高台山文化早期遗存。参见唐淼、段天璟《夏时期下辽河平原地区考古学文化刍议——以高台山为中心》，载吉林大学边疆考古研究中心编《边疆考古研究》第7辑，科学出版社2008年版，第79—91页。第二，是一种独立的考古学遗存。参见辽宁文物考古研究所、吉林大学考古学系《辽宁彰武平安堡遗址》，《考古学报》1992年第4期。参照C14测年数据，平安堡二期类型遗存的绝对年代，大致在公元前2500年至公元前2000年之间。

③ 辽宁文物考古研究所、吉林大学考古学系：《辽宁彰武平安堡遗址》，《考古学报》1992年第4期。

④ 朱永刚、王立新：《大沁他拉陶器再认识》，载内蒙古文物考古研究所编《内蒙古文物考古文集》，中国大百科全书出版社1994年版，第119—124页。

⑤ 出土陶甗中，无复原器，仅见甗盆（甑部）和甗体（局部）。多件甗盆、甗体上有烟炱痕迹。详见辽宁文物考古研究所、吉林大学考古学系《辽宁彰武平安堡遗址》，《考古学报》1992年第4期。

斜直腹，平底，单桥耳，器表有烟垢。（见图 2-29）

图 2-28　平安堡遗址 I 式鼎（H3054：8）[①]　　图 2-29　平安堡遗址 II 式鼎（G3003：2）[②]

出土陶鬲中，能辨别型式的有 9 件，已复原 7 件，可分为 A、B、C、D 四个类型。

A 型盆式鬲，3 件，分两式。

I 式：其中 1 件（H3094：1），口径 37.8 厘米，高 34.5 厘米，敞口，圆唇，腹腔与袋足连成一体，无明显分段。腹壁斜直，腹腔较浅，漏斗状袋足，无明显实足尖。口沿下施三个竖桥耳，耳上附花錾，器口经慢轮修整，器表有刮痕。（见图 2-30）。

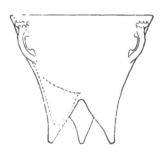

图 2-30　平安堡盆式 I 式鬲（H3094：1）[③]

————————

①　图片来源：辽宁文物考古研究所、吉林大学考古学系：《辽宁彰武平安堡遗址》，《考古学报》1992 年第 4 期，图十七（第三期遗存陶器），11。

②　图片来源：辽宁文物考古研究所、吉林大学考古学系：《辽宁彰武平安堡遗址》，《考古学报》1992 年第 4 期，图十七（第三期遗存陶器），15。

③　图片来源：辽宁文物考古研究所、吉林大学考古学系：《辽宁彰武平安堡遗址》，《考古学报》1992 年第 4 期，图十五，8；图版三，2。

B 型筒式鬲，4 件，分为三式。

其中 1 件（T103 ④：7），B 型 I 式，口径 21.5 厘米，高 31 厘米，抹斜口沿，深圜底袋足，高分裆，尖唇，直腹，腹壁略弧，口沿下施四个对称花缝，器表经纵向刮抹，并呈黑灰色。（见图：2-31）

另 1 件（H3053：1），B 型 III 式，口径 31.2 厘米，高 43.5 厘米，尖唇，弧腹，深腹腔，浅圜底袋足，低分裆，柱状实足，足尖外撇，四个对称竖桥耳，耳上附花錾，器表经压磨。（见图：2-32）

图 2-31　平安堡筒式鬲 I 式（T103 ④：7）[①]　　图 2-32　平安堡筒式鬲 III 式（H3053：1）[②]

C 型单耳鬲。其中 1 件（T108 ③：4），口径 13.5 厘米，高 15.2 厘米，尖唇，口微敛，弧腹，圜底，袋足，实足根稍外撇，器表经压磨。（见图 2-33）

D 型束颈鬲。其中 1 件（H1059：1），口径 5.4 厘米，高 8.4 厘米圆唇，侈口，弧裆，无实足尖，器型较小，捏制。（见图 2-34）

上述三足器，可以排除来自辽西方向的可能性。所以，较为合理的解释，是辽东半岛小珠山文化，或者山东龙山文化，经半岛西线的舶来品。

---

　　① 图片来源：辽宁文物考古研究所、吉林大学考古学系：《辽宁彰武平安堡遗址》，《考古学报》1992 年第 4 期，图版三，6。
　　② 图片来源：辽宁文物考古研究所、吉林大学考古学系：《辽宁彰武平安堡遗址》，《考古学报》1992 年第 4 期，图版三，3。

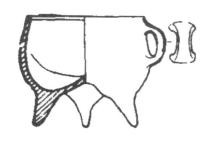

图 2-33　平安堡单耳鬲①

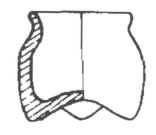

图 2-34　平安堡束颈鬲②

辽河平原出现"三足器"，这是一个值得关注的文化现象，有研究称其为东北地区考古学文化发展到"新阶段"的重要标志。③

辽西地区夏家店下层文化的地理边界虽然相对固定，但是，其与下辽河流域、渤海湾沿岸的文化交流，则是确定无疑的。譬如敖汉旗的大甸子墓地，出土了数百件陶鬲，其中不少陶鬲，有鲜明的高台山文化风格④；而高台山文化诸遗址中，也出土了若干有夏家店下层文化特色的器具⑤。（图 2-35）

据此，我们推测，辽东半岛的"盘形鼎"，当以"平安堡二期类型"、高台山、夏家店下层等文化为媒介，间接传入辽河平原地，再经辽河平原，传入辽西地区。

---

① 图片来源：辽宁文物考古研究所、吉林大学考古学系：《辽宁彰武平安堡遗址》，《考古学报》1992年第4期，图十五（第三期遗存陶鬲），3。

② 图片来源：辽宁文物考古研究所、吉林大学考古学系：《辽宁彰武平安堡遗址》，《考古学报》1992年第4期，图十五（第三期遗存陶鬲），4。

③ 参见辽宁文物考古研究所、吉林大学考古学系《辽宁彰武平安堡遗址》，《考古学报》1992年第4期。平安堡二期类型中，陶器主要有筒形罐、钵、碗、杯等，另见有少量陶壶。其中的竖耳筒形罐，与东北新石器时代的筒形罐酷似，或许是东北新石器时代筒形罐的最晚形态。平安堡二期类型文化，是东北土著文化特征的集中体现。参见索秀芬《燕山南北地区新石器时代文化研究》，吉林大学2006年博士学位论文。

④ 朱永刚、王立新等学者主张，辽西夏家店下层文化的"无鋬直腹鬲"，实际上是高台山文化"直腹陶鬲"影响下的新品类。参见王立新、齐晓光、夏保国《夏家店下层文化渊源刍论》，《北方文物》1993年第2期。

⑤ 新民县文化馆、沈阳市文物管理办公室：《新民高台山新石器时代遗址1976年发掘简报》，《文物资料丛刊》第7辑，文物出版社1983年版；沈阳市文物管理办公室：《新民高台山新石器时代遗址和墓葬》，《辽宁文物》1981年第1期；沈阳市文物管理办公室：《沈阳新民县高台山遗址》，《考古》1982年第2期。

综上所述，进入夏纪年以后，由于更加开放的文化模式、较为繁荣的社会经济，辽河流域（特别是辽西地区），成为火盆文化的新舞台。

大致在燕王东征以后，火盆文化又随"王化"而东传，继而在今通化、集安等地扎根。我们注意到，商周之际，火盆文化深受辽河流域自然及人文环境影响，其食材构成、烹制技法、餐饮用具等，也随之更加丰富。

彩陶鼎一（M5：6）①　　　　　　　彩陶鼎二（M12：1）②

图 2-35　敖汉旗大甸子彩陶鼎

3. 貊族足迹

貊人，是火盆文化的重要传播者。追寻貊人足迹，有助于探究先秦时代火盆文化的传播路径及风格特征。

第一，貊是中国古老民族之一，是东北历史文化的重要创造者。

貊是中国东北古老民族之一，历史与肃慎等族同样悠久，是秽貊族系的核心构成，是东北历史文化的重要创造者。除了正史记载，历代学者，对

---

① 图片来源：中国科学院考古研究所辽宁工作队：《敖汉旗大甸子遗址1974年试掘简报》，《考古》1975年第2期，图版七，1。该陶鼎原称"四足杯形器"，通高10.2厘米，敞口，直腹壁，平底，四扁平足，微向外撇，外表彩绘曲折细线，红、黄相间，已剥落大半。

② 图片来源：中国科学院考古研究所辽宁工作队：《敖汉旗大甸子遗址1974年试掘简报》，《考古》1975年第2期，图版七，1。该鼎，高13.4厘米，小口，平底，下接扁锥形三足，腹部用红、白两色，彩绘卷云纹图案。

"貊人"始末多有考证，但所引述及论断，均未超出汉晋学者掌握的范畴。[①]

据《说文解字》《逸周书》及《后汉书》"李贤注"，"貊"是一种野兽，又作"貉"。[②] 因此，有学者主张，"貊"是特定时期对特定族群的特殊称谓，而且，"貊"是他称，而非自称。除了"貊"，文献中还有诸如"亳""发"等别称。[③] 本书统一记作"貊"。[④]

西周初年以前，貊族活动范围，大致在燕国以东、以北某地。至于具体活动范围，取决于"燕国"的封地范围。据顾颉刚先生考证，西周初年，燕国的北境，已抵近今大凌河流域。[⑤] 若据此推断，西周初年的貊人，当在大凌河以东、以北某地活动。

西周末年的貊族分布，可据《诗经·韩奕》推测。《韩奕》篇中言："王锡韩侯，其追其貊。奄受北国，因以其伯。"[⑥] 据先贤考证，"韩侯"之先祖，为武王之子，在成王时受封。尔后衰微，功名不显。直至西周末年，其家族中有一卓越者，深得宣王嘉许，且赐"韩侯"封爵。

韩侯受封，外能降服"追貊"，内则恭敬周王。时尹吉甫辅佐宣王，作

---

① 参见（宋）王应麟《诗地理考》卷5，《"蛮貊"注文》，《影印文渊阁四库全书》第75册，台湾商务印书馆1986年版；（明）冯复京《六家诗名物疏》卷51《大雅荡之什二》，《影印文渊阁四库全书》第80册，台湾商务印书馆1986年版；（清）瞿中溶《集古官印考》卷12，《"晋率善貊佰长"印文考》，清同治十三年刻本，等等。

② 《说文解字》中称：东方貉从豸（《羊部·羌》）。《逸周书》中称，周武王狩猎，曾擒"貉十有八"（《逸周书·世俘》）。《周礼》指出"貉逾汶则死"等现象，都是"地气"使然（《周礼·考工记序》）。《后汉书·西南夷传》载：哀牢夷，出"貊兽"。《后汉书》李贤注，引《南中八郡志》曰："貊大如驴，状颇似熊，多力，食铁，所触无不拉。"（南朝宋）范晔著、（唐）李贤等注：《后汉书》卷86，《南蛮西南夷列传第七十六》，中华书局1965年版，第2850页。章太炎言："东北绝辽水，至乎挹娄，豸种曰貊。"章炳麟著、徐复注：《訄书详注》，《原人第十六》，上海古籍出版社2017年版，第198页。

③ 据《史记·五帝本纪》《大戴礼记·少闲篇》等传世文献载：舜、禹、成汤、文王之时，有"发"人（又称"北发""发人"）"来服"。经考，亳、发、貊，三字相通，所指当为同一族群。

④ 《诗经》《孟子》《荀子》《管子》《战国策》等先秦文献中多作"貊"。此外，《周礼》《逸周书》等文献或作"貉"。如《逸周书》中言"职方氏掌天下之图，辩其邦国、都鄙、四夷、八蛮、七闽、九貉、五戎、六狄之人民"。黄怀信：《逸周书校补注译》，《职方解第六十二》，西北大学出版社1996年版，第383页。

⑤ 顾颉刚：《三监的结局》，《文史》1988年第2期。

⑥ 周振甫译注：《诗经译注》卷7，《大雅·韩奕》，中华书局2012年版，第481页。

《韩奕》，表彰其事。据此推断，周王式微期间，貊族一度越大凌河而西进。直到西周末年，才迫于韩侯之征讨，有所收敛。

春秋战国时代，礼崩乐坏，诸侯角力，胡、貊等边地部族蠢蠢欲动。春秋初年，齐桓公北伐，东胡人乘机南下，盘踞辽西。当彼时，近东胡诸貊，或被击溃而迁离，或被征服而同化。辽西、辽东的诸貊社会，发生深刻变化。

到了战国晚期，燕国中兴，燕王遂派兵，大败东胡，拓地东进，并肇郡设治。随即，秦汉一统天下，东北"通归王化"。燕秦以后至西汉末年，"两江""两河"地区，大致形成"大水貊""小水貊""梁貊"等诸貊聚落。上述地区，多深山茂林，禽兽潜伏，当地诸貊，以狩猎为生，故而才被冠以"豸"部，以"貊""貉"称之。[1]

第二，貊与东夷关联，可佐证火盆文化传播路径。

传世文献中，多将貊、濊（秽）、肃慎，甚至蚩尤诸部，统称"东夷"。这是相关研究中，反复商榷的问题，意见歧出。我们认为，在探讨"秽貊"与"东夷文化"关系时，可以加入"火盆文化"的视角。

居于东北的濊貊（秽貊）、肃慎，与居于山东及长江三角洲一带的蚩尤等部，天南海北，风马牛不相及，统称"东夷"，看似蹊跷。但是，追溯到史前时代的人口迁徙与文化交流，"泛称东夷"，也非空穴来风。

① 有关研究，可参见抚顺博物馆《新宾老城石棺墓发掘报告》，《辽海文物学刊》1993年第2期；金旭东等《探索高句丽的起源》，《中国文物报》2000年3月19日；李殿福《东北考古研究》，中州古籍出版社1994年版，第95页；李笃笃、高美璇《马架子》，文物出版社1994年版，第284—292页；李新全等《五女山城》，文物出版社2004年版；梁志龙、王俊辉《辽宁桓仁出土青铜遗物墓葬及相关问题》，《博物馆研究》1994年第2期；梁志龙《辽宁本溪刘家哨发现青铜短剑墓》，《考古》1992年第4期；齐俊《辽宁桓仁浑江流域新石器及青铜时期的遗迹和遗物》，《北方文物》1992年第1期；王绵厚《高句丽的城邑制度与山城》，《社会科学战线》2001年第4期；王绵厚《关于汉以前东北貊族考古学文化的考察》，《文物春秋》1994年第1期；王绵厚《关于通化万发拨子遗址的考古与民族学考察》，《北方文物》2001年第1期；王绵厚《关于长白山区系考古文化的思考》，《高句丽与秽貊研究》，哈尔滨出版社2005年版；王绵厚《再论辽东"二江"和"二河"上游青铜文化与高句丽起源》，《高句丽与秽貊研究》，哈尔滨出版社2005年版，第37页。

蚩尤部族中有一个以"九黎"为首领的部落联盟，一度拥据良渚文化所有地域。或有人认为，良渚人就是九黎人。据文献推断，蚩尤节节胜利之时，正是良渚文化繁荣昌盛之际。蚩尤为黄帝击溃之际，也是良渚文化衰败之时。良渚文化遗存中，不乏盘形鼎等器具出土，其与山东龙山文化的盘形鼎之间，必有渊源。

首先，新石器时代的人口迁徙与文化交流。考古学研究表明，至迟在新石器时代中期，山东与辽东之间，已有较为频繁的人口迁徙与文化交流。譬如位于胶东半岛的白石村文化晚期遗存中，发现了东北新石器文化的标志器形——筒形罐。但是，小珠山下层文化遗存中，却不见白石村文化的印记。这说明，当时的辽东半岛与胶东半岛的文化交流，似乎呈"一边倒"的态势。

小珠山中层文化遗存中出现的盆形鼎等器具，与胶东半岛北庄一期的出土陶器肖似。据此判断，当时的山东文化已传入辽东半岛。小珠山中层文化的中、晚期，开始出现"用细泥条填充凸起"的附加堆纹陶片。这种"附加堆纹"，与山东地区的"附加堆纹"，存在某种关联，或许也由山东传来。

到了龙山文化时代，尚庄、鲁家口、小管村等多处文化遗存中，都有盘形鼎、环足盘的出土。作为"火盆"的祖形器，这类器具，在辽东半岛的小珠山、郭家村、四平山等文化遗存中，都有所发现。尔后，又循半岛两侧北上。这是火盆文化溯源中，值得关注的文化现象。

我们在"貊人"溯源过程中，虽然不能将其简单定性为"山东移民说"。但是，我们确实不能否认一点，至少在迈入夏纪年前后，辽东等地深受山东文化影响。山东古族是否也随之迁居辽东？我们认为，这个可能性是存在的。

其次，貊人自称"商人说"的另一种解读。在遥忆先祖问题上，"貊人"表彰其肇端"中土"，在情理之间。"貊"人自称的"瑞项高阳氏"说，并非空穴来风。至于后来出现的"商人说"，也需给予"理解"之同情。

虽然既有考古发掘，既不支持"商人"自辽西进入辽东的说法，也不支持自胶东进入辽东的假设。但是，考虑到新石器中晚期以降的文化交流，商人的先世、貊人的先世，未尝不是新石器时代的山东先民。虽然貊人抹去

"夏"朝代，径直从"商代"谈起，看似"数典忘祖"，但也不必一概贬斥。因为，作为曾经的强大王朝，商族为貊人所祖述，也在清理之间。因为"贵"尊者与"尊"贵者，在民族文化发展史上屡见不鲜。

我们注意到，与"貊人"颇有渊源的"濊/秽人"。在先世追溯问题上，也有"国之耆老自说古之亡人"[1]的记载。所谓"古"者何？所谓"逃亡"者何？虽然并未明确交代。但是，我们认为，或许存在这样的可能：受夏王朝东征的影响，部分山东部族，经胶东半岛，迁入辽东半岛。由于与此前迁来的貊族"先人"多有隔阂，他们不能在"貊人"势力范围内站稳脚跟，故辗转迁徙到第二松花江流域，成为"濊/秽人"之先世，并创造了"西团山文化"。或许，正因为有这样的迁徙路径，第二松花江流域，才有鼎、鬲、甑等"新式"器具的出现。由于该族群善于农作，故取"禾"部，有"秽人"之称；又由于地近第二松花江，故取"氵"意，有"濊人"之谓。

再次，万发拨子遗址居民的人类体质学分析。朱泓、金旭东等学者，通过对万发拨子遗址墓葬骨骸分析，得出以下结论：通化万发拨子遗址的春秋时期葬墓的居民，与战国中晚期至西汉早中期墓葬的居民，具有基本相同的体质特征，是同属"古东北类型"土著，确系文献记载中的"貊人"。[2]值得注意的是，在人类体质学分析中，这些"貊人"，与"西团山文化合并组"，在系列指标上，既有区别，也有联系，可以视为两个族群。

近年来，人们已逐渐认同这个论点："秽人"是西团山文化的创造者。根据"西团山"这个地望，我们不妨将"西团山文化合并组"的有关指标，视为"秽人"的体质特征。这样，万发拨子遗址居民，与"西团山文化合并组"

---

① （晋）陈寿：《三国志》卷30，《魏书·乌丸鲜卑东夷传第三十·夫余》，中华书局1964年版，第841页。

② 贾莹、朱泓、金旭东、赵殿坤：《通化万发拨子遗址春秋战国时期丛葬墓颅骨的观察与测量》，吉林大学边疆考古研究中心：《边疆考古研究》第2辑，科学出版社2004年版，第298—305页；贾莹、朱泓、金旭东、赵殿坤：《通化万发拨子墓葬颅骨人种的类型》，《社会科学战线》2006年第3期。

的指标差别，可以理解为"貊人"与"秽人"的区别。

近年，有学者主张：生活在新石器时代中晚期的小河沿文化居民，与红山文化晚期居民一样，是"辽西土著"，可以划入"古东北类型"的范畴。[①]小河沿文化的考古学年代，与辽东半岛小珠山中层文化、山东大汶口文化中期相当，但文化面貌不同。除了地域等因素，或许与族群的显著差异有关。小河沿文化居民与"貊""秽"关系，也是一个值得探讨的话题。

> 万发拨子遗址（又称"王八脖子遗址"），位于吉林省通化市跃进村与江南村交界处的山岗上，是全国重点文物保护单位。万发拨子遗址的M21，是一座春秋战国时期的土坑竖穴丛葬墓；M42为土坑石棺墓，年代在战国末至西汉初期；M34为大盖石墓，年代在战国晚期至西汉早中期。[②]

王绵厚等学者主张，辽东地区以"积石火葬"为代表的文化习俗，与松花江上游的"西团山文化"、西辽河流域的"夏家店上层文化"均不相同，在辽东青铜文化中独树一帜，应属于传世典籍中的"貊人"文化。[③]

就已披露发掘资料而言，上述貊人文化遗存，未见"盘鼎"等器具踪迹，可以推断，青铜时代，貊人不是火盆文化的传播者，至少不是"值得重视"的传播者。

概言之，我们在火盆文化溯源过程中发现，夏代早期以降，辽东半岛南端及其附近岛屿，非但不见盘形鼎的文化遗存，甚至连盆、盘器也难得一见。

基于上述，我们认为，先秦时期，"火盆"文化已在辽东半岛息声。这种"戛然而止"的文化传承，非常值得深入分析。随着考古工作的深入开展，这种"非常态"定会有更合理的解释。

[①] 赵欣、郑钧夫两位博士，都认为是辽西原住民，可归入"古东北类型"。详见郑钧夫《燕山南北地区新石器时代晚期遗存研究》，博士学位论文，吉林大学考古学及博物馆学，2010年。

[②] 参见金旭东《吉林通化万发拨子遗址》，载国家文物局主编《1999中国重要考古发现》，文物出版社2001年版，第26—31页。

[③] 王绵厚：《高句丽古城研究》，文物出版社2002年版；王绵厚：《关于通化万发拨子遗址的考古与民族学考察》，《北方文物》2001年第1期。

与此形成鲜明对比的是，夏代初期到战国末年，盘形鼎、环足盘等，开始在辽西诸文化聚落中流传。此外，辽西诸遗址出土的各类浅腹盆、盘，以及甗、鬲、鼎等三足器，也可以视为先秦时代"火盆"文化的重要载体或见证。总而言之，先秦时期的辽西，是"盘形鼎"的重要分布区，是火盆文化发展过程中的一处重要驿站。

图片来源：《中国墓室壁画全集》

第三章　文化更新

燕秦以后，火盆文化回归辽东。汉晋时代，传入中原，并声名鹊起。唐渤海国时期，盛极而衰。尔后千余年间，在频繁政局变更中，由显而隐，但始终不绝如缕，直到现当代，再现复兴迹象，与此同时，彻底完成了由"鼎"而"盘"的器形改造。

一　声名远播

火盆回归辽东后，盛行一时。汉晋时期，在与中原地区的文化互动中，由辽东而入中原，成为与貊炙、胡饼不分伯仲的特色美食，并青史留名。

1. 驻足辽西

火盆文化回归辽东，大致在燕秦以后，不过直到西汉末年以前，"火盆"仍以"盘形鼎"的面貌出现在辽西地区。

第一，燕秦汉文化东传。

战国中后期，燕昭王派兵东拓，肇设边郡。以明刀钱、铜制兵器等为标志，中原文化开始在辽东地区广泛传播，甚至远抵朝鲜半岛西北部。秦及西汉政府，承燕国之余绪，继续加大经略力度，辽东边郡体制不断完善，大一统格局进一步强化。新石器时代晚期以来，中原文化从未以这种力度，突破旧有之畛域，在上述地区广泛传播。

燕秦汉文化向辽东拓展，有较为丰富的出土文物佐证，相关研究成果也很充分。譬如位于辽宁西丰县的金山石棺墓、辽宁抚顺清原县夏家堡半道沟石棺墓，都出土了"矮领出肩"风格的陶器。"矮领出肩"是燕汉文化的鲜明特色之一。这类器具的发现，既有助于该遗存的年代界定，也可以佐证战国晚期以来，燕秦汉文化的东传脉络。[①]

此外，战国晚期以后，燕秦汉文化也有向辽南拓展的迹象。譬如辽南一处战国墓葬（尹家村 12 号墓），发现了有燕秦风格的灰陶豆，显然是燕秦文化南传的信物。虽然先秦时代，辽南地区始终闭塞，但是在战国晚期以后，这种闭塞也有破除迹象。

第二，汉晋时期第一盘。

考古工作者，在辽宁凌源安杖子古城址[②]发掘过程中，清理出土 1 只盘形鼎（西 T4 ②：1，发掘报告中称"三足盘"），系西汉遗物。该盘形鼎，口径 28 厘米，高 16.8 厘米，底径 20 厘米，平底，浅腹，器壁呈直筒形，器身厚重，下附三扁足，显然是此前"三足鼎"的造型。（见图 3-1）

虽然西汉时代，"鼎文化"已基本谢幕，但是，并不影响对其所在文化序列的认定。

这件盘形鼎，是汉晋时期东北地区所见盘形鼎中，年代最早、器形最完整的一个。这件盘形鼎，为先秦与汉晋之间的火盆文化发展，确立了一个不可多得的文化关联，是新石器时代晚期以来，火盆文化传承的重要节点，堪称火盆文化的"汉晋第一盘"。

---

① 辽宁省西丰县文物管理所：《辽宁西丰县新发现的几座石棺墓》，《考古》1995年第2期。
② 安杖子古城址，位于辽宁省凌源市城西南4公里。城郭轮廓清晰，三面环山，北面临河，地势开阔。大凌河经古城北面，由西向东流。古城遗存分属夏家店上层文化、战国时代、西汉三个时期。详见辽宁省文物考古研究所《辽宁凌源安杖子古城址发掘报告》，《考古学报》1996年第2期。

图 3-1　安杖子盘形鼎（西 T4 ②：1）[1]

2.回流辽东

火盆文化回归辽东，与汉晋时代高句丽政权的勃兴息息相关。

西汉末年，朱蒙在貊人聚居区，建立政权，史称"高句丽"。南朝史学家范晔在《后汉书》书中，称"高句丽"为"高丽"或"貊耳"[2]。高句丽为貊人后裔，已为学界所普遍认可。本书，采用通说，也将高句丽人，视为广义上的"貊人"。

西晋时代，辽西是鲜卑文化分布区。以辽宁省朝阳市田草沟墓地为例[3]，这是一处西晋三燕文化墓葬，共清理墓葬两座，均为石筑长方形单室墓，出土慕容鲜卑的花树状步摇冠饰，是北方魏晋考古的重要收获。[4]

本溪地近辽阳，自战国秦汉以来，文化底蕴渐而深厚，后为鲜卑族所占据。4 世纪末 5 世纪初，再次易手，成为高句丽人势力范围。高句丽尽占辽东，约在 5 世纪初年。本溪晋墓和小市墓，是高句丽进驻辽东前后的

---

① 图片来源：辽宁省文物考古研究所：《辽宁凌源安杖子古城址发掘报告》，《考古学报》1996年第2期，图版十二，5。

② （南朝宋）范晔著、（唐）李贤等注：《后汉书》卷85，《东夷列传第七十五》，中华书局1965年版，第1814页。

③ 田草沟墓地，位于辽宁省朝阳市南26公里朝阳县西营子乡仇家店村的田草沟屯。

④ 辽宁省文物考古研究所、朝阳市博物馆、朝阳县文物管理所：《辽宁朝阳田草沟晋墓》，《文物》1997年第11期。

墓葬，[①]因此随葬陶器中，有高句丽、鲜卑两种风格，也是时代背景及文化交流的客观呈现。[②]

5世纪末，高句丽文化，拓展到今吉林地区。[③]之后，吉林地区则成为高句丽与靺鞨势力消长、文化交融的重要平台。这也为后来，火盆文化在渤海国的传播，创造了必要条件。7世纪前后，随着时代更迭，貊人相继融入其他民族当中，从东北历史文化的舞台上正式谢幕。以上是火盆文化回归辽东的基本时代背景。

"盘形鼎"回归辽东后，颇为当地民众所钟爱。从民族文化的角度考虑，这与当地部族的"民族记忆"密不可分。

近年来，有关辽东"貊人"的研究，已取得重要进展。综合人类考古学、体质人类学、器物类型学、文献学、历史学等领域的研究成果，我们倾向于认为，汉晋时代的辽东土著，与小珠山文化时代的辽东先民颇有渊源。

因此，经过两千年历练后，"火盆文化"回归辽东，有为貊人所乐于接受的"心理基础"。当然，一同传入的，还有更加发达、更加厚重的中原文化。这对火盆文化的回归与拓展，也有潜移默化的促进作用。

文化心理之亲切，本来就易于激发创新之潜力。加之浑江、鸭绿江流域特殊的自然生态、多元的食材结构，火盆文化回归后，得以充分发展，并很快成为汉晋时代别具一格的风味美食。

---

① 本溪晋墓和本溪小市墓的年代，学界普遍认为在4世纪末5世纪初。西晋时代，本溪是鲜卑人活动范围。关于本溪晋墓族属，部分学者认为是高句丽，分学者认为是鲜卑。

② 本溪晋墓出土的陶器中最具特征的是大口壶，而大口壶是三燕文化中比较有代表性的陶器。

③ 《资治通鉴·晋纪》"永和二年（346）"条："初，夫馀（夫余）居于鹿山，为百济所侵，部落衰散，西徙近燕，而不设备"，燕王慕容皝派军袭夫余。夫余式微，高句丽趁势，于5世纪初年，进驻今吉林地区。参见李健才《再论北夫余、东夫余即夫余的问题》，载李健才《东北史地考略（续集）》，吉林文史出版社1995年版，第1-14页；李健才《三论北夫余、东夫余即夫余的问题》，《社会科学战线》2000年第6期。

图 3-2 嘉峪关魏晋"宴居图"壁画砖[1]

图 3-3 西晋三足铜盆[2]

3. 三足简省

今见"火盆",似鼎非鼎、似盘非盘,何以溯源到新石器时代,又何以跨越了青铜时代,这都是令人困惑的问题。我们认为,汉晋时代较为流行的"器足"简省,有助于我们破除上述"文化迷思"。

第一,简省器足有工艺空间。

考古发掘报告显示,不论盘形鼎,还是环足盘,其本身都是"器身 + 支脚"的"组合固化"。譬如郭家村遗址出土的陶鼎,就有分别制作器身和器足,再将器足插入组装的印记。因此,在器身支撑问题解决后,简省"器足",也是器具制作逻辑的正常演绎。易言之,简省器足有较为充裕的工艺空间。

第二,平底器使用是东北旧俗。

天然支脚较为易得,因此,即便不做成"器足"造型,也不显著影响盆盘釜罐的烹饪功能发挥。此外,"灶"的推广,使利用"浅腹平底盘"烹饪的便利性、可靠性,都有了大幅度提升。因此,这种"功能似鼎"而"器形如盘"的火盆,更贴近东北旧俗。这也是汉晋时代,辽东地区何以"平底浅盘"多见,"盘形鼎"何以与"浅盘"肖似的主要原因。

第三,火灶推广是重要推力。

---

① 图片来源:甘肃省博物馆网站(http://www.gansumuseum.com/dc/viewall-115.html)。嘉峪关市魏晋1号墓出土,长35.5厘米,宽16.7厘米,厚5厘米。女主人中央跪坐,侍女四人身旁跪坐,三人持扇,一人持物。在女主人左上方,有鼎、炉、勺等器具。

② 图片来源:营口市博物馆网站(http://www.ykbwg.com/photo/cpinfo.php?id=398)。直径42.4厘米,通高21厘米,足高14.5厘米,制作精细,造型美观,系盛水器,辽宁省大石桥市永安乡大房身村出土。

早在新石器时代，陶灶的发明推广，已为鼎足简省，创造了有利条件。西汉早中期以后，灶的使用更加普遍。非但中原地区，集安地区的随葬陶灶，也屡见出土。

如集安麻线沟1号墓，出土黄釉陶灶1件，表面施土黄色釉，釉色保存好，长方体，上有圆形锅洞、椭圆形烟孔，灶门呈矩形，开在灶身侧面，无底。[1]集安三室墓出土釉陶灶，表里施黄绿色釉，长方体，上有圆形锅洞、圆柱形烟突，矩形灶门在灶身侧面，平底。[2]山城下墓区M217墓，出土泥质灰陶灶1具，不施釉。[3]集安陶灶与中原陶灶的主要区别，是灶门侧开，而且有以下演变规律：灶门位置由低向高，灶门形状也随之由缺口变为方孔。[4]

集安古墓群中，以陶灶随葬的风气，既是对中原葬俗的效仿，也"陶灶"普及的缩影。比照上述明器，"日用款"的形制、尺寸、功能，也应大致相同。

显而易见，这类款式的炉灶，对当时火盆的盘足简省，有积极促进作用。（见图3-4）

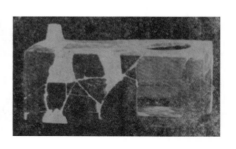

集安麻线1号墓黄釉陶灶[5]　　　　釉陶灶（三室墓出土）[6]

---

① 吉林省博物馆辑安考古队：《吉林辑安麻线沟一号壁画墓》，《考古》1964年第10期；耿铁华、林至德：《集安高句丽陶器的初步研究》，《文物》1984年第1期。

② 耿铁华、林至德：《集安高句丽陶器的初步研究》，《文物》1984年第1期。

③ 该灰陶灶，残长42.4厘米，宽21.6厘米，高21.6厘米。参见耿铁华、林至德《集安高句丽陶器的初步研究》，《文物》1984年第1期。

④ 乔梁：《高句丽陶器的编年与分期》，《北方文物》1999年第4期。

⑤ 图片来源：吉林省博物馆辑安考古队：《吉林辑安麻线沟一号壁画墓》，《考古》1964年第10期，图版四，6。该釉陶灶，长55厘米，宽31厘米，高16厘米，锅洞直径20.5厘米，灶门长17.5厘米，高10.7厘米。

⑥ 图片来源：耿铁华、林至德：《集安高句丽陶器的初步研究》，《文物》1984年第1期，图十四。

青铜灶东汉①

汉代红釉龙头烟囱陶灶②

图 3-4　汉晋陶灶

第四，无足盆盘器始终是炊具大宗。

除了个别器形，有浅腹、厚壁、敞口特征的盆盘，大都可以用作煎炒器。如朝阳县十二台营子汉墓，出土泥质灰陶盆 3 件，形制相同，均为敞口、折腹、平底，口沿呈方唇、沿微下斜。其中 1 件（85M1：9），口径 31 厘米，高9 厘米。③（见图 3-5）

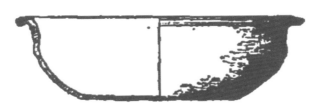

图 3-5　徐台子汉墓陶盘（85M1：9）④

再如麻线 1 号封土壁画墓，出土黄釉陶盆 1 件，内外施釉，圆唇，口沿

该釉陶灶，长45.6厘米，宽24厘米，高22.4厘米，锅洞直径14.5厘米，灶门宽12.4厘米，高9.3厘米。

① 图片来源：中国农业博物馆网站（http://www.ciae.com.cn/collection/detail/zh/2407.html）。长25厘米，宽15厘米，高13.8厘米。

② 图片来源：河南省博物院网站（http://www.chnmus.net/sitesources/hnsbwy/page_pc/dzjp/mzyp/hyltyctz/list1.html）。高25.5厘米，长45厘米，宽19.2厘米，南阳出土，现藏河南博物院。

③ 墓葬有"小泉直一"（小钱直一）出土，根据该铸币，可推断此墓上限不超过公元9年，下限或可到东汉初年。田立坤、万欣、李国学：《朝阳十二台营子附近的汉墓》，《北方文物》1990年第10期。

④ 图片来源：田立坤、万欣、李国学：《朝阳十二台营子附近的汉墓》，《北方文物》1990年第10期，图二：7。

外侈，直腹，平底，高 8.8 厘米，口径 32 厘米，厚 0.4-0.8 厘米。[①] 这类釉陶盆的"无釉款"，适用于明火煎炒。（见图 3-6）

图 3-6　集安麻线 1 号墓黄釉陶盆 [②]

另据当地群众介绍，1976 年，在集安禹山墓区 96 号墓附近，曾发现一具大铜盘，"净重二十多市斤"[③]，惜不见实物。我们不禁联想到，罗通山城出土的立耳铁盘。因此，这个重量的铜盘，或许就是当时的火盆炊具。

"器足简省"是多种因素共同作用的结果。上述陶盆，至少在器形上，与用作炊具的"无三足浅腹盘"，并无显著区别。当然，至少自新石器晚期以来，普通盆盘器与盆盘鼎及环足盘，始终是两个器具类型，有两个演绎路径，不可因为外形相似，而忽视它们分属不同的文化谱系。

二　文脉赓续

大祚荣政权于"海东"兴盛之际，也是火盆文化光辉闪耀之时。但由于经略重心偏转，火盆文化的舞台，也由鸭绿江畔切换到牡丹江边。期间，随葬品及墓室壁画中的"貊盘"形象，成为解析唐代火盆文化发展的重要素材。

---

① 吉林省博物馆辑安考古队：《吉林辑安麻线沟一号壁画墓》，《考古》1964 年第 10 期。
② 图片来源：吉林省博物馆辑安考古队：《吉林辑安麻线沟一号壁画墓》，《考古》1964 年第 10 期，图版四，5。
③ 集安县文物保管所：《集安县两座高句丽积石墓的清理》，《考古》1979 年第 3 期。

1. 舞台转换

渤海国经略东北期间，火盆文化的舞台，由浑江、鸭绿江流域，转为牡丹江、图们江流域。这是自新石器时代晚期以来，火盆文化传播的最北端。这次舞台转换和空间拓展，有出土文物为证。

第一，渤海王都所见陶盘。

唐代渤海国都城遗址发掘报告显示，仅上京龙泉府遗址一处，当年就清理出土各式陶盘412件。其中，平唇平底盘（原报告称"一式"）279件，卷唇平底盘133件（原报告称"二式"）。虽然尺寸有大有小①，但仅就器形而论，不乏可以用作火盆炊具的陶盘。仅略举数例如下：

其一，平唇平底陶盘。

其中1件（T302：98），口沿上有一道凹槽，灰褐色，口径46.5厘米，底径33厘米，高7厘米，壁厚0.8厘米。（见图3-7）

另1件（T308：42），器形较大，口沿外壁有一周凹槽，灰黄色，口径48厘米，底径34厘米，高10.5厘米，壁厚1.1厘米。（见图3-8）

其二，卷唇平底盘。

其中1件（T306：3），大口，唇外卷，浅腹，器壁弧曲，平底，表面经打磨，腹部较深，器壁下部急收，黑灰色，口径51厘米，底径33厘米，高10厘米，壁厚0.5厘米。（见图3-9）

另1件（T306：262），大口，唇外卷，浅腹，器壁弧曲，平底，表面经打磨，甚光滑，黑灰色，表面敷银衣，发亮光，器内壁等处，分别饰有网状及同心圆的压纹，口径42厘米，底径30.5厘米，高8.5厘米，壁厚0.7厘米。

---

① 平唇平底盘，较粗糙，表面未经打磨。最大的口径60厘米，底径52厘米，高10.5厘米，壁厚1.5厘米。最小的口径24厘米，底径16厘米，高6厘米，壁厚0.6厘米。一般以口径41厘米至50厘米，高6厘米至7厘米的居多。卷唇平底盘，表面多经打磨，甚光滑，有的敷有一层银衣，发亮光。最大口径58厘米，底径40厘米，高10厘米，小者口径28厘米，底径23厘米，高4.5厘米，一般口径31厘米至40厘米，高6厘米至7厘米。

（见图 3-10）

图 3-7　龙泉府平唇盘（T302：98）①

图 3-8　龙泉府平唇盘（T308：42）②

图 3-9　龙泉府卷唇盘（T306：3）③

图 3-10　龙泉府卷唇盘（T306：262）④

第二，"大通道"驿站所见陶盘。

作为东北东部大通道上的重要节点，吉林省抚松县非常值得关注。考古工作者，在位于该县的新安遗址，清理数件平底轮制陶盘，年代在渤海国中期前后。其中，口径在 24 厘米到 32 厘米的有 3 件⑤，不排除用作火盆炊具的可能。

抚松介于集安与宁安之间，上述陶盘的发现，让我们自然联想到，它在

　　① 图片来源：中国社会科学院考古研究所编著：《六顶山与渤海镇：唐代渤海国的贵族墓地与都城遗址》，中国大百科全书出版社1997年版，第90页，图版64-1。
　　② 图片来源：中国社会科学院考古研究所编著：《六顶山与渤海镇：唐代渤海国的贵族墓地与都城遗址》，中国大百科全书出版社1997年版，第90页，图版64-2。
　　③ 图片来源：中国社会科学院考古研究所编著：《六顶山与渤海镇：唐代渤海国的贵族墓地与都城遗址》，中国大百科全书出版社1997年版，第91页，图版64-4。
　　④ 图片来源：中国社会科学院考古研究所编著：《六顶山与渤海镇：唐代渤海国的贵族墓地与都城遗址》，中国大百科全书出版社1997年版，第91页，图版64-3。
　　⑤ 分别是，陶盘一（T0102②标t：1），泥质灰陶，轮制，敞口，斜弧腹，圆唇，大平底，素面，口径24厘米，高3.2厘米；陶盘二（H20：4），泥质灰陶，轮制，敞口，斜腹，口沿外卷，大平底，素面，口径38.4厘米，底径32厘米，高5.6厘米；陶盘三（T0205②：7），尖唇，内壁有研光交叉暗条纹，口径26厘米，底径19.2厘米，高5.2厘米。图片详见吉林省文物考古研究所《吉林抚松新安遗址发掘报告》，《考古学报》2013年第3期，图三四"第二期文化陶器"，11，12，14。

地域文化交流中的地位和作用。

第三，值得重视的釉陶盘。

遗址发掘者统计，上京龙泉府遗址的釉陶残片，总数约1500片。其中绝大多数，集中在宫城西区的"堆房"遗址中，当为日用器皿。其中，有的是中原产品，有的系本地制造。这些器物，大多数仅表面施釉，只有罐、盘器等，内外均施釉，体现了制作者对罐、盘器的"格外重视"①。

釉陶盘复原的有5件，形制与卷唇平底灰陶盘（即原报告的Ⅰ式盘）相同。

其一，卷唇平底釉陶盘（T305：1），保存较好，唇内侧有一周凹槽，表面施黄釉，其间略有一些浅绿色釉，口径42厘米，底径34厘米，高5.6厘米，壁厚0.8厘米。（见图3-11）

其二，卷唇平底釉陶盘（T306：53），形制与上述陶盘（T305：1）接近，已残，表面施黄绿釉，口径33.7厘米，底径27.5厘米，高5.8厘米，壁厚0.9厘米。（见3-12）

其三，卷唇平底釉陶盘（T307：8），已残，器形稍小，唇微卷近平，釉以绿釉为主，其间略有一些黄釉，口径35厘米，底径28.5厘米，高5.3厘米，壁厚0.9厘米。（见图3-13）

图 3-11　卷唇平底釉陶盘（T305：1）②

---

① 中国社会科学院考古研究所编著：《六顶山与渤海镇：唐代渤海国的贵族墓地与都城遗址》，中国大百科全书出版社1997年版，第104页。
② 图片来源：中国社会科学院考古研究所编著：《六顶山与渤海镇：唐代渤海国的贵族墓地与都城遗址》，中国大百科全书出版社1997年版，彩版5-1；图版93-1。

图 3-12　卷唇平底釉陶盘（T306：53）①　　图 3-13　卷唇平底釉陶盘（T307：8）②

　　众所周知，大祚荣建立渤海政权以后，经几代人苦心经营，当地经济社会文化，都有了长足发展，被誉为"海东盛国"。渤海国全面模仿盛唐，其中也包括衣食住行。因此，可以想象，为李唐权贵所喜的"貊盘"，也应是渤海王城的特色美食。缘此，上述陶盘、釉陶盘，不论餐具、炊具，都可以作为考察"火盆"文化发展水平的实物资料。

　　民以"食"为天，火盆文化则以"民"为天。经济重心转移，是文化舞台切换的根本原因。受经济文化中心变更的深刻影响，渤海国王城等处，成为火盆文化的新舞台。这也是火盆文化，在迁徙中发展，在发展中迁徙，随遇而安的根本原因。

2. 貊盘解密

　　探寻集安火盆文化源流，必然涉及其与"貊人""貊盘"的关系。目前的讨论，见仁见智，有必要澄清。

　　20世纪中叶以来，在辽东"二江"与"二河"上游，考古工作者清理发掘的文化遗存，在文化诸要素中，特别墓葬结构、丧葬习俗、随葬陶器类型，表现出较为显著的内在关联。就此，李殿福、王绵厚等学者，提出其为"貊

---

　　① 图片来源：中国社会科学院考古研究所编著：《六顶山与渤海镇：唐代渤海国的贵族墓地与都城遗址》，中国大百科全书出版社1997年版，图版93-3。
　　② 图片来源：中国社会科学院考古研究所编著：《六顶山与渤海镇：唐代渤海国的贵族墓地与都城遗址》，中国大百科全书出版社1997年版，图版93-2。

人”遗存的重要论断。① 这是值得关注的研究成果。

历史上，“貊人”对“集安火盆”文化，确有重要贡献。文献中记载的“貊盘”“貊炙”，与“集安火盆”之间，确有重要关联。

我们认为，貊盘与火盆有别，但颇有渊源。貊人是东北古族，始见于先秦文献，初唐以后鲜有记叙。貊盘与火盆，都与貊人有关。“貊盘”是一种铜制多足器，由陶质三足盘形鼎发展而来，在汉唐时期的中原地区一度流行，是东北边疆文化与中原文化相融合的产物。

关于“貊盘”，唐以后，由于鲜见实物，故而众说纷纭。

有人主张是一种盛装器：清人金兆燕《赠方圣述先生序》，有“瓜果盈貊盘，蛮榼（kē）以膨膧（tūn）”②的文字；清人宋荦《友鹿》诗中，有“饆饼③压貊盘，蒸花饤④方篁”的诗句。⑤

也有人主张是一种地方名馔：清人姚范在《援鹑堂笔记》中言：“今俗中市小饼曰胡饼，见皮曰休《初夏呈鲁望诗》‘胡饼蒸甚熟，貊盘举尤轻’（原注：树按，貊盘二字未详，大约如韩公“荒餐茹獠蛊”及南食、南烹之类）。”⑥

我们认为，比照文献记载与出土文物，朝阳唐墓三足铜盘、西安唐墓室壁画的五足盘，应当就是传世文献中提到的“貊盘”。但是，从先秦到唐末，“貊人”核心分布区，未见“多足铜盘”实物。这个文化现象，应当如何解释呢？

---

① 详见李殿福《东北考古研究》，中州古籍出版社1994年版，第95页；王绵厚《辽东“貊系”青铜文化的重要遗迹及其向高句丽早期文化的传承演变——关于高句丽早期历史的若干问题之四》，《东北史地》2006年第6期。

② （清）金兆燕：《棕亭骈体文钞》卷2，《赠方圣述先生序》，《续修四库全书》第1442册，上海古籍出版社2002年版，第383页。

③ 《玉篇》中记载：蜀人呼“蒸饼（饼）”为“饆”。（梁）顾野王撰、（唐）孙强增补、（宋）陈彭年等重修：《重修玉篇》卷9，《影印文渊阁四库全书》第224册，台湾商务印书馆1986年版，第86页。也有一说，饆（饼），指煎堆这种食品，又叫麻球、麻团、麻圆、油堆、芝麻球等别称，是一种油炸面食。

④ 饤饾，指将食品堆放在盘中。

⑤ （清）宋荦：《西陂类稿》卷20，《藤阴酬倡集》，《影印文渊阁四库全书》第1323册，台湾商务印书馆1986年版，第232页。

⑥ （清）姚范：《援鹑堂笔记》卷48，《集部》，清道光乙未冬姚莹刻本，第9页。

首先，就传世文献而言。文献中有数处关于"貊盘"的记叙。如晋人干宝[7]，在《搜神记》中较早提到"貊盘"："胡床、貊槃（盘），翟之器也；羌煮、貊炙，翟之食也。自太始以来，中国尚之。贵人富室，必畜其器，吉享嘉宾，皆以为先。"[8]"太始"作为年号，先后出现四次[9]，根据《宋书》判断，这里的"太始"，应为西晋年号"泰始"之误。"泰始"，是晋武帝司马炎的第一个年号，同时也是西晋的第一个年号，前后共计10年。

晋武帝泰始后，中国相尚用胡床、貊盘，及为羌煮（煮）、貊炙。贵人富室，必置其器，吉享嘉会，皆此为先。太康中，天下又以毡为絈（mò）头及络带、衿口。百姓相戏曰，中国必为胡所破也。毡产于胡，而天下以为絈头、带身、衿口，胡既三制之矣，能无败乎。干宝曰："元康中，氐、羌反，至于永嘉，刘渊、石勒遂有中都。自后四夷迭据华土，是其应也。"——《宋书》[10]

其次，就出土文物而言。朝阳韩贞墓出土的三足铜盘，对研究唐代的"火盆文化"传播发展，有不可或缺的重要价值。

朝阳是唐代东北重地。这里既是平卢节度使治所，又是营州柳城郡及上都督府的衙署驻地。韩贞墓，位于辽宁省朝阳市的朝阳镇西北，是一座青砖筑造的圆形券顶多室墓。经考，墓主韩贞，是唐开元年间，一名中高级官员。[11]该墓的随葬品，较为丰富，其中两件铜制"三足盘"，尤其惹人关注。（见图 3-14）

其看似夸张的鼎足，依然可以在此前的陶质鼎足中找到原型。无独有偶，我们在唐房陵公主墓室壁画中，得见类似盘形器。

房陵公主墓，位于陕西省富平县，墓主是唐高祖李渊第六女，于唐咸

---

[7] 干宝，字令升，祖籍新蔡（今河南省新蔡县），后迁居海宁盐官之灵泉乡，东晋文学家、史学家。著述颇丰，主要有《周易注》《论妖怪》《周官礼注》《晋纪》《春秋序论》《搜神记》等。

[8] （晋）干宝撰、汪绍楹校注：《搜神记》卷7，中华书局1979年版，第94页。

[9] 分别为：汉武帝刘彻、前凉冲王张玄靓、南北朝侯景、渤海国简王大明忠的年号。

[10] （南朝梁）沈约：《宋书》卷30，《志第二十·五行志一》，中华书局1974年版，第887页。

[11] 参见朝阳地区博物馆：《辽宁朝阳唐韩贞墓》，《考古》1973年第6期。

亨四年（673）逝后，陪葬献陵。墓室前室的东壁北侧，绘一托盘仕女。其人，头挽单髻，粉面桃花，细目高鼻，唇红火艳，体貌丰腴，肩披窄袖襦衣，身着多褶长裙，脚蹬云头布履，手持"五足盘"，正款款前行。（见图3-15）

图 3-14　韩贞墓三足铜盘[1]　　　　图 3-15　房陵公主墓仕女托盘图[2]

仕女图所绘"五足盘"，与韩贞墓出土"三足盘"，器形相仿，尤其是盘足造型，高度相似。这两种多足盘，当为同类器具。

除此之外，唐李寿墓石椁内壁所绘"仕女奉食图"中，两仕女抬运一多足烤盘的画面，同样惹人关注。该烤盘，分两层，上为烤盘，下为烤炉，烤盘立烤炉上。烤盘附四个环形耳，内盛食材。烤炉有四足，从仕女抬运姿态分析，炭火或已燃起。（见图3-16）

这件烤盘，与上文提到的曾侯乙墓出土的"湖北版火盆"，颇为相似。想必就是唯有权贵才能享用的"豪华款貊盘"——唐代的"宫廷版火盆"。

---

[1] 朝阳地区博物馆：《辽宁朝阳唐韩贞墓》，《考古》1973年第6期，图四。
[2] 图片来源：陕西历史博物馆网站。

图 3-16　唐李寿墓仕女奉食图 ①

　　画面中两位仕女抬运的场景，让人不由联想到唐代诗僧皮日休的诗句——"貊盘举犹轻"。实际上，如壁画中所呈现的，若满盛食材、炭火，"貊盘"实际上不易"轻举"。所谓"举犹轻"，只是一种常见的文学表达而已。

　　值得注意的是，同一画面中，还有持酒器的两名仕女，其中一人右手持角、左手提卣（一种有提梁盛酒器），一人怀抱长颈酒瓶。这种"貊盘＋酒器"的组合，与今日集安火盆之食俗，也颇有渊源。

　　总而言之，"貊盘"是火盆文化的特色衍生，是火盆文化的特殊符号。韩贞墓出土铜器、房陵公主墓室壁画、唐李寿墓石椁线刻图，为解密"貊盘"，提供了珍贵素材，同时也为探究火盆文化传播路径，提供了重要文化坐标。

《初夏即事寄鲁望》
　　皮日休 ②
夏景恬且旷，远人疾初平。
黄鸟语方熟，紫桐阴正清。
廨宇有幽处，私游无定程。

---

　　① 图片来源：吴广孝：《集安高句丽壁画》，山东画报出版社2006年版，第59页。
　　② 皮日休，字袭美，一字逸少，襄阳人。性傲诞，隐居鹿门，自号间气布衣。咸通八年，登进士第，得授太常博士。黄巢陷长安，伪署学士使，为谶文，疑其讥己，遂及祸。有诗集传世。参见（清）曹寅等《御定全唐诗》卷608，《影印文渊阁四库全书》第1429册，台湾商务印书馆1986年版，第157页。皮日休事迹，又见（元）辛文房《唐才子传》卷6，《影印文渊阁四库全书》第451册，台湾商务印书馆1986年版，第464-465页，文繁不具。

归来闲双关，亦忘枯与荣。

土室作深谷，薜垣为干城。

颓杉突地架，迸笋支檐楹。

片石共坐稳，病鹤同喜晴。

瘿木四五器，筇杖一两茎。

泉为葛天味，松作羲皇声。

或看名画彻，或吟闲诗成。

忽枕素琴睡，时把仙书行。

自然寡俦侣，莫说更纷争。

具区包地髓，震泽含天英。

粤从三让来，俊造纷然生。

顾予客兹地，薄我皆为伧。

唯有陆夫子，尽力提客卿。

各负出俗才，俱怀超世情。

驻我一栈车，啜君数薹羹。

敲门若我访，倒屣（一作屦）欣逢迎。

胡饼蒸甚熟，貉盘举尤轻。

茗脆不禁炙，酒肥或难倾。

扫除就藤下，移榻寻虚明。

唯共陆夫子，醉与天壤并。①

3. 陶鼎再现

陶制盘形鼎、环足盘，是火盆文化的发端，也是火盆记忆的图腾。汉晋以后，这类陶制器具，在东北几度再现。

考古工作者在渤海国上京龙泉府遗址中，清理出土 3 件盘形鼎（原"报告"均称"三足器"），其中，灰陶盘形鼎 2 件。

其一（T302：2），口径 15.7 厘米，通高 9.4 厘米，足高 5.5 厘米，壁厚 0.6 厘米，直口，卷唇，浅腹，平底，蹄形足，黑灰色，表面磨光。

其二（T301：14），口径 15.8 厘米，通高 8.2 厘米，足高 4.2 厘米，壁厚 0.6 厘米，直口，卷唇，浅腹，平底，蹄形足，黑灰色，表面磨光。（见图3-17）

---

① （清）曹寅等：《御定全唐诗》卷609，《影印文渊阁四库全书》第1429册，台湾商务印书馆1986年版，第170页。该诗又见（唐）皮日休、陆龟蒙《松陵集》卷1，《往体诗一十二首·初夏即事寄鲁望》，《影印文渊阁四库全书》第1332册，台湾商务印书馆1986年版，行文基本相同。

图 3-17　龙泉府盘形陶鼎①

此外，还有釉陶盘形鼎 1 件（T302：68）。经复原，口径 18.5 厘米，通高 9.5 厘米，足高 5 厘米，壁厚 0.8 厘米。这件釉陶"盘形鼎"，身似浅腹盆，下附蹄形足，陶鼎表面，施黄、绿、紫三彩釉。（见图 3-18）

上述三件陶鼎，材质、器形、规格相似，是当时较为流行的款式。这类盘形鼎，是实用炊具，还是陈设礼器？还有待商榷。但就器形而论，显然与先世的盘形鼎，一脉相承。

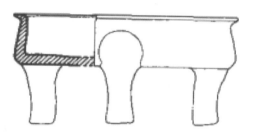

图 3-18　龙泉府三彩盘形鼎（T302：68）②

盘形鼎出现在唐代，显然有"文化回归"的味道。令人兴奋的是，这种"回归"，不仅仅发生在唐代。

---

① 图片来源：中国社会科学院考古研究所编著：《六顶山与渤海镇：唐代渤海国的贵族墓地与都城遗址》，中国大百科全书出版社 1997 年版，图版 68-5、6。

② 图片来源：中国社会科学院考古研究所编著：《六顶山与渤海镇：唐代渤海国的贵族墓地与都城遗址》，中国大百科全书出版社 1997 年版，图 61-7，图版 94-1。

2001年，在辽宁省朝阳市召都巴一座金初墓葬，[1]考古工作者清理出土3件盘形鼎（原报告称"陶盆形鼎"）。这三件陶鼎，可分为无耳、有耳两种。其中：

无耳鼎1件（M：22），口径18.8厘米，通高8.4厘米，侈口，弧腹，平底，有三柱足。（见图3-19）

有耳鼎2件（M：21；M：23），其形制、大小相同。以其中1件（M：21），口径15.8厘米，通高10厘米，侈口，弧腹，口沿有对称桥形耳，底微内凹，有三柱足。（见图3-20）

此前，人们对这类器具的关注有限。实际上，看似细微中能知著，看似偶然中有必然。如果将上述盘形鼎，与火盆文化研究结合起来，会发现许多值得深入探讨的话题。也正是基于这种考虑，我们更倾向于将其称作"盘形鼎"，并将其视为火盆文化传播的历史遗存。

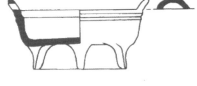

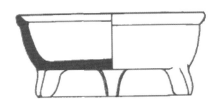

图3-19　召都巴无耳陶鼎（M：22）[2]　　图3-20　召都巴立耳陶鼎（M：21）[3]

---

① 召都巴金墓，位于辽宁省朝阳市龙城区召都巴镇小刘杖子村。墓室采用仿木结构，平面呈圆形。随葬品丰富，有陶、瓷、铜、铁、木等类，是朝阳地区比较典型的金代墓葬。需要说明的是，该杂志彩版，又称出土器物为"辽墓"，当据该报告正文改正。详见朝阳地区博物馆《辽宁朝阳唐韩贞墓》，《考古》1973年第6期及本期彩版。

② 图片来源：朝阳市博物馆、朝阳市龙城区博物馆：《辽宁朝阳召都巴金墓》，《北方文物》2005年第3期，图四，5。

③ 朝阳市博物馆、朝阳市龙城区博物馆：《辽宁朝阳召都巴金墓》，《北方文物》2005年第3期，图四：8；图版五：5。

三　辗转传承

渤海国消亡后，火盆文化盛况不再。尔后千余年，在较为频繁的政局变更中，火盆文化由显而隐，在人世代谢中文脉伏藏，直到近年，在今集安地区，又呈现复兴之迹象。

1.饮食新俗

辽灭渤海后，东北发展开启了一个"新千年"模式。就饮食文化而言，由于契丹、女真、蒙古、满洲等，各有民族习俗及特色饮食，他们的强势登场，对火盆文化的影响，不言而喻。

第一，契丹烧烤。

契丹与此前的鲜卑、此后的蒙古，同属于东胡族系，常年逐水草而居，以游猎著称。契丹人饮食中，煮、烤的肉类，占有较大比重。这种饮食习俗，同以煎烤为特征的"火盆"文化，既有区别，也有联系。

辽代耿氏家族墓地出土文物，可窥见契丹人食俗。耿氏家族墓地，位于辽宁朝阳市西北15公里的朝阳市龙城区边杖子乡姑营子村。据出土墓志，确认耿氏是"久居辽霸""广积仓图"[①]的当地豪族。该墓地已出土多件生活器具，其中的长柄三足锅、长柄四足烤炉（算）、六边形火盆，都颇富民族特色。

譬如长柄三足锅（M3：21），锻铁制成，口径16厘米，腹深6.4厘米，通高14.4厘米，圆形平盖，盖上有钮，钮上有1铁环。锅体直口，侧沿做成小流，銎形柄，圜底，三足，足与锅体铆接。[②]这件三足锅，似鐎斗而底圜，

---

① 朝阳博物馆、朝阳市城区博物馆：《辽宁朝阳市姑营子辽代耿氏家族3、4号墓发掘简报》，《考古》2011年第8期。
② 朝阳博物馆、朝阳市城区博物馆：《辽宁朝阳市姑营子辽代耿氏家族3、4号墓发掘简报》，《考古》2011年第8期。

似釜形鼎而有柄，当为小型煎、煮器。由于铁质器具，不适宜做药具，必为炊具。

再如长柄四足烤炉箅（M3：22），长方形炉体及四足，均由三角铁铆制而成，炉体长21厘米，宽14.8厘米，柄长17.6厘米，高18厘米。上有薄铁条箅5条，柄呈銎形，便于持拿，也有助于散热。（见图3-21）

由于铁皮厚度、强度有限，这件烤炉，显然更适用于炭火慢灼，既可以直接用于食物熏烤，也可以用于平底煎锅（或烤盘）的辅助器具。

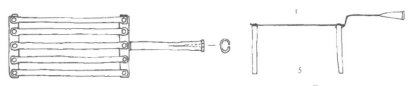

图 3-21　辽长柄四足烤炉箅（M3：22）①

还有1件六边火炉（M3：17，原报告称"火盆"），炉腹深10.4厘米，两对边长42厘米，通高18厘米，也由锻铁片、角铁铆制而成，炉体呈六边形，平折沿，其上有圆形铆钉，深腹，平底，底用5条铁片，依次叠压而成，下连"圈足"，便于散热，且降低自重。折角及足底，均用角铁铆接。炉壁饰连弧纹，并置一对"U"形提手，以便于抬运。（见图3-22）

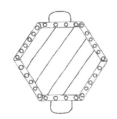

图 3-22　辽六边火炉②

---

① 朝阳博物馆、朝阳市城区博物馆：《辽宁朝阳市姑营子辽代耿氏家族3、4号墓发掘简报》，《考古》2011年第8期，图五，5。

② 图片来源：朝阳博物馆、朝阳市城区博物馆：《辽宁朝阳市姑营子辽代耿氏家族3、4号墓发掘简报》，《考古》2011年第8期，图五，1。

这件六边火炉，除了取暖，未尝不能用于"火盆"烹饪。而且尺寸适中，可以满足三五人同时用餐。

另外，还出土铁铲1件（M3：23），也由锻铁制成，铲体长17.2厘米，宽11.4厘米至12.8厘米，柄长18厘米，铲体呈簸箕形，銎形柄与铲体铆接[1]，当为添炭火或清炭灰之用。

第二，女真煎饼。

若非有出土文物，我们不会将煎饼制作，与金代女真人联系起来。1996年8月，辽宁省岫岩县烟叶公司工人，在东洋河大桥下河床内，发现铁鏊1件，并交县文物管理所收藏。该铁鏊，直径49厘米，通高13.5厘米，边高9.5厘米，重达20公斤。铁鏊中间凸起，呈圆鼓状，凹面，刻有一朵9瓣荷花，表面锈蚀严重，有4足，均残，每足中间，均有一圆孔。（见图3-23）

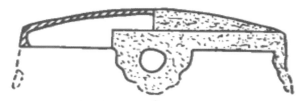

图3-23　岫岩金代铁鏊[2]

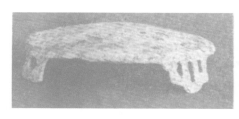

图3-24　沂水金代铁鏊[3]　　图3-25　大同金代铁鏊（M1：13）[4]

---

① 朝阳博物馆、朝阳市城区博物馆：《辽宁朝阳市姑营子辽代耿氏家族3、4号墓发掘简报》，《考古》2011年第8期。

② 图片来源：董玉芹：《辽宁岫岩发现金代铁鏊》，《北方文物》1997年第8期。

③ 图片来源：马玺伦、杨华洲。沂水县博物馆：《山东沂水县发现金代铁器》，《考古》1996年第7期。

④ 图片来源：大同市博物馆：《大同市南郊金代壁画墓》，《考古学报》1992年第4期，图版十四：2。

据称，该铁鏊形制，与山东沂水县出土的铁鏊近似。位于山西省大同市南郊的金代壁画墓，也有同类器具出土。[①]（见图3-24，图3-25）

此外，上文提到的朝阳召都巴金墓，也有1件陶鏊（M：24）出土。该陶鏊，圆形，有三扁足，通高8厘米。（见图3-26）

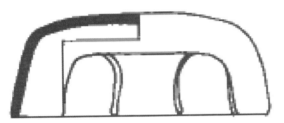

图3-26　召都巴金墓陶鏊[②]

早此，已有学者，曾就河南等地出土的各式"鏊"，进行了深入探讨，并根据出土文物，将"鏊"的使用暨"煎饼"制作的历史，上溯到新石器时代。[③]对此，我们颇为赞赏。

值得一提的是，上述铁鏊，特点鲜明——器底微圜、立耳镂空、边沿略高，其与柳河县罗通山出土的四立耳铁盘，不无相似之处。缘是，我们推测，这类铁器，以"凸面"煎烙的同时，未尝不能以"凹面"煎炒。而且，值得一提的是，岫岩铁鏊的"凹"面，有9瓣荷花造型。如果用于炭火烧灼，显然与作器之"初心"相悖。

据此，我们判断，这类圜底铁器，即便称作"铁鏊"，更多的是用"凹面"煎炒。易言之，这些圜底器，未尝不是金代的"火盆"炊具，或者直径称作"金代火盆"。

综上所述，辽金以后，东北历史进入一个不同寻常的"新千年"。就饮食

---

① 董玉芹：《辽宁岫岩发现金代铁鏊》，《北方文物》1997年第8期。

② 图片来源：朝阳市博物馆、朝阳市龙城区博物馆：《辽宁朝阳召都巴金墓》，《北方文物》2005年第3期，图四：10；图版五：3。

③ 杨贵金、毋建庄：《河南焦作市出土西汉铜鏊》，《中原文物》1994年第4期。

文化而言，在陶鬶、铁鬶、三足铁锅、四足烤炉等次第登场的过程中，"火盆"看似由显而隐，实则不然。"鬶"与"火盆"都是颇有来历的古老烹饪用具，而且可能是同源别流的孪生兄妹。

2. 集安记忆

三足盘形鼎，自胶东半岛越海，传入东北以后，多地辗转，几经沉浮。其中一支，进入今集安地区，并传入朝鲜半岛。中唐以后，火盆文化整体式微。但由于特殊的自然与人文环境，集安地区的火盆文化始终薪火相传。

集安的火盆文化，既有朴厚的历史积淀，又有鲜明的现代色彩；既能在传承中不断创新，又能在创新中不断传承。

值得注意的是，清末以来，朝鲜半岛北部民众，陆续迁居集安等地。集安朝鲜人在火盆文化传承中，发挥了积极作用，许多中国朝鲜族文化元素，也随之注入火盆烹饪及饮食习惯之中。这也是当下不少店铺，以"高丽火盆"命名的主要原因。

有关"高丽火盆"的命名，我们需要明确一点。中国境内的朝鲜族，清末民初，才开始大批迁来，并入籍中国，进而成为中国民族大家庭一员。据《明实录》《清实录》《清朝通典》等官方文献记载，早在明清时代，就有称"李氏朝鲜国（1392—1910）"为"高丽国"，称"李氏朝鲜人"为"高丽人"的习惯。[1] 李氏朝鲜人入籍中国以后，无论自称、他称，多少仍沿用此习。这也是当前中国朝鲜族小吃，以"高丽"冠名，国人却能普遍接受的历史文化背景。

但是，我们必须认识到，火盆文化发端于距今4000余年的新石器时代晚期，而且在今辽东、辽西等地，都留下足迹。期间，不论诸貊、靺鞨、女真、

---

① 据《明实录》及《李朝实录》记载，李成桂在推翻"王氏高丽"以后，上书明朝，请赐国号。明太祖在李成桂推荐的"朝鲜"与"和宁"之间，选定了"朝鲜"。见《朝鲜王朝实录·太祖实录》卷3。"Korea"是"Corea"的现代拼写方式，而"Cauli"就是《马可波罗游记》中所称的"高丽王朝"（现代英语为the Kingdom of Goryeo）。参考"维基百科"的"高丽"词条（https://en.wikipedia.org/wiki/Korea）。

汉族等，都对火盆文化的传播与发展，做出过重要贡献。

论文化主体，火盆文化，是多民族共同的文化创造；论发端年代，火盆文化要早于"李氏高丽"数千年；论要素构成，火盆文化是内陆边疆、医药饮食、历史现实等多元文化的集聚。因此，"高丽火盆"的概念，虽然可以凸显其民族特色，但不足以指代更悠久、更丰富、更多元的文化内涵。所以，作为一个特色品类，"高丽火盆"的命名未尝不可。但是，从发掘、弘扬该美食丰厚底蕴的角度，唯有"集安火盆"，才是实至名归的概念。

改革开放以来，在当地政府的持续扶植下，当地民众潜心经营，集安火盆开始焕发生机，并为外地食客所关注。在此，我们必须感谢集安。因为有她，沧桑的历史才没有被历史的沧桑所淹没。因为有她，流转的文化，才没有被文化的流转所掩盖。还是因为有她，才激发我们文化寻根的动力和灵感。集安的文化记忆，既是火盆文化的幸运，也是火盆文化的奇迹。

图 3-27　世界文化遗产·将军坟^①

3. 铁制渊源

今见火盆多为铸铁制品，这是适应新形势的必然选择。

---

① 图片来源：集安市委宣传部提供。

第一，历史伏笔。

回顾东北饮食器具发展史，火盆由"陶土"转向"金属"，早在唐宋年间，就已埋下伏笔。我们在渤海王城遗址中，也发现铁盆1件（T308：13），口径18.6厘米，底径13.5厘米，高5.6厘米，壁厚0.5厘米，大口，宽沿，浅腹，平底。（见图3-28）

类似器形的陶盘，在西汉时期的中原地区就有发现。这件铁盆，较之器形特征，其制作材质更值得注意。

图3-28　渤海王城遗址铁盆（T308：13）[1]

朝阳韩贞墓，除上文提到的铜制"貊盘"，还出土青铜盘3件。这些铜盘，器形类似，均平底，微侈口，唇稍外展，腹壁微曲。其中一件，口径19.5厘米，底径15.2厘米，高4.2厘米。[2]韩贞墓中，与平底铜盘一同出土的，还有1件三足铁鼎、1件凫首三足铁鐎（jiāo）斗[3]，以及提梁铜钵、铜勺等。其中的三足铁鼎，高22.6厘米，口径27厘米，撇口折沿，立耳直腹，平底扁足。（见图3-29）这件铁鼎的祖形器，同样可以远绍史前时代的陶质釜形鼎。

---

① 中国社会科学院考古研究所编著：《六顶山与渤海镇：唐代渤海国的贵族墓地与都城遗址》，中国大百科全书出版社1997年版，图版107-2。

② 朝阳地区博物馆：《辽宁朝阳唐韩贞墓》，《考古》1973年第6期。

③ 三彩器盛产于唐开元年间，陕西、河南等省出土甚多。韩贞墓出土了2件三彩器，其中三彩三足罐1只、三彩小狗1支，胎质细腻，造型优美，色彩温润，工艺水平很高，在同类出土物中并不多见，堪称精品。

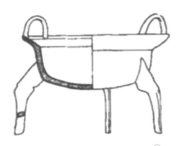

图 3-29　韩贞墓铁鼎①

三足铁鐎斗，高 19.8 厘米，口径 11 厘米，直口圆唇，腹壁微曲，平底三足，凫首柄。鐎斗的功能，一说是炊具，一说的药具。这件铁鐎斗，当为炊具。因为传统中医理论及民俗，都不支持使用铁质煮药工具。（见图 3-30）

六朝铁鐎斗②

北魏青铜鐎斗③

韩贞墓铁鐎斗④

图 3-30　鐎斗

---

① 图片来源：朝阳地区博物馆：《辽宁朝阳唐韩贞墓》，《考古》1973年第6期，图五，4。

② 图片来源：浙江省博物馆网站（http://www.zhejiangmuseum.com/zjbwg/collection/collect_detail.html?id=1879）。通高20.5厘米，口径17.5厘米，底径26厘米，系浙江省博物馆旧藏。

③ 图片来源：作者提供。1961年内蒙古默特旗美岱村出土，系中国国家博物馆藏品。

④ 朝阳地区博物馆：《辽宁朝阳唐韩贞墓》，《考古》1973年第6期，图五：2。

上述金属用具中，渤海王城的铁盆、朝阳唐韩贞墓的铜盘，有用作火盆炊具的可能。其他铜、铁器具，都可以用作辅助器具。由于金属炊具，特别是铁质炊具，实用性好，维护成本低。如果产量充裕，其普及推广，只是时间问题。虽然目前出土的铁质火盆尚不多见，但是，这并不影响其早已出现的历史事实。

第二，食疗价值。

金属铸造的火盆，有特殊的食疗价值，这是铜质、铁质火盆推广的重要原因。

以铜制器皿为例。据《本草纲目》记载，铜，又名"石髓铅"，味辛，性平，无毒。若有"心气痛"的病症，可以取铜若干，经火烧红，再以醋淬火降温，几经反复，再研铜为粉，取若干，调醋服用。若因伤而骨折，可以取铜粉调酒服用，也有一定效果。不过，骨接之后，不可常服。如果项下有气瘿（中医病名，甲状腺肿大），则可以置铜于水缸，每天饮食此水。日久，气瘿可自然消失。[①]

铜制火盆，难免生锈。铜锈，学名铜青，亦名铜绿，味酸，性平，微毒，也有药用价值。有一验方，称"碧林丹"，可用来治疗因"风痰"而引起的突然昏倒或瘫痪。[②]此外，铜锈与其他药剂配合，还能治疗烂眼、脸上黑痣、走马牙疳（牙根肿痛，臭烂出血）、口鼻等疮毒、顽固性皮癣及痔瘘等症状。凡此种种，以铜制火盆烹饪，经常食用，也有类似效果。

再以铁制器皿为例。据《本草纲目》记载，铁，又称黑金、乌金，有熟铁，生铁之分，均有药用价值。一般铁质炊具，多为生铁铸成。

---

① （明）李时珍：《本草纲目》（第1册）卷8，《金石部》，人民卫生出版社1975年版，第468页。

② 根据《本草纲目》的记载，其具体炮制及服用办法如下：以铜青2两，研细，去滓，慢火熬干，再加入麝香1分，以糯米粉制成药丸，大小如弹丸。每日1丸，可分两次，以薄荷酒送服。如果要加强药力，可再用朱砂酒送服同量丸药。只要吐出青绿色涎水，并有秽恶物排泄，即可病愈。（明）李时珍：《本草纲目》（第1册）卷8，《金石部》，人民卫生出版社1975年版，第469页。

　　生铁，味辛，性微寒，有微毒。据《本草纲目》记载，因跌打而造成的血瘀，可取酒3升，生铁1斤，煮至1升，热饮，可清瘀血。又用生铁2斤，水1斗，煮至5升，1天2次，清洗患部，对脱肛不收之宿疾，疗效较为显著。另外，生铁烧红后淬火，淬火用水，可以治疗小儿丹毒。以上，以铁质火盆为炊具，都能在日用中，发挥类似效用。[①]

　　综上所述，我们知道，以铜、铁等铸造的金属火盆，除了可以完成美食烹制的过程，还可以在潜移默化中，发挥保健功效。

　　我们在发微索引、循踪索骥的过程中，充分认识到，自新石器时代晚期以来，在数千年文化演绎中，"火盆"已成为环渤海地区文化传播、文化融合的符号和象征。集安火盆文化，不但可以丰富东北饮食文化的维度，同时也拓展了东北历史文化的广度，是一个值得探索的文化命题。

---

　　① （明）李时珍：《本草纲目》（第1册）卷8，《金石部》，人民卫生出版社1975年版，第486-488页。

图片来源：《中国织绣服饰全集》

第四章　食材辨证

集安地处长白山麓、鸭绿江畔，生态环境优美，物产资源丰富。集安火盆食材，缘此而构成多元，品质优良。不但充饥，更可适口，不但适口，还可疗病。①我们在分类介绍的同时，根据《本草纲目》等略加辨证，旨在增进人们对集安火盆文化的认知。

一　肉类食材

肉类是火盆食材的重要构成，来源较为多元，大致有野生鸟兽、家畜家禽，以及其他小众食材三类。

1. 野生鸟兽

自古以来，集安地区就以野生动植物资源丰富而著称。诸如野鸡、野猪等，都曾是昔日集安山民的重要肉食来源。

第一，野鸡。

野鸡，学名"雉"。一说，西汉刘邦的妻子名吕雉。刘邦称帝后，改

---

① 中国传统医学，很早就认识到，部分食物，有"养"和"疗"双重功效。正如近代医家张锡纯在《医学衷中参西录》中指出："病人服之不但疗病，并可充饥，不但充饥，更可适口。用之对症，病自渐愈，即不对症，亦无他患。"张锡纯：《医学衷中参西录》，山西科学技术出版社2009年版，第21页。《黄帝内经》等典籍，为食疗、食补奠定了坚实的理论基础。

"雉"为"野鸡"。据张凤台考察，"长地（笔者按，指长白山地区）野鸡极多，猎取烹食，味嫩而美，冬令尚可售之他方"。[①]（见图4-1）

据《本草纲目》等医书记载，野鸡肉味酸、性微寒、无毒，对脾虚泻肚、消渴尿频等症，有药用价值。[②]如因脾虚而下痢不止的患者，可以用桔皮、葱、椒等调味野鸡肉，制成馄饨，空腹食用。此外，饮野鸡汤，食野鸡肉，可以缓解小便频繁等症状。

图 4-1　长白山雉 [③]

昔日，野鸡易得，是集安火盆的常用食材。一般需将整只野鸡清理干净后，酌情加入野生花椒等调味品，或人参等中草药，用蒸或煮的方式进行初加工，作为食材备用。其熟烂程度，根据食客口味而调整。蒸煮过程中形成的汤汁，一般用来佐餐。这种饮食法，与医书中的药膳原理相契合。

> 野鸡容易区分雌雄：雄鸡"文采而尾长"，雌鸡"文暗而尾短"。明人李时珍所言的"朝鲜长尾鸡"[④]，并非朝鲜所独有，实际上就是东北地区较为常见的雄性野鸡。

---

① 张凤台编，黄元甲、李若迁校注：《长白汇征录》，吉林文史出版社1987年版，第146页。
② 参见（明）李时珍《本草纲目》（第4册）卷48，《禽部之二》，人民卫生出版社1981年版，第2615页。
③ 图片来源：吉林省图书馆"长白山动植物图片数据库"（http://222.161.207.53:81/tpi/WebSearch_DZJW）。
④ 张凤台编撰，黄元甲、李若迁校注：《长白汇征录》，吉林文史出版社1987年版，第146页。

第二，野猪。

野猪，形似家猪，肥大者重达千斤，口牙外出，形如利刃。野猪性憨而力猛，喜群行觅食。据长白山区老猎户介绍，猎杀野猪时，当从野猪群最后一只下手。因为，这只野猪，即便被击毙，猪群照常奔突而不顾。如果有人攻击为首的野猪，猪群会四散奔突，甚至与猎户相搏，造成不必要的人员伤亡。

野猪肉色微红，味甘、性微温、无毒，口味与家猪肉有别。雌性野猪，肉味尤佳。[1]食用野猪肉，可以靓丽肌肤、增益五脏。野猪脂肪，熬制成油后，佐酒食用，不但可以令产妇乳汁丰沛，甚至"素无服乳者亦下"[2]。此外，还能起到"除风肿毒疮疥癣"[3]等功效。值得一提的是，受家猪饲养能力不足等因素制约，野猪也曾是集安火盆中尤为常见的食材之一。

第三，狗獾。

狗獾，又名獾，因形如家狗而得名，以果实草子为食，肉味甘美，肥大多脂，其脂油是治疗烧伤的良药。[4]（见图4-2）

图4-2　狗獾[5]

① 张凤台编撰，黄元甲、李若迁校注：《长白汇征录》，吉林文史出版社1987年版，第151页。

② （明）李时珍：《本草纲目》（第4册）卷51，《兽部之二》，人民卫生出版社1981年版，第2836页。

③ （明）李时珍：《本草纲目》（第4册）卷51，《兽部之二》，人民卫生出版社1981年版，第2836页。

④ 张凤台编撰，黄元甲、李若迁校注：《长白汇征录》，吉林文史出版社1987年版，第151页。

⑤ 图片来源：北京自然博物馆网站（http://www.bmnh.org.cn/gzxx/gzbb/2/4028c10862a1b2120162a657d5cf057b.shtml）。

第四，獐狍。

獐，又称麏。似鹿而小，无角。有的獐子，长有獠牙，但不伤人。獐子活动较有规律，大致秋冬季节在山中活动，春夏在湖泽边栖息。当地猎户据该规律捕猎，鲜有失手。

狍，眼大，耳短，颈及四肢修长，短尾隐于体毛内，雄性有短角，性柔胆小，日间栖于密林中，早晚时分，才到空旷草场或灌木觅食。喜食灌木嫩枝、芽叶及青草、小浆果、蘑菇等。（见图4-3）

其他如野生鹿、虎、豹、熊、罴等，多以茸、鞭、血、胎、骨、掌等入药，而且猎取难度较大，很少用作火盆食材。（见图4-4）

图4-3 狍[①]

图4-4 鹿[②]

此外，据《正字通》中言，古辽东曾盛产野驴，形状似家驴，"人恒食之"。或许也一度作为火盆食材。但是，如张凤台所言，到了20世纪初年，辽东山区已鲜见野驴踪迹。

近代以来，随着农垦及外来移民的大规模迁入，野生动物资源急剧萎缩，

---

① 图片来源：王海涛，吉林省图书馆"长白山动植物图片数据库"（http://222.161.207.53:81/tpi/WebSearch_DZJW）。

② 图片来源：吉林省图书馆"长白山动植物图片数据库"（http://222.161.207.53:81/tpi/WebSearch_DZJW）。

家禽家畜转而成为集安火盆的主要肉食来源。

图 4-5　集安长川 1 号墓狩猎图（摹本）[1]

2.家畜家禽

清末民国以来，火盆肉类食材中，经历了从以野生鸟兽为主，到以家畜家禽为主，再到以工厂养殖禽畜为主的阶段变化，烹饪技法等也相应改良，口感、风味益发丰富。

第一，土鸡。

鸡，是长白山地区较常见家禽，特别在农村，几乎家家户户都有饲养，数量不等，且处于散养状态，俗称长白土鸡。长白土鸡，毛色有白、黑、黄多种。由于常年栖息户外、出入山林草莽，较以内地圈养家鸡，体质尤其强劲，虽是短羽家禽，仍有较好的短距飞行能力。这在当下，也是山村一景。（见图 4-6）

长白土鸡，雌鸡应时而卵，以当地山泉水、温泉水煮制的鸡蛋，口感异于他处。雄鸡则感时而鸣，在现代钟表普及之前，雄鸡报时，对当地居民的日常起居，有重要意义。因此，"鸡"有"烛夜"之名，且与"稽"音近（取"稽时"之意），良有以也。

---

① 图片来源：耿铁华：《高句丽古墓壁画研究》，吉林大学出版社2008年版，图版二十九。

长白土鸡营养价值丰富，对肾弱耳聋、盗汗心悸、嗜睡厌起、产后血多、脾虚滑痢等虚症，都有较好的食疗价值。

图 4-6　集安舞踊墓南壁及藻井壁画局部·雄鸡图 [1]

在长期烹饪实践中，鸡肉火盆也针对不同食客需要，衍生出较有针对性的品类。以肾功能异常造成的浮肿为例。可以选用白毛雄鸡或黄毛雌鸡一只，分别与小豆或赤小豆若干同煮，经此炮制的鸡肉，复经火盆烹饪。在食用火盆鸡肉的同时，喝鸡汤一两碗，可以起到较好的食疗效果。如果是脾虚腹泻的症状，可选长白土产黄色雌鸡一只，除毛清理后，先用盐、醋涂抹，复以炭火炙烤，再以清水煮熟。经此法炮制后，再用来烹制鸡肉火盆，可以起到健脾止泻的功效。

据清末张凤台等人考察，当时的长白、集安一带，虽然濒江临水，但是很少有养鸭的人家。至于野鸭（又名野鹜、沉凫、凫），也不多见。[2] 当时如此，此前亦然。因此，集安火盆中，以鸭肉为食材的品类，其食疗价值，还有待发掘。[3]

---

[1] 图片来源：耿铁华：《高句丽古墓壁画研究》，吉林大学出版社2008年版，图版十二。

[2] 张凤台编撰，黄元甲、李若迁校注：《长白汇征录》，吉林文史出版社1987年版，第146—147页。

[3] 《本草纲目》中称：野鸭肉味甘、性凉。有热疮而年久不愈者，食野鸭肉，可以治愈。（明）李时珍：《本草纲目》（第4册）卷47，《禽部》，人民卫生出版社1975年版，第2571页。

第二，家猪。

猪，也是长白山区重要家畜之一。据文献记载，早在西汉末年，貊人就曾在寻猪过程中，发现"国内"暨今集安地区易于生养，遂迁居当地。直到清末，据张凤台等人考察，当地居民不但畜猪成群，品种也与内地不同：除了白头、白蹄、耳小的特征，而且身形不大，"罕过百斤"①。

家猪"性趋下而喜污秽"，蠢蠢无知。但是，通化、集安所在的长白山区地区，当地住户多就地取材，以山林间野生的籽根茎叶，作为替代性饲料，其中不乏地产草药。因此，这些土产家猪，不但脂肪薄而精肉多，而且由于常年食药草、饮泉水，其肉质口感及营养价值等，均优于他处。最明显的，就是长白家猪的肉、血、内脏，鲜有腐臭、腥臊等异味。或许，这就是张凤台当年所言的"味薄"。但是，在今日看来，"味薄"未尝不是难得的优良品质。

李时珍在《本草纲目》中，对猪肉等进行如下辩证：猪肉，味苦，性微寒，有小毒；猪肝，味苦、性温、无毒；猪油，味甘、性微寒、无毒。②（见图4-7）

图4-7　东汉褐釉陶屠夫俑③

① 张凤台编撰，黄元甲、李若迁校注：《长白汇征录》，吉林文史出版社1987年版，第147-148页。
② （明）李时珍：《本草纲目》（第4册）卷50，《兽部之一》，人民卫生出版社1981年版，第2686、2689、2695页。
③ 图片来源：中国农业博物馆网站（http://www.ciae.com.cn/collection/detail/zh/1505.html）。

猪肉、猪蹄、猪肾等，如法烹饪，适量食用，可以发挥较好的保健功用。如，取雄猪肉（又称"加猪肉"）若干，切成短条，在火盆上以猪油煎熟食用，可以平喘止咳。再如，取雌猪蹄一只，与通草若干，加水煮熟。再切片若干，在火盆上煎炒食用，复饮汤汁若干，可以缓解妇女产后无乳的症状。目前，由于阉割技术的推广，家猪已没有严格意义上的雌雄之分，其食疗价值，需要进一步观察。

此外，作为火盆烹饪中的常用油脂，猪油的药用价值与禁忌，有必要简要介绍一下。

据《本草纲目》记载，猪油，对妇科疾病、肠道及呼吸系统异常等，都有辅助治疗的效果。但是，症状不同，食用方法亦不同。如妇女的赤白带，食用热猪油的同时，需要饮用烫热的烧酒或米酒。如气喘咳嗽，除了食用以猪油煎雄猪肉的办法，也可以将猪油反复煎煮，与酱醋同吃，功效相同。

但是，现代人普遍存在油脂摄入过量，代谢功能异常等问题，而且多忽略饮食禁忌，因此食疗效果往往大打折扣。譬如糖尿病晚期病人，若出现小便如油的症状，是不建议选择肉类（特别是含猪肉）火盆的。

> 《本草纲目》中称：糖尿病晚期病人，若出现小便如油的症状，可以选择以下验方：以黄连、栝楼根各五两，共研为末，以生地黄汁，和成梧桐子大小的丸药，以牛乳送下，每日二服，每服五十九。服药期间，忌食冷水、猪肉。[①]

第三，牛。

牛，是一种重要家畜，以牛"耕田运物最为得宜"，自古以来，即为当地民众所珍视，直至清末，仍是通化、长白、集安等地的主要家畜。（见图4-8,9）

虽然牛肉有安中益气、养脾胃、补益腰脚、止消渴等价值。但是，受饲

---

① （明）李时珍：《本草纲目》（第2册）卷13，《草部之一》，人民卫生出版社1979年版，第775页。

养规模等限制，牛肉一直是较为稀缺的食材。近年来，物流发展，人们消费水平提高，牛肉供给得到根本改善。牛肉食材在火盆中较为常见。但是，当地饲养的黄牛肉，依然供不应求。

图4-8　汉陶牛 ①　　　　　图4-9　集安舞踊墓局部·驭牛图 ②

第四，羊。

羊肉等食材，营养较为丰富，对寒劳虚弱、身面浮肿、产后虚弱、肾虚精竭等，都有一定的食疗价值。据称，长白山有一种野生山羊，体型大于家羊，"其血最热，有散淤、止痛、滋阴、补血之功用"，但是数量不多，"价值颇昂"。③被称作"长白山踏查第一人"的刘建封，曾在考察长白山期间坠崖，身受重伤，赖野山羊血而奇迹康复。

据文献记载，辽东山地，"牧羊之家不及畜猪十分之一"④。而且，不论家羊、野羊，由于腥膻之味略重，不易与其他食材调和⑤，因此，羊肉等虽有特殊食疗功用，但作为火盆食材的并不多见。近年间，由于羊肉易得等因，羊肉风味的集安火盆，也为部分食客所认可。

① 图片来源：中国农业博物馆网站（http://www.ciae.com.cn/collection/detail/zh/1554.html）。长21.5厘米，高10.5厘米。
② 耿铁华：《高句丽古墓壁画研究》，吉林大学出版社2008年版，图版十。
③ 张凤台编撰，黄元甲、李若迁校注：《长白汇征录》，吉林文史出版社1987年版，第151页。
④ 张凤台编撰，黄元甲、李若迁校注：《长白汇征录》，吉林文史出版社1987年版，第148页。
⑤ 譬如食用羊肝时，有铁器、猪肉、冷水等禁忌。

3. 小众食材

不论野生、家养，都有一些禽兽、鳞介，正在或曾经被用作火盆烹饪。由于相对少见，我们姑且名之以"小众食材"。

第一，水产。

火盆文化分布区，历来不乏水产资源。特别是辽东半岛沿海、浑江及鸭绿江沿岸，不论咸水、淡水，水族规模庞大，鳞介种类繁多。仅就辽南文化遗存而言，发现的各式渔具及鱼贝残骸堆积，均可以较直观反映当时渔业发展水平及当地居民的饮食结构。[①]因此，鱼鳖虾蟹等，作为火盆食材，也在情理之间。但是，就目前所见菜品而言，不论海鲜、河鲜，流行程度均不如其他肉类，甚至不如菌类及素菜类。无论口味风格，抑或饮食习惯，这都是值得探讨的问题。

就火盆文化发展路径分析，这类火盆的发展受限，与海鲜、河鲜的食材特点有关。首先，肉质细嫩而不宜翻炒。其次，自身油脂不足，容易黏连器具。再次，鱼腥味压制其他菜品风味。随着二次加工技艺的发展，加入海鲜、河鲜元素的火盆品类，还有拓展空间。

第二，犬马。

长白山地区，"马多弱劣"，不能"驾车任重"[②]，少有豢养。因此，当地人也很少有人以马肉为食。另外，长白山当地住户，多有养狗习俗，但以狗肉为食，包括火盆烹饪的现象极为罕见。这与当地满族人不食狗肉的禁忌有关。

第三，雪蛤等。

近来，发现有人将雪蛤（又称林蛙、哈什蚂）等，用作火盆食材的尝试。在食材相对丰富的过去，集安火盆中，鲜见蛙、蛇、鼠、鳝等类食材。考虑

---

① 譬如辽东地区的许多积石墓，都曾发现大量陪葬用铁制鱼钩。至于陶网坠、石网坠等渔具，在集安禹山墓区地3283墓葬、长岗遗址、南台子遗址等，也较为常见。
② 张凤台编撰，黄元甲、李若迁校注：《长白汇征录》，吉林文史出版社1987年版，第147页。

到文化传承、民间习俗等因素，此类创新，还值得商榷。

综上所述，集安火盆肉食来源，不但经历了显著阶段变化，而且始终占比不高。西方现代营养学研究成果显示，中国传统饮食，以植物性食物为主、动物性食物为辅的膳食结构，是预防慢病的最佳膳食方法。[①]传统集安火盆的食材构成，符合中国传统饮食的基本特征，是值得表彰的健康饮食。

二 果蔬粮豆

集安火盆中，无论主食、辅食，果蔬粮豆都占有重要地位。谨分类介绍如下。

1. 山珍菜蔬

辽东山区，自古以盛产山货闻名。其中除了各种山菜、山果，就是各种食用真菌。每逢春秋两季，当地人都有挎筐提篮，三五成群，进山采集的习俗。

山菜，如薇菜、蕨菜（俗称猫爪子）、猴腿、刺嫩芽（又称刺老芽，学名龙牙楤木）、大叶芹、枪头菜、四叶菜、柳蒿、山姜、黄花菜、荠荠菜、苋菜、小根蒜等。真菌，如元蘑、榆黄蘑、榛蘑、猴头蘑、青蘑、松树伞、木耳等，均为山民所喜爱。

在清代，还有向皇宫进贡部分山货的规定。20世纪80年代以来，滑子蘑、蕨菜芽、刺嫩芽、薇菜等还作为经济作物，用来出口创汇。（见图4-10）

---

① 转引自赵霖《中华民族传统膳食结构的特点和优势》，《中国食品学报》2004年第5期。

榆黄蘑①

刺嫩芽②

图 4-10　野生菜菇

　　上述天然食材，除了上市流通，还是当地人餐桌上的常见佳肴。其中，许多应季的山菜，特别是各类杂蘑，口感清新，色艳味美，营养丰富，是火盆烹饪的重要食材来源。

　　如薇菜，俗称牛毛广，属蕨类植物，其茎叶的气味，都与豌豆相似，故而又名野豌豆。又据《本草》中言，薇菜是"巢菜"中，植株较大的一种。③薇菜味苦，性微寒，有小毒，入脾、胃两经，有清热解毒，补虚舒络等功效，对子宫功能性出血，有良好的保健效果。此外，薇菜富含粗纤维，食用后，减肥效果也很明显。

　　蕨菜在长白山中处处可见，是青黄不接时的"救荒菜"④。蕨菜富含多种营养元素，而且全株可入药，有一定食疗价值。蕨菜初生时，拳曲如儿拳，茎嫩时无叶，可通过水焯等办法制成干菜，口味甘滑，多与肉类一同煎炒或炖煮，以姜醋拌食亦佳。

---

　　① 图片来源：吉林省图书馆"长白山动植物图片数据库"（http://222.161.207.53:81/tpi/WebSearch_DZJW/）。
　　② 图片来源：吉林省图书馆"打牲乌拉图片库"（http://222.161.207.53:81/tpi/WebSearch_DSWL/）。
　　③ 张凤台编撰，黄元甲、李若迁校注：《长白汇征录》，吉林文史出版社1987年版，第134页。
　　④ 张凤台编撰，黄元甲、李若迁校注：《长白汇征录》，吉林文史出版社1987年版，第134—135页。

野芹菜，是旱芹的一种。芹，大致有水芹、旱芹两种。水芹，又名"楚葵"，生江湖陂泽边。长白山地区以旱芹多见，多生山上，当地人俗称"野芹"。野芹菜的特点是苗茎滑泽，气清芬，以盐醋拌食最佳，有"菜中雅品"[①]之美誉。也可用作火盆烹饪，可提味，能醒人耳目，可解郁闷之气。

木耳，味甘、性平、有小毒。若有经久泻痢（即习惯性腹泻）的病症，在食用时，适当服用以鹿角胶炮制的烧酒，治疗效果较为明显。如果妇女有月经不断、脸色黄瘦等症，可以在火盆烹制过程中，将木耳（长白山区多为椴木耳，若有桑木耳，效果更佳）持续加热，接近干瘪，在用餐前，以热酒服食，可以缓解病症。

园圃种植的时令菜蔬，主要有春白菜（文献中或作"菘"）、春菠菜、水萝卜、春葱、韭菜、茼蒿（又名同蒿、蓬蒿）等春菜；茄子、青椒、西红柿、黄瓜、西葫芦、芫荽（香菜）、大头菜、芸豆、大蒜、洋葱等夏菜。由于入秋时间早、气温低，秋菜菜品较为单一，常见的只有白菜、萝卜、尖辣椒等几种。

据称，新中国成立前，通化等地较为知名的地产菜蔬品种，主要有核桃纹白菜、山东青萝卜、红灯笼红萝卜、铃铛皮辣椒、羊角茄子、小八叉黄瓜、土蹲芸豆、花雀蛋芸豆等。新中国成立后，经过优选优育，诸如通化4号白菜、大连翘头青萝卜、江城辣椒、江南宽芸豆等相继成为园圃菜蔬的主力。当下，蔬菜种植愈发五花八门，本土外来的界限，已经模糊。

上述园圃蔬菜，过去经常用作火盆食材的，主要有白菜、茄子、芸豆、辣椒、萝卜（地产萝卜，多椭圆形，硕大，性辣，质硬，人称地脉使然[②]）、地豆（据称"肉紫皮白，形圆而长"[③]，今已不多见）等六种，可以称作"园菜老六样"。（见图4-12）

---

① 张凤台编撰，黄元甲、李若迁校注：《长白汇征录》，吉林文史出版社1987年版，第135页。
② 张凤台编撰，黄元甲、李若迁校注：《长白汇征录》，吉林文史出版社1987年版，第132页。
③ 张凤台编撰，黄元甲、李若迁校注：《长白汇征录》，吉林文史出版社1987年版，第135页。

譬如地产白菜，"茎叶粗大，味亦浓厚"，虽然"脆嫩不及内地"[1]，但纤维较粗壮，比较适宜作火盆食材。

如地产芸豆，鲜嫩时，炒食、煮食均可。芸豆子，色鳌黑，大如拇指，[2]与米饭同煮后，再在火盆上煎炒，口感极好。

如地产茄子，当由"渤海茄"发展而来。[3]茄子又名落苏、昆化瓜、草鳖甲等，生熟皆可食。味甘，性微寒，无毒。若有肠风下血（即便血）之症，可以选霜打的茄子，连蒂，烧存性[4]，再研为细末。每天空腹，食两小匙，以温酒送下。实际上，霜打的茄子，在火盆上反复煎炒，食用时，适量饮酒，也能取得类似效用。

青辣椒[5]

紫茄[6]

图 4-12　园圃菜蔬

酸菜丝，也是集安火盆的常见食材。酸菜，古人称"菹"，又作"葅"。

---

① 张凤台编撰，黄元甲、李若迁校注：《长白汇征录》，吉林文史出版社1987年版，第132页。
② 张凤台编撰，黄元甲、李若迁校注：《长白汇征录》，吉林文史出版社1987年版，第135页。
③ 张凤台编撰，黄元甲、李若迁校注：《长白汇征录》，吉林文史出版社1987年版，第132页。
④ "烧存性"，中药炮制方法之一，可以通俗理解为"外焦里嫩"。
⑤ 图片来源：作者供图。
⑥ 图片来源：作者供图。

《释名》中言，"菹，阻也，生酿之，遂使阻于寒温之间，不得烂也"[1]。据此分析，"菹"就是腌菜、酸菜。中国人食腌菜的历史，至少可以上溯到周代。贾谊《新书》有楚惠王食寒菹得蛭的故事。司马相如所作《鱼菹赋》，可以视为"咏酸菜鱼"之"第一佳作"。

此外，如萝卜（一名莱服、莱菔），以及南瓜（又名番瓜）、北瓜（一名倭瓜）、冬瓜（又名白瓜、水芝、地芝，俗名东瓜）、黄瓜（一名胡瓜）、丝瓜（又名纺丝瓜）、菜瓜（俗称苦瓜）等各种瓜类，至少在清末民初前后，在长白山地区都有种植。[2]这类蔬菜，各有保健之功效，但由于富含水分，不宜反复煎炒。因此一般作为佐餐之汤品，而非火盆主餐食材。

至于其他后来引进新品种，譬如油菜等，营养保健价值甚高[3]。如何用作火盆食材，尚在摸索之中。

2. 各种粮豆

作为特色美食，集安火盆的一个突出特点，是米面等各类主食，都要在火盆上，煎炒后食用。因此，各种粮豆，也是火盆食材的重要构成。

大米炒熟后（或大米锅巴），或汤食，或干食，可以益胃、除湿。对于因脾湿而引起的肥胖的食客，这未尝不是很好的减肥零食。自清末引种水稻以来，大米很快就成为集安火盆中的首选米食。

需要说明的是，稻的种植史，可以追溯到新石器时代的长江、黄河流域。20世纪80年代，在位于大连甘井子区的大嘴子遗址，就曾发现年代在商末周初的炭化粳稻遗存。[4]清末民国期间，今通化、长白等地，以旱种稻居多，

---

① （汉）刘熙撰、（清）毕沅疏证、（清）王先谦补：《释名疏证补》卷4，中华书局2008年版，第138页。
② 张凤台编撰，黄元甲、李若迁校注：《长白汇征录》，吉林文史出版社1987年版，第132—134页。
③ 如油菜的茎和叶，味辛、性温、无毒，对诸如赤火丹毒、天火热疮、风热牙痛等病症，都有辅助治疗的作用。
④ 《大连发现三千年前农作物》，《光明日报》1991-8-15。

尔后又以水种稻见长。直到新中国建立前后，曾先后种植金钩、红毛、兴亚、青森等品种。当时，由于播种面积有限，稻米价格较高，不是当地主粮。但由于稻米的色泽，口感，均非其他粮食作物可比。20世纪60年代以后，随着新品种、新技术的推广，稻米产量和品质都有了显著提升。

今集安地产水稻，硒含量高，米质坚实。需利用当地泉水，淘洗、蒸制，尔后搅拌，降温。再根据食量，利用火盆余温炒制，其口感尤其劲道，其口味特别香甜。

清末张凤台声称，当时长白地区出产的稻米，虽然米色洁白，但是口感等，"较南方佳种，不及远甚"。[①]张凤台所言的"南方佳种"，想必也非今日的"南方稻米"可比。否则，就今日稻米品质而言，"南方佳种"是远远不及集安大米这类"北方土产"。（见图4-13）

图 4-13　水稻秋收图 [②]

大黄米，学名黍，又称糜子。黍的米粒大于谷子，有黄、白、青（一说"黎"）三色，以黄色居多，故而得名"大黄米"。

---

① 张凤台编撰，黄元甲、李若迁校注：《长白汇征录》，吉林文史出版社1987年版，第130页。
② 图片来源：作者供图。

按照因声寻义的办法，"黍"与"暑"同音，有"待暑而生，暑后乃成"之意。黍耐寒、耐旱、耐碱，能在条件恶劣的环境里生长，生育期短，产量不高，但较为稳定。据《周礼·职方氏》记载，幽、冀等州，都有黍的种植。[①] 早在新石器时代，东北地区就有黍的分布。据称，沈阳新乐遗址出土的炭化谷物，或许就是古黍。[②] 另据文献记载，长白山区也有该作物分布。

大黄米，味甘、性温、无毒，可以益气、补中，止霍乱，利小便。大黄米有黏性，可以酿酒、作饴糖，也可以蒸饭、煮粥。在火盆食用过程中，往往将蒸熟的大黄米饭，压成小块饼状，在火盆上煎烤，复蘸黄米饴糖或野蜂蜜食用，味道极为甜香。但不可久食，久食令人多热烦。

粟，又称稷[③]，俗称谷子，脱壳后，又称小米。小米，味咸、性微寒、无毒。

谷子有耐旱、耐碱、抗杂草的特点。品种较多，历史悠久，分布较广。夏家店下层文化的北票丰下遗址，就曾发现炭化谷子颗粒，[④] 说明西周以前，谷子就是东北先民的粮食来源。长白山地区，大多夏种而秋收。清末民国以来，曾先后推广八大旗、大粒黄、黄沙谷、薄地租、龙爪谷等品种。由于气候、水土等因素，这些品种，普遍穗苗硕大，收获颇丰，是当地较常见口粮。

小米宜脾胃，食用陈年小米饭，可以除胃热消渴等症。若因脾胃气弱而造成的反胃吐食，可以用小米粉蒸饼，加些许盐或醋，佐以蒸饼汤汁食用。这类小米制品，可以经火盆煎炒后食用，不但口感好，食疗效果亦佳。

麦，一般特指小麦。小麦在我国有着较久远的播种史，除了甲骨文，《诗

---

① （清）孙诒让：《周礼正义》卷64，《夏官·职方氏》，中华书局1987年版，第2672页。
② 王富德、潘世泉：《关于新乐遗址出土炭化谷物形态鉴定初步结果》，载李德深编《新乐遗址学术讨论会文集》，沈阳市文物管理办公室出版，1983年。
③ 一说"粟"的优良品种可以称作"梁"。"梁"在文献中，被称作"珍食"，非上层人而不得食用。今人或将"梁"解释为"高粱"，是不合适的。参见李爱玲《西周燕国农业探研》，《农业考古》2013年第4期。
④ 辽宁省文物干部培训班：《辽宁北票丰下遗址1972年春发掘简报》，《考古》1976年第6期。

经》《尔雅》等文献，都有关于小麦种植的记叙，或作"来""秾"。东北地区，特别是长白山地区，何时引入小麦种植，尚待详考。但就张凤台等人考察，至迟在清光绪末年，长白山地区已有小麦播种。[1]至于小麦面的食用，或许更早。

玉米，又名玉蜀黍、玉高粱、戎麦、御麦。由于"此物最宜北地"，所以清末解禁后，在东北地区广为引种，当地人往往将其俗称包米（又作"苞米"）、玉米，曾出现大青稞、小青稞、大粒红、小粒红等品种。玉米"子（籽）粒如茨，实大而莹白"。味甘、性平、无毒，调中开味。磨面可以作饼，脱粒可以熬粥，是"辽东食物大宗"[2]。玉米饼与小麦饼一样，是集安火盆的重要佐餐面食。

豆，《周礼》《淮南子·修务训》《诗经》《逸周书》等先秦文献多称"菽"，汉以后才有"豆"的说法，有黄豆、黑豆、绿豆、红豆（又名赤小豆、赤豆）、豇豆、豌豆等多种。我国的河南、山西、河北、山东等地在先秦时期已种豆。黑龙江安县、吉林永吉县等遗址中，也有豆类遗存。近代以来，通化、白山地区，"种黄豆者，实占多数"[3]，品种较多，产量亦可观。

黄豆，味甘、性温、无毒，可以宽中下气，利大肠，消水胀肿毒。"大豆黄卷"[4]是常见菜蔬，大豆油是常用油料，大豆腐有和脾胃、消胀满、清热散淤，下大肠浊气等功效，也是火盆常用食材之一。

西汉淮南王刘安，在丹药炼制过程中，发明了豆腐制法，对改善中国居民膳食结构，推动世界饮食文化进步，都有重要作用。河南密县汉墓，有表现"豆腐作坊"的石刻。

---

① 张凤台编撰，黄元甲、李若迁校注：《长白汇征录》，吉林文史出版社1987年版，第130页。

② 以上，均引自张凤台编撰，黄元甲、李若迁校注：《长白汇征录》，吉林文史出版社1987年版，第130页。

③ 张凤台编撰，黄元甲、李若迁校注：《长白汇征录》，吉林文史出版社1987年版，第131页。

④ 始见于《神农本草经》，又有"大豆卷""豆黄卷""大豆蘖""黄卷""卷蘖"等不同称谓，自古以来就被视为有药用价值的健康食品。

至于黑豆、红豆、绿豆等，营养丰富，且各有独到的食疗价值，如黑豆的固肾补脾 [1]、红豆的消水气肿胀、绿豆的消渴解痈毒、豇豆的补肾健胃等。其中，尤其值得关注的是绿豆芽。

绿豆芽是火盆的传统食材，几乎各类口味的火盆，都可见绿豆芽。从食材药性辩证的角度分析，绿豆芽味甘、性平，能与绝大多数食材搭配而不起冲突，且有解酒毒、清热毒等功效，可以缓解佐餐酒水给身体造成的负担。

白扁豆花，滚水焯好后，与猪脊肉、葱、胡椒、酱汁、面饼等，在火盆上一并煎炒，对于脾虚引起的泻痢，有非常好的治疗效果。这种食用方法，与《本草纲目》等所载的验方，大同小异。

高粱，一名蜀黍，又称蜀秫。清末以来，在今梅河口、通化、白山等地也有种植，品种有大黄壳、红壳、红棒子等品种。20世纪70年代以后，由于柳河歪脖张、黑壳紧穗等新品种的引进，高粱单产有了显著提高。高粱米味甘、涩，性温、无毒。温中，可以涩肠胃，止霍乱。但由于"米性坚实而不精细"，口感略差，因此，多用作酿酒原料或家畜饲料，直接食用的较少。

3. 果汁果脯

集安地区，桃、李、山楂、山葡萄、野生猕猴桃等水果，质优量大。除了鲜食，当地人在长期生产和生活实践中，还将其用于果汁、果糕、果脯制作。这类果汁、果脯等，是集安火盆的重要佐餐甜食。

从营养保健的角度分析，鲜果汁富含维生素、矿物质，能够迅速补充体力。果脯、果糕等富含果酸，还能发挥助消化，解油腻，活跃气氛，丰富用餐体验等特殊功效。

果腹之外的精神体验，是一种美食，能够久远传承的必要条件之一。

---

[1] 黑大豆，味甘、性平、无毒，如法炮制后，佐餐食用，对身面浮肿、腹中痞硬、男性便血等，都有辅助治疗的效果。

我们注意到，辽东地区自古以来，就出现较为发达的"壶·杯"文化，而且集安、桓仁、本溪等地，始终盛产山葡萄等浆果。因此，这类"壶·杯"，除了用作酒具、水器，何尝不能用来盛装果汁饮品！

总言之，就集安火盆的饮食体验分析，以各种果汁、果脯、果糕等为代表的佐餐甜品，不但在膳食均衡中发挥着重要作用，还在身心均衡中发挥着重要作用。基于此，我们将其作为火盆食材的有机构成，在此一并说明。

三 调味汤饮

火盆在烹饪及食用过程中，离不开各种调味品及各式保健汤饮。除此之外，对火盆口味等有重要影响的，还有柴炭种类和油脂品种。

1. 主要调味

火盆烹饪过程中，除了酱醋盐，还会用到葱姜蒜芥等调味品。汉代一度流行食用温热调料的习惯，并出土了染炉、铜耳杯等实物器具[1]，这在火盆用餐史上，或曾出现。（见图4-14）

韭菜花酱，在古代，属于"齑"的范畴。齑（jī），泛指捣碎的姜、蒜或韭菜末。其中，以韭菜花酱，尤有代表性。《通俗文》曰："淹韭曰虀，淹薤曰坠。"崔寔《四民月令》曰："八月收韭菁，作捣齑。"[2]

韭菜，又名草钟乳、起阳草，其花、籽，集植株精华，营养价值尤高。据民国时人张凤台言，韭，味辛、长白山地区，"甚肥大"[3]。韭菜籽，味辛、

---

① 参见李开森《是温酒器，还是食器——关于汉代染炉染杯功能的考古实验报告》，《文物天地》1996年第2期；张孟伦《汉魏饮食考》，兰州大学出版1998年版；朱凤瀚《中国青铜器综论》，上海古籍出版社2009年版，第109—112页。

② （汉）崔寔著、石声汉校注：《四民月令校注》，中华书局1965年版，第61页。

③ 张凤台编撰，黄元甲、李若迁校注：《长白汇征录》，吉林文史出版社1987年版，第133页。

甘，性温而无毒，对肾虚引起的腰腿无力、遗尿遗精、妇女白带过多等症，均有对治之功用。

汉镂孔云纹铜染炉①　　　　　　　　西汉青铜染炉②

图 4-14　汉代染炉及耳杯

葱，一名芤，因叶中空有孔，故从孔。葱，全株无毒，葱茎（又称"葱白"）味辛、性平，无毒，葱叶性温。由于可以用来调和众味，故而《清异录》中有"和事草"之谓。③除了调味，葱白与豆豉、生姜、川芎等配合，还有驱寒、祛风、安胎等功用。

蒜，又名葫、胡蒜。苗心起苔，名蒜薹，也可做火盆食材。蒜的根部，又称蒜头，可作调味品。蒜头味辛，性温，有小毒，但可以解蛇蝎毒，辅助治疗疟疾、干霍乱（又称搅肠痧）等病疾。当下流行的大蒜素，也由蒜头提取而来。

蒜作为火盆的调味品，但吃无妨。但平时不宜过量食用，人称，大蒜

---

① 图片来源：河南博物院网站（http://www.chnmus.net/sitesources/hnsbwy/page_pc/dzjp/mzyp/hlkywtrl/list1.html）。高11.3厘米，宽10厘米，长17厘米，现藏河南博物院。

② 图片来源：作者提供。此为中国国家博物馆展品，系西汉遗存，1956年河南陕县后川出土。

③ 张凤台编撰，黄元甲、李若迁校注：《长白汇征录》，吉林文史出版社1987年版，第133页。

"有百益而不利于眼，食多者恒得眼疾"①，这是值得重视的生活体验。

芥末，芥菜籽制成。芥菜，味辣，可作俎，冬月食者呼为腊菜，俗名辣菜，性温无毒，茎叶似菘而有毛，花黄而味香，子小而色紫，根叶皆可食，籽粒可研末，泡为芥酱。②

生姜和茴香，也是较常用调味品。生姜味辛，性微温，无毒。除了调味，还有驱寒、解药毒等功效。譬如寒热痰嗽初发病是，可以在火盆烹饪时，将生姜一块，灼热含服，即能有效缓解病症。

茴香有"大""小"之分，大茴香，又名八角茴香，或大料。小茴香，又称怀香籽，或茴香子。茴香不论大小，既可用作调味品，也可入药，用于辅助治疗大小便闭塞、肾虚腰痛等疾病。

除了上述植物类调味品，火盆烹饪中还有必不可少的盐、酱、醋、豆豉等。

盐，《书经集传》引汉儒许慎曰：东方谓之斥，西方谓之卤，河内谓之碱（同"咸"）。自古以来，盐就是重要调味品。一如《礼记》所言："醯醢之美，而煎盐之尚，贵天产也。"③又言："功衰，食菜果，饮水浆，无盐、酪，不能食食。盐、酪可也。"④又据《南齐书》记载，豫章王大会宾僚，（张）融与会，"食炙始行毕，行炙人便去，融欲求盐蒜，口终不言，方摇食指，半日乃息。出入朝廷皆拭目惊观之"⑤。

醋，又称"苦酒"，味酸、苦，性温，无毒。据文献记载，最早记叙制醋法的，是汉代谢讽的《食经》，其言"作大豆千岁苦酒法"。中国以醋调味的历史，也不下两千年，而且据《史记》中言，西汉的食醋酿造，已有一定

① 张凤台编撰，黄元甲、李若迁校注：《长白汇征录》，吉林文史出版社1987年版，第134页。
② 张凤台编撰，黄元甲、李若迁校注：《长白汇征录》，吉林文史出版社1987年版，第134页。
③ （汉）郑玄注、（唐）孔颖达疏、龚抗云整理：《礼记正义》卷26，《郊特牲》，北京大学出版社2008年版，第942页。
④ （汉）郑玄注、（唐）孔颖达疏、龚抗云整理：《礼记正义》卷49，《杂记下》，北京大学出版社2008年版，第1409页。
⑤ （南朝梁）萧子显：《南齐书》卷41，《列传第二十二》，中华书局1972年版，第728页。

规模，"通邑大都，酤一岁千酿，醯（xī）酱千瓨（xiáng）"，富可"比千乘家"[1]。

到了北魏，食用醋制作工艺益发成熟，《齐民要术》中就记叙了多种制醋法（时称"苦酒"或"酢"）。至迟在隋唐之际，制醋原料更加多样，醋的品种益发丰富。据苏敬撰《唐新修本草》记载，当时已有粮食醋（以米、麦、糠等粮豆为原料）、糖醋（以饴糖为原料）、果醋（以桃、葡萄、大枣等为原料）等。

醋，作为调味品，《清异录》将其喻为"食总管"，有"和牲柔肉"等功能。《礼记·内则》中言："脍，春用葱，秋用芥。豚，春用韭，秋用蓼，脂用葱，膏用薤，三牲用藙[2]，和用醯，兽用梅。"[3]《内则》又言："肉腥，细者为脍，大者为轩。或曰：麋、鹿、鱼为菹，麕为辟鸡，野豕为轩，兔为宛脾。切葱若薤，实诸醯以柔之。"[4]与其他调味品调和后，醋也常见于集安火盆。

豉，《释名》中言："豉，嗜也。五味调和，须之而成，乃可甘嗜也。故齐人谓豉，声如嗜也。"[5]《楚辞》有言"大苦咸酸辛甘发些"。注文中称："大苦，豉也。辛谓，椒姜也。甘谓饴蜜也。言取豉汁调和，以椒姜咸酸，和以饴蜜，则辛甘之味，皆发而行也。"[6]

酱，味咸、冷利、无毒。酱，含义有广狭之分。狭义的"酱"，特指以粮

① （汉）司马迁：《史记》卷129，《货殖列传第六十九》，中华书局1959年版，第3274页。
② 藙，郑玄注为"煎茱萸也"。（汉）郑玄注、（唐）孔颖达疏、龚抗云整理：《礼记正义》卷28，《内则》，北京大学出版社2008年版，第989页。
③ （汉）郑玄注、（唐）孔颖达疏、龚抗云整理：《礼记正义》卷28，《内则》，北京大学出版社2008年版，第989页。
④ （汉）郑玄注、（唐）孔颖达疏、龚抗云整理：《礼记正义》卷28，《内则》，北京大学出版社2008年版，第990—991页。
⑤ （汉）刘熙撰、（清）毕沅疏证、（清）王先谦补：《释名疏证补》卷4，中华书局2008年版，第139页。
⑥ 转引自（清）张英、王士祺等《御定渊鉴类函》卷391，《食物部四·豉二》，《影印文渊阁四库全书》第992册，台湾商务印书馆1986年版，第581页。

豆为原料制成的糊状调味品，与肉类或鱼虾制成的糊状食品有别。如《尔雅》中言：以肉制成的酱，谓之"醢"(hǎi)；有骨的肉酱，谓之"臡"(ní)。[①]《齐民要术》中，有多种"肉酱"制法。《周礼》凡王之馈，"酱用百有二十瓮"[②]。《礼记》曰："献熟食者操酱齐。"[③]《论语》曰："不得其酱不食。"集安火盆烹饪中，很少以肉酱或鱼虾酱调味，故不详述。

酱油。最晚在东汉，中国人已掌握了从"豆酱"中提取"酱油"的工艺。东汉时，崔寔在《四民月令》中提到的"清酱"，就是酱油。贾思勰的《齐民要术》，在描述"燥脡〔shān，肉酱〕""生脡""炮豚"及"炮鹅"等烹饪技法中，都提到了"酱清"的使用。此"酱清"，与"清酱"一样，都是"酱油"的另一种说法。进入唐代，酱油已然是常用调味品之一。

中国的豆酱，以豆类和面粉为原料发酵制成的。发酵过程中，"曲"分泌的酶，除了可以糖化淀粉，又可使豆类中的蛋白质，水化为氨基酸，从而使酱有香醇等特殊风味。西汉时成书的《急就篇》已提到"酱"。东汉时王充《论衡》、崔寔《四民月令》都强调时节对制酱的重要意义。

需要说明的是，除了美味的作用，上述调味品，还有食疗保健的价值。

以盐为例。《本草纲目》中称：盐，味甘、咸，性寒，无毒，多痰，欲吐不出，饮盐开水，可促使出。若风热牙痛，或虫牙，或齿痛出血，或眼常流泪，此类症状，均可用外敷内服的办法，或缓解病情，甚而治愈。[④]《北史》曰：房景伯母亡，景伯居丧，不食盐菜，因此患水病，积年不愈，卒于家。[⑤]

① （清）郝懿行：《尔雅义疏》（中），《释器第六》，上海古籍出版社1983年版，第686页。

② （清）孙诒让：《周礼正义》卷7，《天官·膳夫》，中华书局1987年版，第236页。

③ （汉）郑玄注、（唐）孔颖达疏、龚抗云整理：《礼记正义》卷1，《曲礼上》，北京大学出版社2008年版，第78页。

④ （明）李时珍：《本草纲目》（第1册）卷11，《金石部之五》，人民卫生出版社1979年版，第630页。

⑤ （唐）李百药：《北史》卷39，《列传二十七·房法寿附房景伯》，中华书局1974年版，第1423页。《御定渊鉴类函》等书作《北齐书》"房景伯传"，系《北史》之误。

大豆淡豉，味苦，性寒，无毒。伤寒发汗，用葱汤煮米粥，加盐豉吃下，发透汗，可治愈。血痢不止，与大蒜泥同吃，以盐汤送服。疟疾寒热，煮豉汤饮服，呕吐后，即可治愈。服药过量，饮豉汁，可以缓解。

《博物志》中记录一种所谓"外国豆豉"制法："以苦酒（指醋）浸（或作溲字）豆，暴令极燥，以麻油蒸讫，复暴三过乃止。然后细捣椒屑筛下，随多少合投之"，且言，这种豆豉有"下气调和"[①]之功效。

醋，除了调味，还有药用价值。其中，味道尤为"酸烈"的米醋，一般入药。东汉时，不仅用于食用，醋开始作于药物治疗。如，用盐醋煎服，可治疗霍乱吐泻。陶弘景《名医别录》称，醋能"消痈肿，散水气，杀邪毒"[②]。葛洪《肘后方》云：用三年咸酢（醋），可治齿痛。[③]

豆酱、酱油在中国古代，也成为医方的组成部分。如《本草纲目》中言："妊娠尿血。用豆酱一大盏熬干，生地黄二两，为末。每服一钱，米饮下。"[④]此外，唐人孙思邈《千金要方》、王焘《外台秘要》等唐代医书，就有以酱油入药的记载。

2. 保健汤饮

集安地产中药资源丰富，有调制保健汤饮的天然优势。

商相伊尹，被尊为中国"食祖"，深谙阴阳之化，重视水火相济，长于调和五味。伊尹撰《汤液经法》一书，创汤液疗法。[⑤]以汤液疗法为指导，调制各种汤饮、粥食，不仅可以果腹，还有养胃保健等功效。[⑥]

---

① （西晋）张华撰、范宁校证：《博物志校证》之《佚文》，中华书局1980年版，第126页。
② （梁）陶弘景撰、尚志钧辑校：《名医别录》。人民卫生出版社1986年版，第314页。
③ （晋）葛洪著、（梁）陶弘景增补、尚志钧辑校：《补辑肘后方》，安徽科学技术出版社1983年版，第236页。
④ （明）李时珍：《本草纲目》（第3册）卷25，《谷部四》，人民卫生出版社1978年版，第1553页。
⑤ 详见（战国）吕不韦撰、张双棣等译注：《吕氏春秋》，中华书局2007年版，第114—116页。
⑥ 以粥食为例，清人王孟英有言"粥饭为世间第一补人之物"。（清）王孟英：《王孟英医学全书·随息居饮食谱》，中国中医药出版社1999年版，第210页。

　　作为中国"脾胃学说"的创始人，金代大医学家李东垣，在《脾胃论》中指出：元气之充足，皆由脾胃之气无所伤，而后能滋养元气。因此，以汤饮调节饮食，是护养脾胃的主要方法。

　　集安地区是山参、鹿茸、细辛、五味子等药材的重要产区，品质优良。此外，当地的沙参、党参、黄芪、刺五加、益母草等药材资源也很丰富。①

　　由于资源获取的便利，以及对药性的熟悉，以中药调制保健汤饮，已成为集安火盆文化的一个重要元素，并对集安及其周边地区的饮食文化产生重要影响。

图 4-15　高句丽墓室壁画厨房图局部·调羹图 ②

　　这里仅就人参等常见汤料的保健功效，略述如下。

　　人参，是集安特产，以新开河、边条参等闻名。人参味甘，性微寒，无毒，对阴亏阳绝、脾虚胃弱、脉弱气喘、自汗盗汗、产后诸虚、喘嗽咳血、阴虚尿血、筋骨风痛、病久体弱、饥不能食等病症，都有很好的调养效果。再如老人的虚痢不止，饮食乏力，可取人参、鹿角若干研末，以米汤调和服用，一日三服，可收效用。（见图 4-16）

---

① 参见《光绪辑安县乡土志》，凤凰出版社、上海书店、巴蜀书社2006年版，第318—335页。
② 图片来源：耿铁华：《高句丽古墓壁画研究》，吉林大学出版社2008年版，图版五。

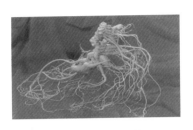

"人参汤"(《金匮要略》)；"四君子汤"(《局方》)；"温胃煮散"(《圣济总录》)；"人参蛤蚧散"(《卫生宝鉴》)；"玉壶丸"(《仁斋直指方》)；"独参汤"(《十药神书》)等，都是人参的传世组方。如"四君子汤"是千年古方，对治疗脾胃气虚等症，有很好作用。

图 4-16　野山参①

　　黄芪，俗称王孙，味甘，性微温，无毒。若小便不通或肺痈之症（热毒瘀结于肺，是内科常见病疾之一），可用黄芪若干，加水煎服，小儿用量减半。黄芪与陈皮、大麻子配伍煎煮，调白蜜服用，可治愈老年人便秘。

　　细辛，亦名小辛、少辛，味辛，性温，无毒，对各种风寒、风湿、头痛，都有辅助治疗的效果。（见图 4-17）

图 4-17　东北细辛②

　　益母草，又名夏枯草，全株各部位，药性略有差别。以茎、叶而言，其味辛，性微温，无毒。益母草常用于妇科治疗及保健，有"济阴近魂丹""益

---

　　① 图片来源：吉林省图书馆"长白山动植物图片数据库"（http://222.161.207.53:81/tpi/WebSearch_DZJW/）。
　　② 图片来源：吉林省图书馆"长白山动植物图片数据库"（http://222.161.207.53:81/tpi/WebSearch_DZJW/）。

母膏""二灵散"等验方。若作为火盆佐餐汤饮，则根据不同需要，选用不同配方。（见图 4-18）

图 4-18   益母草 ①

20 世纪 80 年代以前，上述中药，多为野生采集。目前，野生中药资源萎缩，基于成本等考虑，除非特殊需要，用于火盆餐饮的药材，大都来自人工种植。

火盆佐餐汤饮，其功效显著与否，除了药材品质，还与所选用水源等，有一定关系。除了我们熟知的自来水，过去较为讲究的水源，还有以下数种：（1）露水，在秋露重的时候，早晨去花草间收取，味甘、平、无毒。其中的白花露，可以止消渴（糖尿病症状）；百花露水可以美肌肤。（2）冬霜，用鸡毛扫取，装入瓶中，密封保存于阴凉处，虽成水液，历久不坏，味甘、寒、无毒。饮冬霜可解酒热，凡酒后面热耳赤者，饮之立消。伤寒鼻塞，饮之，亦可通鼻。（3）夏冰，冬天掘冰窖藏冰，备夏日之用。味甘、冷、无毒，去热烦，解暑毒和酒毒。上述水源，取之不易，除非特别需要，一般不能面向大众消费。但是，作为一种养生验方，不妨体验。

---

① 图片来源：吉林省图书馆"长白山动植物图片数据库"（http://222.161.207.53:81/tpi/WebSearch_DZJW/）。

此外，集安泉水资源丰富。地下泉，味甘，性平，无毒，可解酒后热痢，除口臭，镇心安神。许多商户均取此调汤，营养保健价值堪比冬霜、夏冰等难得之物。

3.药酒药茶

我国历代医家，在长期实践中，认识到酒可入药，有散寒、开瘀、消食、通络、活血、温脾胃、养肌肤等功效。

烧酒，味辛、甘、大热、有大毒，可消冷积寒气，燥湿痰，开郁结，止水泄，治心腹冷痛，杀虫辟瘴，利小便。除了直接饮用，还可以炮制"药酒"。

人参酒，补中益气，通治诸虚。蜜酒，治风疹、风癣。虎骨酒，治臂胫疼痛、历节风（痛风）、肾虚、膀胱寒痛。鹿茸酒，治阳虚痿弱、小便频数、劳损诸虚。

《史记·扁鹊仓公列传》，孙思邈《千金方》等传世文献中，均有以药酒治病的生动事例。东北民间，由于气候等因，以酒，特别药酒，防病健身、延年益寿的现象较为普遍。

图 4-19 "大泉源"今昔 [①]

---

① 图片来源：通化大泉源酒业提供。

就加入药材种类而言，药酒有单味、多味之别。就配制方法而言，有淋、煨、酿、煮、热投等之别。东北地区，受自然、人文等因素影响，在用药上，以人参、鹿茸等单味药酒为主；在制法上，以最便于操作的浸泡法为主。

值得一提的是，由于通化、集安地区盛产山葡萄，以自然发酵法制成的饮品，因有一定酒精度，在民间广泛流传。从中医五行的角度分析，山葡萄属红色食材，可以补血、强心。以此酿酒，又增加了行气、活血等功效。（见图 4-20）

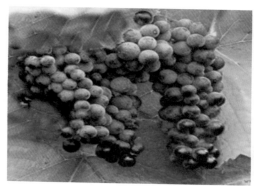

图 4-20　山葡萄 [①]

美国威斯康新大学研究结果显示，紫葡萄汁可显著降低血小板凝集力，有类似阿司匹林的溶栓、溶纤维和抗凝血功能。葡萄皮中富含的类黄酮，对预防心脑血管疾病有辅助作用，而且非常适宜女性保健。

20 世纪 30 年代以后，日本人在殖民期间，利用通化山葡萄，开启了标准化生产进程，这里的地产葡萄酒，开始蜚声海内外。特别是近年来，"北冰红"系列甜酒推出后，"冰酒 + 火盆"，在当地成为饮食新时尚，并为越来越多的外地食客所认可。

茶是一种有药用价值的天然饮料，被古人誉为"万病之药"。现代医学研

---

① 图片来源：吉林省图书馆"长白山动植物图片数据库"http://222.161.207.53:81/tpi/WebSearch_DZJW/。

究表明，茶是优质的碱性饮料，含有500多种化学成分，有生津止渴、明目清心、祛热解毒、利尿平喘等功效，此外还有抗癌症、抗辐射等功用。

以"茶"入饮，一说始于神农，至今有不下5000年历史。唐人陆羽有"茶圣"之美誉，所撰的《茶经》被公认为世界第一部茶学专著。著名科技史家李约瑟，曾盛赞中国茶叶，是继"四大发明"之后，中国人对世界的"第五大贡献"。红茶、花茶、砖茶（普洱）等虽非地产，但在火盆餐桌上也较为常见。

此外，值得一提的，还有诸如"暴马子茶"等有药用价值的"代茶饮"。

暴马丁香树，又称抱马子树，木理坚硬，入土不朽，以火炙之，砰然有声，如爆竹。叶似柳桃，叶色微黑，"土人谓其叶，味香微苦，可做茶，曰抱马子"[①]。实际上，暴马丁香树全株均可入药，其花、嫩叶、嫩枝，有清热解毒、镇咳祛痰等功效，当地百姓常用作代茶饮。现代医学研究表明，暴马丁香茶，确实可以用来治疗高血压、心脏病、支气管癌、白血病等疾病。目前，用树皮提取物——紫丁香苷，已用于临床药品生产，对慢性支气管炎、哮喘病，有较好疗效。（见图4-21）

安息香，学名"兴安杜鹃"，又称安春香、安楚香、七里香，满语"阿德布合"，汉人俗称"鞑子花"。[②]民国时人张凤台，亲见安息香后，称"生山岩洁净处，产长白山上者尤异"，"茎高尺许，叶似柳叶"，制香后，"可供祭祀"。[③]

安息香，在清代是皇家贡品，设在今吉林市的乌拉总管衙门，每年都要依例进贡。《本草纲目》中载，安息香，味辛、苦、平、无毒，单味或复方药，可用来治疗心绞痛、关节风痛、小儿肚痛等病症。[④]

---

① 张凤台编撰，黄元甲、李若迁校注：《长白汇征录》，吉林文史出版社1987年版，第139页。
② 孙灵芝、梁峻：《论民族芳香药的研究》，《中国民族民间医药》2015年第4期。
③ 张凤台编撰，黄元甲、李若迁校注：《长白汇征录》，吉林文史出版社1987年版，第142页。
④ （明）李时珍：《本草纲目》（第3册）卷34，《木部一》，人民卫生出版社1978年版，第1962页。

经科学检测，安息香的花有镇静、催眠功效，安息香的叶，对冠心病、慢性支气管炎、支气管喘息等，有一定疗效。过去，民间或以安息香祭祀，也有用安息香的花及嫩叶等，作代茶饮的。（见图4-22）

图 4-21 暴马丁香①

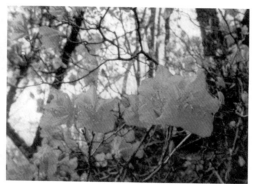

图 4-22 安息香②

在当地，槐花、黄檗也是常见代茶饮，且有保健功效。

据《本草纲目》记载，槐花，可以止血、解毒。如咯血、唾血之症，将槐花炒过、研细，每次服三钱，以糯米汤送下。服药后，静卧一两个小时，可以治愈。再如后背生痈疽，用槐花一堆，炒成褐色，泡酒一碗，趁热饮用，汗出即愈，如未退，再炒一服，必愈。③

黄檗，俗作黄柏，味苦、寒、无毒，可用来治疗男女诸虚、痔漏下血、口鼻生疮等症。糖尿病患者（消渴），可用黄檗1斤，加水1升，煮开几次，渴即饮用。如此数日，可见效果。④

① 图片来源：吉林省图书馆"长白山动植物图片数据库"（http://222.161.207.53:81/tpi/WebSearch_DZJW/）。
② 图片来源：吉林省图书馆"长白山动植物图片数据库"（http://222.161.207.53:81/tpi/WebSearch_DZJW/）。
③ （明）李时珍：《本草纲目》（第3册）卷35，《木部二》，人民卫生出版社1978年版，第2007页。
④ （明）李时珍：《本草纲目》（第3册）卷35，《木部二》，人民卫生出版社1978年版，第1978—1980页。

总而言之，就集安火盆食材而言，合理的结构，辩证的关系，共同构成了集安火盆文化的物质基础。火盆文化之形成，与食材个性之发挥，是一个相辅相成的过程。火盆文化在形成过程中，为食材个性所塑造；食材在个性彰显的过程中，也为火盆文化所影响。这也是火盆文化何以在长白山麓、鸭绿江畔，生生不息的重要机制。

图片来源：《中国墓室壁画全集》

第五章　量材使器

集安火盆文化中主食与副食一体、荤菜与素食搭配、烹饪与进餐同步、燔炙·蒸煮·炙烤三位一体的鲜明特征，客观上需要发挥多种厨具的不同功能。量材使器，是火盆文化发展的客观需要，同时也是火盆文化的重要内容。

一　烹饪用具

火盆烹饪过程的完成，需要使用炉、叉、盆、盘、釜、罐、鼎、铛等不同类别的炊具。这些炊具，渊源有自，依形制、材质等，可区分为以下三类。

1. 炙烤器

炙烤是人类较早利用的熟食方式，炙烤法在火盆美食中有重要应用。

炙烤法较为素朴，对器具的要求不高。专用炉具、签叉发明前，将食材直接投入火中燔烧，或者以树干等穿插，架在篝火上炙烤，也能完成熟食的过程。

常用的炙烤工具，主要是火炉、火铲等炉具，以及竹签、木条、铁叉等辅助器具。

我们注意到，陕西历史博物馆诸展品中，有1件东汉绿釉陶"烤炉"，当为明器。烤炉上，还有两串陶制蚕蛹，生活气息浓郁，非常惹人注目。（见图5-1）

类似烤炉，还有多件出土，有的还刻意塑造了烤鱼、烤肉等形象，生动展现了时人，以炙烤为食，以炙烤为乐的饮食习俗。

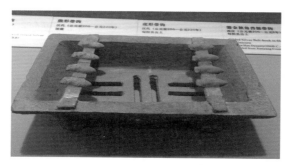

图 5-1　东汉陶烤炉[①]

位于甘肃省酒泉市的"果园—新城墓群"，占地面积约 60 平方公里，遗存墓葬 1400 余座，是 2001 年国务院公布的第五批全国重点文物保护单位。考古工作者，在六号墓室内，发现一块"铁叉烤肉"的画像砖，生动展现了魏晋时代，甘肃地区铁叉烤肉的饮食习俗。该画像砖复制品，展陈于嘉峪关长城博物馆内。（见图 5-2）

众所周知，铁叉较为粗重，适宜串烤大块食材。因此，较以"秀气"的竹、木签烤肉，更显粗犷，充分展现了西北人的奔放性格和食俗。

图 5-2　果园——新城铁叉烤肉[②]

---

① 图片来源：陕西博物馆藏。

② 图片来源：《在路上——嘉峪关市印象：长城·酒钢·古墓·烤肉》，豆瓣网（https://www.douban.com/note/632377266/?type=rec）。此系"果园—新城墓群"六号墓画像砖的复制品，见于嘉峪关长城博物馆。

就整体而言，炙烤法对烹饪器具的依存度不高。但是，需要丰富经验，否则不足以拿捏火候。此外，这种烹饪法，有蒸煮、煎炒等法不能实现的特殊风味，有大道至简、简约但不简单的鲜明特色，并深深植入中国人的文化记忆中，故而，至今仍为国人所喜。

在吉林，除了延边烤串、集安烤肉，人们往往忽略了一点，炙烤法，在集安火盆烹饪中，也有重要应用，而且素有传统。

昔日，火盆文化传播区，渔猎生产长期占有重要地位。人们在狩猎过程中，往往因陋就简，将猎物通过燔烧、炙烤等法，就地食用。而且，在狩猎结束后，一般都将剩余肉食带回住处。其中，有的作为火盆食材，继续食用。

这种饮食习俗，既充分发掘了"食余"之材的美味潜力，也符合了古人"惜食节用"的生活传统。这个传统，至今仍见于集安火盆烹饪中。

除了"主餐"食材，一些有"烟火味"佐餐食品，也都经过炙烤这道工序。故而，炙烤法及炙烤器具，也是火盆文化中"量材使器"的重要内容。

2. 蒸煮器

罐、鼎、釜、鬲、甑、甗等蒸煮器，发端甚久，是成就中国"低温烹饪"特点的主要器具，而且，在火盆烹饪中也有重要应用。谨略述其始末如下。

罐，是新石器时代东北地区的标志性器具，也是当时东北地区最流行的炖煮器之一。以位于大连的郭家村遗址为例，该遗址下层、上层，都有陶罐出土。（见图5-3）

这些陶罐，有的用作盛装器，有的用作炊具（有烟炱印记），有的用作明器，器形较为丰富，是当时辽南地区，炖煮文化发展水平的具体表现。在后期发展中，罐的地位，逐渐为鼎、釜等其他器具所代替。集安火盆的各类汤饮，仍有古老"罐食文化"的影子。

I-E式罐（IIT9③：17）① I-D式罐（IT3④：21）②

III式罐（76IIT5F1：5）③ VI式罐（上采：56）④

图5-3 大连郭家村遗址陶罐

鼎，也是一种发端甚久的炊具。《说文解字》中言：鼎，"三足两耳，和五味之宝器也。昔禹收九牧之金，铸鼎荆山之下"⑤。鼎，始见于河南新郑裴李岗遗址、河北武安磁山遗址等，距今7000年以上。⑥ 此外，山东、辽宁等处

① 图片来源：辽宁省博物馆、旅顺博物馆：《大连市郭家村新石器时代遗址》，《考古学报》1984年第3期，图版一，3。

② 图片来源：辽宁省博物馆、旅顺博物馆：《大连市郭家村新石器时代遗址》，《考古学报》1984年第3期，图版三，2。

③ 图片来源：辽宁省博物馆、旅顺博物馆：《大连市郭家村新石器时代遗址》，《考古学报》1984年第3期，图版五，5。该陶罐，口径9.5厘米，高8.2厘米，口微敛，弧腹或斜腹，平底，口沿下一周附加堆纹。经二次火烧呈砖红色，口边饰网格状划纹。器形略小，或非日常实用器。

④ 图片来源：辽宁省博物馆、旅顺博物馆：《大连市郭家村新石器时代遗址》，《考古学报》1984年第3期，图版六，1。该陶罐，口径8.3厘米，高9.6厘米，折沿，鼓腹，饰弦纹和小假耳，应为用作明器的"迷你器"。

⑤ 转引自（清）段玉裁《说文解字注》第七篇（上），中华书局2013年版，第322页。

⑥ 学界已普遍认为，裴李岗文化的考古学年代，要早于磁山文化，二者均为新石器早期文化，是仰韶文化的前身。裴李岗文化遗存中，有1件乳钉纹红陶鼎，现藏河南博物院，胎中有加沙，为手工捏制，表面饰有乳钉，是现存最早的陶鼎之一。

遗存中，也有陶鼎出土，而且形制益发丰富，至少有釜、盆、钵（碗）、罐、盘等不同类型。就大连郭家村、吴家村等遗址出土陶鼎而言，其与山东陶鼎之间，年代相续，器形相似，存在较明显承继关系。如吴家村遗址采集的1件盆形鼎（吴采73：1），系小珠山中层文化遗存，其形制与山东北庄遗址出土的1件盆形鼎（H103：1）基本相同。（见图5-4）

大汶口红陶折腹鼎①

北庄盆形鼎②

白石村遗址一期钵形鼎（81ITG2④：177）③

姚官村鸟首形足鼎④

---

① 图片来源：山东博物馆网站（http://www.sdmuseum.com/articles/ch00079/201705/f26a6cd5-b92b-4fb9-a242-ee7c9739d536.shtml）。1959年，山东泰安大汶口遗址出土，系大汶口文化遗存，通高28厘米，口径13.5厘米，泥质红陶，表面磨光，施红陶衣，有大环形钮形盖，小口折腹。

② 图片来源：北京大学赛克勒考古与艺术博物馆网站（http://amsm.pku.edu.cn/zpxs/yc/14514.htm）。口径28厘米，高20.5厘米，1984年山东省长岛县北庄遗址一期出土，系大汶口文化遗存。

③ 图片来源：北京大学考古系、烟台市博物馆编：《胶东考古》，文物出版社2001年版，图版四，1。

④ 图片来源：北京大学赛克勒考古与艺术博物馆网站（http://amsm.pku.edu.cn/zpxs/yc/15003.htm）。1964年，山东省潍坊市姚官村遗址出土，口径18.5厘米，底径10厘米，高16厘米，龙山文化遗存，北京大学赛克勒考古与艺术博物馆藏品。

 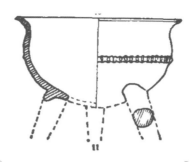

郭家村遗址下层罐形鼎（76IIT8④：31）[1]　　　吴家村盆形鼎（吴采73：1）[2]

图 5-4　陶鼎

　　陶鼎，是新石器时代的经典器形之一。在当时，这些陶鼎，除了用作盛装器，一般用于炖煮食物，而且一度有取"陶釜"而代之的趋势。[3]但是，夏商以降，随着铜鼎铸造法的发明和推广，"鼎"文化发展，出现了"礼器化""贵族化"趋势。（见图5-5）即便如"陶鼎"，其作为炖煮器的功能，也开始从日常生活中弱化。

　　以位于辽宁省盖州市东城办事处农民村1号汉墓出土陶鼎为例。该陶鼎，口径9.75厘米，腹径18厘米，通高14.5厘米，系泥质灰陶，素面，扁圆式鼎身，口内敛，扁状双冲耳，上端外侈，蹄形三足，鼎腹中部有一周凸起扁状环带。作为明器，该陶鼎，有仿青铜礼器的鲜明特征，已非墓主人"以鼎炊食"的生活写照。（见图5-6）

---

　　① 图片来源：辽宁省博物馆、旅顺博物馆：《大连市郭家村新石器时代遗址》，《考古学报》1984年第3期，图版二，5。该罐形鼎，郭家村遗址下层出土，小口，鼓腹，平底，鞍耳，圆锥足，腹饰一周凸弦纹，口径10.5厘米，属小珠山中层文化，原报告称"II式鼎"，实际上是"罐形鼎"的一种。

　　② 图片来源：辽宁省博物馆、旅顺博物馆、长海县文化馆：《长海县广鹿岛大长山岛贝丘遗址》，《考古学报》1981年第1期，图十二（小珠山中层文化），11。

　　③ 据不完全统计，山东后李文化中，釜占全部陶器总数的70%—80%。此后的北辛文化、白石村第一期乙类遗存，则以鼎为主要炊器。其中，北辛文化遗存中，鼎的数量约占陶器总数的50%以上。北辛文化，因枣庄市滕州北辛遗址的发掘而得名，山东境内已发现同类遗址近百处。综合C14测年数据，确定北辛文化绝对年代在公元前4900年到公元前4000年之间。北辛文化的鼎足，多圆锥形。参见栾丰实《海岱地区考古研究》，山东大学出版社1997年版，第27—53页。此外，有研究者，将位于胶东半岛的邱家庄下层遗存，与位于烟台白石村遗址一期遗存，统称为"白石村文化"，文化年代与北辛文化大致相当。详见张江凯《论北庄类型》，载北京大学考古系编《考古学研究（三）》，科学出版社1997年版，第43页。

图 5-5　战国印纹硬陶鼎①　　　　　图 5-6　西汉陶鼎②

　　集安七星山墓区③96号墓年代大致在4世纪初期到中期之间。该墓出土铜鼎1件，通高17.2厘米，口径10.8厘米，有盖，盖顶有拱形钮，肩部有两个圆形立耳。腹部饰一周凸弦纹，三蹄足。④（见图5-7）

图 5-7　集安96号墓铜鼎⑤

① 图片来源：浙江省博物馆网站（http://www.zhejiangmuseum.com/zjbwg/collection/collect_detail.html?id=1720），盆形，高13.5厘米，口径19厘米，战国时代遗存，浙江省博物馆藏品。
② 图片来源：营口市博物馆网站（http://www.ykbwg.com/photo/cpinfo.php?id=427）。
③ 七星山墓区，位于集安城西郊约1公里处，是洞沟古墓群中墓葬最密集的区域。96号墓，位于七星山墓区东部。
④ 集安县文物保管所：《集安县两座高句丽积石墓的清理》，《考古》1979年第3期。
⑤ 图片来源：集安县文物保管所：《集安县两座高句丽积石墓的清理》，《考古》1979年第3期，图版十一，2。

釜，是一种常用炖煮器，《食经》中所言的"白瀹"，就以釜等为炊具的烹饪法。《方言》中称："釜，自关而西或谓之釜，或谓之鍑。"①

《古史考》中称：黄帝始造釜。《物理论》中称：尧世洪水，民悬釜而爨。实际上，就史前文化遗存判断，釜的历史更早。由于实用性强、制作工艺简单等因，虽不登大雅之堂②，但与"民食"攸关，故能活力无限，传承至今。

在火盆烹饪中，大部分食材（尤为肉类）的初加工都需要借助"釜"。釜，最初为陶制，后来才有铜、铁等其他材质，俗称"锅"。（见图5-8）

1975年，在集安禹山墓区③68号墓近旁，集安市文管工作人员发现铜鼎、甑、釜、洗器各1件，年代大致在4世纪初期到中期之间。其中，铜釜，高12.6厘米，口径11厘米，直口，鼓腹，圈足，中上部腹外，有一周宽0.08厘米的釜沿。④

在位于吉林省抚松县的新安遗址，考古工作者清理出土铁锅1件（K1：5），系渤海末期至金代早期遗物。⑤无独有偶，辽宁朝阳的一处金代纪年墓，也清理出土陶釜1具并器盖1枚（M1：39），均为轮制黑陶制品⑥，系日常实用器的"缩微"版。值得注意的是，哈尔滨一处金代墓葬，曾出土1具三足铁釜（或称"三足铁锅"），当为金代女真人日常炖煮器。若熟悉"釜—鼎"发展轨迹，不难发现，这件三足锅，颇有"返祖"的意味。

---

① （汉）扬雄撰、（晋）郭璞注：《方言》卷5，《影印文渊阁四库全书》第221册，台湾商务印书馆，1986年，第312页。《说文解字》中称，釜之"大口者"，谓之"鍑"。（清）段玉裁：《说文解字注》第十四篇（上），中华书局2013年版，第711页。
② 《魏子》所言的"鼎以为稀出而世贵之，釜鬲常用而世轻之"，部分反映了这个事实。转引自（宋）李昉等撰《太平御览》卷757，《器物部二》，《影印文渊阁四库全书本》第899册，第689页。
③ 禹山墓区，在集安城东北部的禹山脚下，是集安通沟墓群北部古墓葬比较集中的墓区。
④ 集安县文物保管所：《集安县两座高句丽积石墓的清理》，《考古》1979年第3期。
⑤ 该铁锅，口径41.4厘米，底径15厘米，高41厘米，厚1.4厘米，直口，微敛，直颈，颈部有凸棱多道，肩部有环耳一周，弧腹，假圈足，小平底。吉林省文物考古研究所：《吉林抚松新安遗址发掘报告》，《考古学报》2013年第3期。
⑥ 釜，口径12.2厘米，底径5.3厘米，高9.4厘米，侈口，卷沿，圆唇，腹壁弧曲，底微内凹，在腹部最宽处，有等距分布的六个横扁耳。器盖呈碗状，出土时，覆于釜上。朝阳博物馆：《辽宁朝阳市金代纪年墓葬的发掘》，《考古》2012年第3期。

河姆渡文化多角沿刻花陶釜①

集安68号墓合体铜釜甑②

抚松铁釜（K1：5）③

哈尔滨三足铁锅④

图 5-8　釜

　　鬲，形似鼎，而足部中空，可以视为三足"鼎"的变形器。鬲的袋状足，可以大幅增加受热面积，提高加热效率，适于烧水及炖煮大块食材。由于不便搅拌，鬲并不适于加工粥状食品，这是鬲与釜、罐、鼎等器具功能的显著区别。

　　鬲，始见于新石器时期，器形较为丰富，一度特别流行，分布非常广泛，文化发展比较充分。（见图5-9）东北地区的"鬲"文化，当由中原等地传来，从兴隆洼文化单一的筒形罐，到夏家店下层文化的盂形鬲，再到春秋战国时

---

　　① 图片来源：浙江省博物馆网站（http://www.zhejiangmuseum.com/zjbwg/collection/collect_detail.html?id=1286），高21厘米，口径19.2厘米，系浙江省博物馆藏品。

　　② 图片来源：集安县文物保管所：《集安县两座高句丽积石墓的清理》，《考古》1979年第3期，图版十一，1。

　　③ 图片来源：吉林省文物考古研究所：《吉林抚松新安遗址发掘报告》，《考古学报》2013年第3期，图版六，2。

　　④ 图片来源：作者提供。该铁釜系黑龙江省博物馆馆藏文物。

期的"燕式鬲"①。东北的陶鬲，始终保留了东北土著文化——筒形腹腔——的鲜明特色。②

商饕餮纹分裆铜鬲③　　　　　　　　商父乙青铜鬲④

图5-9　青铜鬲

甑（zèng），古代蒸器⑤，多与鬲合用，上部为甑，下部为鬲，中间加"箅"。也有将甑、鬲合铸为一体，这类器具，称"甗"。故而才有"甗无底曰甑"⑥的说法。考古发掘资料显示，裴李岗文化、仰韶文化和大汶口文化，已经普遍使用陶甑。在东北地区，早如大连郭家村遗址上层文化遗存⑦，晚如抚

① 郭大顺：《红山文化研究新动向》，载席永杰《首届"中国·赤峰红山文化国际高峰论坛"纪要》，《赤峰学院学报（汉文哲学社会科学版）》2007年第1期。

② 《中国考古学研究》编委会：《中国考古学研究——夏鼐先生考古五十年纪念论文集》，文物出版社1986年版。

③ 图片来源：新乡市博物馆网站（http://www.xxbwg.com/a/qingtongqi/20121204/51.html）。系河南省新乡市博物馆藏品，通高15厘米，口径12.2厘米，敛口，环耳，束颈，颈部饰对角雷纹，三袋状足，三足均饰一周饕餮纹。

④ 图片来源：浙江省博物馆网站（http://www.zhejiangmuseum.com/zjbwg/collection/collect_detail.html?id=1810）。高16.3厘米，口径14.1厘米，浙江省博物馆旧藏。

⑤ 东汉刘桢《清虑赋》云："虞氏之纍，加火珠之甑，炊嘉禾之米，和冀英之饭。"转引自（清）张英、王士祯等《御定渊鉴类函》卷388，《食物部一·食总载五·饭四》，《影印文渊阁四库全书》第992册，台湾商务印书馆1986年版，第524页。

⑥ 《韵会》，转引自（清）张玉书、陈廷敬撰，王宏源增订《康熙字典》（增订版），"午集上·瓦·甑"，社会科学文献出版社2015年版，第976页。

⑦ 该处出土陶甑多为小型器。参见杨占风、李鹏昊《郭家村遗址分期再研究》，《内蒙古文物考古》2008年第2期。

松县新安遗址[①]，集安洞沟古墓群，都有陶甗出土。这说明，至少从新石器时代晚期，到唐代渤海国时期，陶甗始终是上述地区较为常见的蒸食器。譬如集安禹山墓区 68 号墓，与铜釜一同出土的，还有铜甑 1 具，高 9.2 厘米，口径 19.6 厘米，侈沿，圈足，底有五个圆箅孔。（见图 5-10）

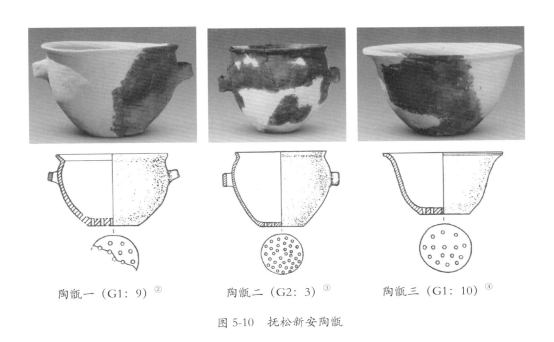

陶甑一（G1：9）[②]　　陶甑二（G2：3）[③]　　陶甑三（G1：10）[④]

图 5-10　抚松新安陶甑

甗（yǎn），实际上是甑、鬲组合器，相当于自带炉灶的蒸锅，多用于加

---

① 考古发掘报告披露，抚松县新安遗址，已先后清理出土陶甑 8 件，其中较有代表性的 3 件，详见本书图说。

② 图片来源：吉林省文物考古研究所：《吉林抚松新安遗址发掘报告》，《考古学报》2013年第 3 期，图一四，7；图版一，4。夹砂褐陶，口径 25.6 厘米，底径 11.2 厘米，高 17.6 厘米，方唇，折沿，束颈，斜弧腹，平底，底部有多个直径约 0.8 厘米的圆箅孔，肩部有对称的横桥耳。

③ 图片来源：吉林省文物考古研究所：《吉林抚松新安遗址发掘报告》，《考古学报》2013年第 3 期，图一四，8；图版一，5。夹砂褐陶，口径 28.8 厘米，底径 14.4 厘米，高 26.4 厘米，圆唇，折沿，束颈，斜弧腹，平底，底部有多个直径约 0.8 厘米的圆箅孔，肩部有对称的横桥耳。

④ 图片来源：吉林省文物考古研究所：《吉林抚松新安遗址发掘报告》，《考古学报》2013年第 3 期，图一四，9；图版一，6。夹砂褐陶，口径 28.8 厘米，底径 12 厘米，高 15.6 厘米，方唇，唇面内凹，敞口，斜弧腹，平底，底部有多个直径约 0.8 厘米的圆箅孔。

工谷物类食材①。陶鬲，始见于新石器时代，是当时常见蒸食器。灶台发明后，鬲的蒸食功能，逐渐为甑所代替。到了商周时代，鬲的"礼器化"趋势益发明显，已很少用作日常炊具。（见图 5-11）

在中国东北，鬲文化基本集中在南部地区，而且分布不均。如辽西地区，早在红山文化时代就出现了陶鬲，并绵亘至商周时代；至于辽东半岛，直到青铜文化早期，陶鬲才有零星出现。②

赤峰东山嘴陶鬲（H5：1）③　　　西周母癸鬲④

图 5-11　鬲

---

① 考古工作者，在位于内蒙古赤峰市的东山嘴遗址，清理出土一具较完整的陶鬲（H5：1），系夏家店下层文化遗物。出土时，该陶鬲内尚有脱粒炭化谷子残留，形态尚完整，与现代黄米（脱壳稷）很相似。经初步鉴定，认定其为史前栽培稷的一个品种。参见辽宁省博物馆、昭乌达盟文物工作站、赤峰县文化馆《内蒙古赤峰县四分地东山咀遗址试掘简报》，《考古》1983年第5期。

② 辽东半岛较早出现的陶鬲，出自双砣子二期文化遗存，而且有自山东岳石文化传来的迹象。双砣子二期文化是辽东半岛青铜早期一支较有代表性的考古学文化。参见方辉《岳石文化的分期与年代》，《考古》1998年第4期；王春鸣《双砣子二期文化研究》，硕士学位论文，辽宁师范大学，2013年，第21页。

③ 辽宁省博物馆、昭乌达盟文物工作站、赤峰县文化馆：《内蒙古赤峰县四分地东山咀遗址试掘简报》，《考古》1983年第5期，图版四，3。该陶鬲，残高21.8厘米，腰径11厘米，细腰，高裆，袋足，足下有实足根。器表饰绳纹，腰部施附加堆纹。

④ 图片来源：上海博物馆网站（https://www.shanghaimuseum.net/museum/frontend/collection/zoom.action?cpInfold=578&picId=1024）。这件青铜鬲，纹饰繁华，系西周早期青铜鬲的代表作。鬲口内侧，有铭文两行，说明此为祭祀母亲"癸"的祭器。

3. 煎炒器

煎炒是火盆烹饪的核心环节，用于煎炒的各类盆盘器，是火盆文化的标志性器物。就既有出土文物分析，曾用于煎炒的器具，主要有高足盘形鼎、矮足盘形鼎、大环足盘、小环足盘、多足盘、无足盘等多个品类。

以环足盘为例。如本书第一章所述，在位于辽宁省大连市大长山岛东部的上马石遗址，考古工作者清理出土多件环足盘（原报告称"环足器"），均为小珠山上层文化遗物。[⑤]其中一类，弧腹，圜底，疑似矮环足；另一类，直壁，浅腹，大平底。

上述环足盘，虽然存在口径略小的问题。但是，原比例放大1—2倍，完全可以用作煎炒器。而且，在当时，制作此类大口径环足盘，没有任何技术障碍。

商周青铜器中，除了上文提到的曾侯乙墓青铜"炒炉"，河南出土的"王子婴次炉"等，也非常值得关注。据文献记载，"王子婴次炉"，1923年出土于河南新郑李家楼，系春秋时期青铜器，现藏中国国家博物馆。因器壁口沿处，有"王子婴次之燎炉"铭文[⑥]，故得此名。该铜炉，口长36.6厘米，口宽45厘米，器高11.3厘米，造型大方，纹饰简约，圆角，浅腹，平底，形似长方形大盘，外壁四边有环，饰斜方格纹、乳钉纹，内壁素面无纹饰。（见图5-12）

关于该炉用途，王国维、郭沫若、陈梦家等学者见仁见智，曾有饭器、暖器、酒器、炊器等不同主张。马世之先生受曾侯乙墓所见青铜"炒炉"启发，曾撰文指出，该铜炉与炭炉配合，用作"煎炒器"的可能性更大。[⑦]对此，

---

⑤ 辽宁省博物馆、旅顺博物馆、长海县文化馆：《长海县广鹿岛大长山岛贝丘遗址》，《考古学报》1981年第1期。

⑥ "燎"，系"燎"的异体字。

⑦ 马世之：《也谈王子婴次炉》，《江汉考古》1984年第1期。

笔者深以为然。

实际上，诸如春秋夔凤纹三足铜盘[1]、元三足平底铁盘等器具，过去人们多视为普通水器或暖器。但是，联想到曾侯乙墓青铜"炒炉"、新郑李家楼"王子婴次炉"，这类铜、铁器具，未必没有用作"煎炒器"的可能。

受社会发展水平等条件制约，先秦以降，直至清末民初，通化、集安地区的铜、铁"炒盘"，尚不多见。柳河罗通山城出土的四立耳铁盘，是不可多得的一具。（见图5-13）

罗通山发掘报告尚未公布，该铁盘年代，尚不能确定，但是，毫无疑义，该铁盘是东北东部地区"煎炒文化"持续发展的实物依据，对集安火盆文化研究也有不可或缺的重要价值。

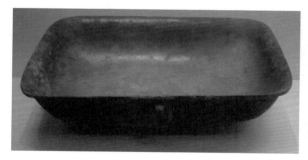

图 5-12　王子婴次炉（春秋）[2]

图 5-13　柳河罗通山立耳铁盘[3]

此外，诸如铛、鏊、鐎斗等，也有煎炒、焙烙等功能。铛，又写作"鎗"。东汉末服虔在《通俗文》中言："鬴（釜）有足曰铛。"[4]据此，"铛"可以视为釜形鼎的变形，有炊具属性。这一点，有《齐民要术》等传世文献

① 现藏山西省博物院，文物信息，可参见山西省博物院网站（http://www.shanximuseum.com/Uploads/3d_show/zhengfeng/）。
② 图片来源：作者供图。
③ 图片来源：作者供图。
④ （东汉）服虔：《通俗文》，《丛书集成续编》第73册，台湾新文丰出版公司1988年版，第359页。

为证。

《齐民要术》记叙多种以"铜铛"烙饼的方法[1]，属于煎炒、焙烙的范畴，与"集安火盆"的烹饪法不无相似之处。《齐民要术》中以"铜铛"煮冬瓜的烹制流程——"先布菜于铜铛底，次肉（原注：无肉以苏油代之），次瓜，次瓠"云云[2]，与"集安火盆"的下料次序，不无相似之处。

小型金、银铛，多用作贵族煎药、热饮器。譬如位于陕西省西安市的何家村窖藏[3]中，出土多枚唐代金、银铛，据称，当为时人的煎药"神器"。（见图5-14）

图 5-14　唐何家村狮纹金铛[4]

有关"煎炒器"源流及类型的探讨，目前尚存在见仁见智的问题。在这里，有必要澄清三点：

其一，近年研究结果显示，新石器时代确已发明了"煎炒"这种烹饪法。其二，部分盘形鼎、环足盘，器底有烟炱及明火烧灼痕迹，其为炊具，当确定无疑。其三，上述器具，有浅腹、大平底的器形特征，适宜作煎炒器。

除了上述必不可少的辅助性烹饪用具，还有俎案、刀具等（见图5-15），

---

① 如"鸡鸭子饼"，详见（后魏）贾思勰著、缪启愉校释《齐民要术校释》（第二版）卷9，《饼法第八十二》，中国农业出版社2009年版，第633页。

② （后魏）贾思勰著、缪启愉校释：《齐民要术校释》（第二版）卷9，《素食第八十七·缹瓜瓠法》，中国农业出版社2009年版，第655页。

③ 何家村窖藏，出土大量精美器具。学界普遍认为，该窖藏起因，或为唐德宗建中四年（783年）爆发的"泾原兵变"。至于窖藏主人，则有邠王李守礼、尚书刘震等，也有人认为上述器具，当属中尚署。

④ 图片来源：陕西历史博物馆网站（http://www.sxhm.com/index.php?ac=article&at=read&did=10820）。狮纹金铛，构图华美，纹饰精细，是何家村窖藏金银铛中最奢华的一件。

限于篇幅，暂不详述。

商俎①

三国魏陶案②

汉绿釉陶厨俑③

图 5-15 俎案及庖人

二 进餐用具

火盆进食过程，需要使用豆、碗、盆、盘、箸、勺等餐具。这些餐具，大多可以上溯到新石器时代，并沿用至今。诸如罐、鬲、盆、盘等功能复合的器具，限于篇幅，仅述其梗概。

1. 豆碗器

豆，古盛食器，发端甚远，传播广泛。许慎《说文解字》认为，豆，特

---

① 图片来源：北京大学赛克勒考古与艺术博物馆网站（http://amsm.pku.edu.cn/zpxs/qtcp/13895.htm）。商晚期，高12.8厘米，长22.7厘米，宽13.3厘米，1962年河南省安阳市大司空村第53号墓出土。

② 图片来源：作者提供。1951年山东东阿曹植墓出土，系中国国家博物馆藏品。

③ 图片来源：山东博物馆网站（http://www.sdmuseum.com/articles/ch00079/201705/76f103f1-c6fa-4567-b8ec-1ffb023e5cbf.shtml）。高29.1厘米，山东高唐城东固河出土，系随葬明器。该庖人，身前放一短俎，正持刀切割，神态惟妙惟肖。

指"古食肉器"[1]。后来，被借用为容量单位，具体数量尚待推敲。[2]辽宁盖州市石棚山、大连市郭家村、岫岩县北沟西山等处，均有陶豆出土，器形较为丰富。

以郭家村遗址为例。该遗址下层遗存所见陶豆，有深腹、浅腹二式（发掘报告分别称作"Ⅰ式""Ⅱ式"），属小珠山中层文化遗物。其中器形完整的1件（76ⅠT6③：11），口径17.1厘米，高7.7厘米，系泥质黑灰陶，厚沿，浅腹，喇叭形，矮圈足，有竹节纹。

郭家村遗址上层出土陶豆中，有粗柄、细柄多种，系小珠山上层文化遗物。其中较有代表性的1件（76ⅠT1②：29），口径17厘米，高17.7厘米，褐色陶，侈口、折腹、喇叭形，圈足饰三角镂孔。其他均残，有砖红色，平沿，素面；褐色，镂孔矮圈足；黑陶盘形，细柄，子母口等多种。[3]

岫岩北沟西山遗址，也有陶豆出土，有敛口、平折沿等不同款式，均为磨光黑陶。器形较为完整的1件（T3③：79），浅盘，平折沿折腹，盘腹中部饰突棱纹，喇叭形圈足，足饰弦纹，有三角形镂孔。盘口径22厘米，圈足径11.5厘米，通高13.5厘米。[4]（见图5-16）

上述陶豆，口径在14厘米至22厘米之间，容量与中等碗相仿。因此，《考工记》所谓"食一豆肉，饮一豆酒，中人之食"[5]的记叙，颇为写实。先秦时代，成年人食量，大致在"一豆"左右。商周之际，中原地区的"豆"器

---

① （清）段玉裁：《说文解字注》第五篇（上），中华书局2013年版，第209页。
② 如《左传》中称：四升为豆，四豆为区，四区为釜，十釜为钟。《小尔雅》中称：一手之盛谓之溢，两手之盛谓之掬，掬四谓之豆，豆四谓之区。《汉书·律历志》中则称：十合为升，十升为斗，十斗为斛。可参见李建平《先秦两汉粮食容量制度单位量词考》，《农业考古》2014年第4期。
③ 图片来源：辽宁省博物馆、旅顺博物馆：《大连市郭家村新石器时代遗址》，《考古学报》1984年第3期，图二十五，3。
④ 有关数据及图片，参见许玉林、杨永芳《辽宁岫岩北沟西山遗址发掘简报》，《考古》1992年第5期，图四，6；图八，2。
⑤ （清）孙诒让：《周礼正义》卷81，《冬官·考工记·梓人》，中华书局1987年版，第3389页。

制作益发精美，多用于礼仪活动，日常实用功能，渐为碗、钵所代替。（见图5-17，18）

大汶口红陶盘式镂孔豆①

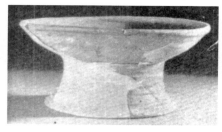

郭家村下层陶豆②

郭家村上层陶豆③

图 5-16　陶豆

图 5-17　吴城圈点纹假腹瓷豆④

图 5-18　战国青铜豆⑤

碗、钵，都是常见"盂"形盛食器。"碗"是"盌"的俗体字，"钵"则

---

① 图片来源：山东博物馆网站（http://www.sdmuseum.com/articles/ch00079/201705/ea96215d-f6f6-48f3-ae76-7d953bdcb682.shtml）。高15.2厘米，口径17.6厘米，足径13.1厘米，泥质红陶，敞口，钵形豆盘，喇叭形圈足，圈足镂菱、三角形孔。1959年山东泰安大汶口遗址出土，大汶口文化遗存，今藏山东省博物馆藏。

② 图片来源：辽宁省博物馆、旅顺博物馆：《大连市郭家村新石器时代遗址》，《考古学报》1984年第3期，图版四，1（76ⅠT6③：11）。

③ 图片来源：辽宁省博物馆、旅顺博物馆：《大连市郭家村新石器时代遗址》，《考古学报》1984年第3期，图版七，4（76ⅠT1②：29）。

④ 图片来源：江西省博物馆网站。高13.3厘米，口径14.7厘米，底径9.9厘米，原始瓷豆，制作工整，造型雅致，纹饰独特，折沿，浅盘，喇叭形高圈足，黄褐色釉，釉层细润。1979年江西省清江县（今樟树市）吴城遗址出土，现藏江西省博物馆。

⑤ 图片来源：北京大学赛克勒考古与艺术博物馆网站（http://amsm.pku.edu.cn/zpxs/qt/14173.htm）。高21厘米，直径16厘米，北京大学赛克勒考古与艺术博物馆藏品。

是梵文"钵多罗"的省称。《说文解字》对"盋"的解释是:"从皿犮声,小盂也。"[1] 佛教经典中所言的"钵",则是僧人专用盛食器。

无论传世文献,还是考古报告,"碗""钵"概念混用的现象较为普遍,本书尊重各家习惯,径直引用,未作统一。

陶制碗、钵,最早见于新石器时代中晚期,分布广泛,传承不辍,而且古今器形的差别不大。(见图5-19,20)

图 5-19 大汶口文化红陶钵[2]

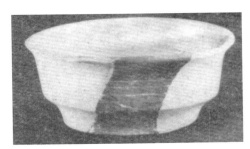

图 5-20 龙山文化陶碗(H17:4)[3]

文物工作者在位于辽宁省凌源市的城子山遗址,清理出土多件陶钵,系红山文化遗物。这些陶钵有圆唇、曲腹,敛口、曲腹,尖唇、鼓腹等类型,口径25—36厘米[4],口径偏大,与浅腹盆、盘相仿。

辽西小河沿文化出土部分彩陶钵,大致有深腹、浅腹两类。一般认为,深腹钵在红山文化早、中期遗存中均有发现,是红山文化的传统器形;而浅腹敛口钵,在红山文化晚期开始出现,是此前曲腹钵的发展演变。[5]

---

① (清)段玉裁:《说文解字注》第五篇(上),中华书局,2013年,第213页。

② 图片来源:青岛市博物馆网站(http://www.qingdaomuseum.com/collection/detail/228)。口径26.6厘米,底径9.5厘米,高14.5厘米。1979年,青岛胶州三里河遗址出土。红陶钵,敞口,斜壁,平底,口缘外壁两侧各饰一锯齿形短耳。造型简朴,地方特色鲜明,是大汶口文化中的标志性器形之一。

③ 山东尚庄遗址出土。图片来源:山东省文物考古研究所:《荏平尚庄新石器时代遗址》,《考古学报》1985年第4期,图版八-5。

④ 李恭笃:《辽宁凌源县三官甸子城子山遗址试掘报告》,《考古》1986年第6期,图十二,11。

⑤ 杨福瑞:《小河沿文化陶器及相关问题的再认识》,《赤峰学院学报(汉文哲学社会科学版)》2008年第S1期。

除此之外，考古工作者，在大连郭家村、抚松新安、岫岩北沟、敦化六顶山等地，也清理出土一批陶钵，器形较为丰富。如郭家村遗址出土陶钵55件，分四式：前两式为小珠山中层遗存；后两式为小珠山上层遗存。（见图5-21）

如抚松新安遗址，发现8件素面陶钵，口径8.8—12.8厘米之间，器形有敛口、折肩等差别，均为渤海中期遗物[①]，系当时日用餐具。

Ⅰ式钵（76ⅡT2④：24）[②]   Ⅱ式钵（73T1⑤：139）[③]

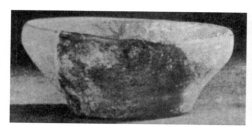

Ⅲ式钵（76ⅡT9②：24）[④]   Ⅳ式钵（76ⅡT5F1：13）[⑤]

图5-21 郭家村陶钵

① 吉林省文物考古研究所：《吉林抚松新安遗址发掘报告》，《考古学报》2013年第3期，图三四（第二期文化陶器），8-10。

② 图片来源：辽宁省博物馆、旅顺博物馆：《大连市郭家村新石器时代遗址》，《考古学报》1984年第3期，图版三，3。泥质陶，口径10.2厘米，高5.9厘米，红衣，弧腹，敛口，小平底。此式陶钵出土23件。

③ 图片来源：辽宁省博物馆、旅顺博物馆：《大连市郭家村新石器时代遗址》，《考古学报》1984年第3期，图版七，3。泥质陶，口径7.2厘米，高5厘米，直口，大平底，腹饰绳索纹一周，底有席印。此式陶钵出土2件。

④ 图片来源：辽宁省博物馆、旅顺博物馆：《大连市郭家村新石器时代遗址》，《考古学报》1984年第3期，图版六，5。褐陶，口径21厘米，底径8.6厘米，口微敛，曲腹。此式陶钵出土6件。

⑤ 图片来源：辽宁省博物馆、旅顺博物馆：《大连市郭家村新石器时代遗址》，《考古学报》1984年第3期，图版六，5。口径9.4厘米，残高5.5厘米，直口，平沿稍内斜，小平底，器表粗糙，腹饰网格状划纹。此类陶钵出土14件，多呈砖红色，卷沿或平沿。

六顶山等唐代贵族墓地及都城遗址，出土30件陶钵，遗址发掘者将其划分3式。[①]其中Ⅰ式多达24件，大口，卷唇，深弧腹[②]；Ⅱ式有5件，敞口，折唇，斜直腹[③]；Ⅲ式仅1件，敞口，圆沿，扁圆形鼓腹[④]。（见图5-22）

Ⅰ式钵（T302：62）[⑤]　　Ⅱ式钵（T115：2）[⑥]　　Ⅲ式钵（T501：4）[⑦]

图5-22　唐渤海国贵族墓地及都城遗址陶钵

上述陶钵，是当地重要的盛食器，在古代东北陶钵文化较有代表性。

除了陶钵，还有所谓的"陶碗"系列。譬如郭家村遗址、岫岩北沟遗址、唐渤海国的贵族墓地与都城遗址，与陶钵等同时出土的，还有若干陶碗。其中包括大口、侈口、敞口、直口、斜直腹、弧壁等多种款式，口径在14—18厘米之间，器高6—8厘米。[⑧]

---

① Ⅰ式陶钵，大口，卷唇，平底，有灰、灰褐、黑灰、黄褐等色，面抹平或磨光。

② 中国社会科学院考古研究所编著：《六顶山与渤海镇：唐代渤海国的贵族墓地与都城遗址》，中国大百科全书出版社1997年版，第92页。

③ 中国社会科学院考古研究所编著：《六顶山与渤海镇：唐代渤海国的贵族墓地与都城遗址》，中国大百科全书出版社1997年版，第93页。

④ 中国社会科学院考古研究所编著：《六顶山与渤海镇：唐代渤海国的贵族墓地与都城遗址》，中国大百科全书出版社1997年版，第94页。

⑤ 图片来源：中国社会科学院考古研究所编著：《六顶山与渤海镇：唐代渤海国的贵族墓地与都城遗址》，中国大百科全书出版社1997年版，图版69-3。口径13.5厘米，腹径13厘米，底径5.6厘米，高7.8厘米，壁厚0.5厘米，器形较小，黑灰色，表面敷银。

⑥ 图片来源：中国社会科学院考古研究所编著：《六顶山与渤海镇：唐代渤海国的贵族墓地与都城遗址》，中国大百科全书出版社1997年版，图版69-5。寝殿遗址出土。口径18厘米，底径10.6厘米，高10.5厘米，壁厚0.8厘米。腹壁稍弧曲，红色。

⑦ 图片来源：中国社会科学院考古研究所编著：《六顶山与渤海镇：唐代渤海国的贵族墓地与都城遗址》，中国大百科全书出版社1997年版，图版69-6。里坊遗址出土。口径21厘米，底径18厘米，高10.4厘米，敞口，圆沿，扁圆形鼓腹，平底，黑灰色，表面磨光。

⑧ 辽宁省博物馆、旅顺博物馆：《大连市郭家村新石器时代遗址》，《考古学报》1984年第3期；许玉林、杨永芳：《辽宁岫岩北沟西山遗址发掘简报》，《考古》1992年第5期。

以渤海国贵族墓地与都城遗址出土陶碗为例，该处先后清理出土 74 件陶碗，而且也可以分为以下三式：I 式 64 件，敞口，平唇，浅腹，斜直壁；II 式 9 件，口微敛，腹深而略鼓；III 式 1 件，敞口，平唇，腹壁略弧曲。（见图 5-23）

I 式（T310：33）①　　II 式（T305：63）②　　III 式（T306：302）③

图 5-23　唐渤海陶碗

2. 盆盘器

盆、盘器，是除豆、钵、碗之外，两种较为常见的餐具。

就出土文物观之，陶盆尺寸较大，不适宜作为个人食具使用。

以郭家村遗址为例。该遗址出土平底陶盆 3 件，依口、腹造型，可划分以下三式：I 式，折沿，微弧腹；II 式，敞口，直腹；III 式，大口，弧腹。上述陶盆，口径 17.5—41.6 厘米，器高在 9.8—19.2 厘米，普遍大于同期出土的陶碗、陶钵。（见图 5-24）

---

① 图片来源：中国社会科学院考古研究所编著：《六顶山与渤海镇：唐代渤海国的贵族墓地与都城遗址》，中国大百科全书出版社1997年版，图版68-1。此碗基本完整，口径10厘米，底径6厘米，高3.7厘米，壁厚0.7厘米，器形较小，灰黑色。

② 图片来源：中国社会科学院考古研究所编著：《六顶山与渤海镇：唐代渤海国的贵族墓地与都城遗址》，中国大百科全书出版社1997年版，图版68-3。此碗基本完整，黑灰色。口径12.8厘米，底径6.5厘米，高7.3厘米，壁厚0.5厘米。

③ 图片来源：中国社会科学院考古研究所编著：《六顶山与渤海镇：唐代渤海国的贵族墓地与都城遗址》，中国大百科全书出版社1997年版，图版68-4。此碗口径11.1厘米，底径6.5厘米，高4.4厘米，壁厚0.6厘米，敞口，平唇，腹壁略弧曲，平底，黑灰色，表面粗糙。碗内有墨的残迹。

Ⅰ式陶盆（ⅡT5F1：11）① 　　Ⅱ式陶盆（ⅡT5F1：12）② 　　Ⅲ式陶盆（ⅡT4H2：41）③

图 5-24　郭家村陶盆

　　再如小珠山遗址，曾出土 1 件夹砂黑褐陶盆（T1212③：8），系小珠山上层文化遗物。这件陶盆，口径 33 厘米，残高 3.4 厘米，壁厚 0.5 厘米，敞口，圆唇，折腹，下腹斜收，器表磨光④，也是器形较大的一种，即便用于饮食盛装，也是合食用具。

　　另据《周礼·考工记》所言，周代"陶人"作器，有以下标准：为盆，"实二鬴，厚半寸，唇寸"；为甗，"实二鬴，厚半寸，唇寸"，等等。⑤ "鬴"与"釜"通，本为炊具，借用为量器。如《周礼》所言，"盆"与"甗"容量相当，是"釜"的两倍，显然不是个人餐具。

　　此外，一些考古发掘报告中提到的"浅腹大平底陶盆"。综合器底、器腹、器高的比例及特征，以"盆"命名似乎不妥，应划入"陶盘"的范畴。

　　盘，《说文解字》中作"槃"。《礼记·内则》中言：进盥，少者奉盘，长者奉水，请沃盥。⑥ 据此，"盘"为盥洗器，与"匜"同属。实际上，"盥洗"

---

　　① 图片来源：辽宁省博物馆、旅顺博物馆：《大连市郭家村新石器时代遗址》，《考古学报》1984 年第 3 期，图版八，2。该陶盆泥质磨光陶，口径 17.5 厘米，高 9.8 厘米，砖红色，饰弦纹六周。

　　② 图片来源：辽宁省博物馆、旅顺博物馆：《大连市郭家村新石器时代遗址》，《考古学报》1984 年第 3 期，图版八，4。该陶盆泥质陶，砖红色，口径 22.8 厘米，高 10.4 厘米，腹饰凸起的绳索纹，平底。

　　③ 图片来源：辽宁省博物馆、旅顺博物馆：《大连市郭家村新石器时代遗址》，《考古学报》1984 年第 3 期，图版八，1。该陶盆黑皮陶，口径 41.6 厘米，高 19.2 厘米，口上有旋痕，腹下两侧各有一板耳。

　　④ 图片来源：中国社会科学院考古研究所、辽宁省文物考古研究所、大连市文物考古研究所：《辽宁长海县小珠山新石器时代遗址发掘简报》，《考古》2009 年第 5 期，图十二，1。

　　⑤ （清）孙诒让：《周礼正义》卷 81，《冬官·考工记·陶人》，中华书局 1987 年版，第 3367 页。

　　⑥ （汉）郑玄注、（唐）孔颖达疏、龚抗云整理：《礼记正义》卷 27，《内则》，北京大学出版社 2008 年版，第 969 页。

只是"盘"的衍生功能之一。（见图 5-25）

图 5-25　汉代铜盘[1]

如第一章所言，"盘"的历史至少可以上溯到新石器时代。以大连郭家村遗址为例，考古工作者在该遗址上层，清理出土平底陶盘 5 件，分无圈足、粗圈足、矮圈足三种，均为小珠山上层文化遗物。其中，无圈足盘 2 件（原报告称"I 式盘"）[2]；粗圈足盘 2 件，矮圈足盘 1 件（原报告统称"II 式盘"）。（见图 5-26）

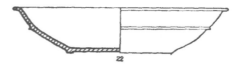

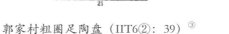

郭家村粗圈足陶盘（IIT6②：39）[3]　　　郭家村矮圈足盘（IIT7②：31）[4]

图 5-26　郭家村陶盘

进入夏纪年以后，"盘"文化越来越发达，其材质益发多元，其工艺日趋精湛。就材质而言，陶以外，还有铜、金、银、漆、瓷等不同种类。就工艺

[1] 图片来源：浙江省博物馆网站（http://www.zhejiangmuseum.com/zjbwg/collection/collect_detail.html?id=2972）。该铜盘高 5.9 厘米，口径 22.4 厘米，底径 19.1 厘米，浙江省博物馆藏品。
[2] 其中 1 件褐陶盘（IT1H6：31），口径 11.2 厘米，高 2.9 厘米，敞口，斜腹。参见辽宁省博物馆、旅顺博物馆《大连市郭家村新石器时代遗址》，《考古学报》1984 年第 3 期。
[3] 图片来源：辽宁省博物馆、旅顺博物馆：《大连市郭家村新石器时代遗址》，《考古学报》1984 年第 3 期，图二十四（上层陶器），21。这件陶盘，口径 30.2 厘米，高 7.8 厘米，轮制，平折沿，折腹，粗圈足。另有 1 件（IT3②：26），口径 24.3 厘米，高 5 厘米，浅盘，粗圈足。
[4] 图片来源：辽宁省博物馆、旅顺博物馆：《大连市郭家村新石器时代遗址》，《考古学报》1984 年第 3 期，图二十四（上层陶器），22。该陶盘，系泥质磨光陶，口径 28.4 厘米，高 6.4 厘米，轮制，矮圈足。

而言，单是瓷盘，就有青瓷、白瓷、青花、粉彩等若干名目，兹不枚举。

　　上述盘器，都可以用作餐具。其中不乏美轮美奂者，在进食之余，更给人以美的享受。但是，火盆文化核心分布区，受生产力发展水平限制，除非大富大贵之家，寻常百姓的日用盆、盘，始终以粗陶、粗瓷为主。简约而不简单，这也是火盆文化之"餐具文化"的基本格调。

图 5-27　南北朝红陶盘碗[1]　　　　　图 5-28　南朝青瓷盘碗[2]

　　当然，历史上，盆盘器除了食物盛装等用途，还有盥洗等功能。譬如青铜盘，常与匜等合用，在商周时期，供贵族宴飨时沃盥之用。如《礼记》中言，进盥时，一般由年长侍者持"匜"洒清水，年少侍者奉"盘"接弃水。

图 5-29　它盘[3]　　　　　　　　图 5-30　汉铜洗[4]

---

　　① 图片来源：中国农业博物馆网站（http://www.ciae.com.cn/collection/detail/zh/1543.html）。盘，直径45厘米。

　　② 图片来源：作者提供。此为中国国家博物馆展品，福建福州出土，系南朝文物。

　　③ 图片来源：陕西省博物馆网站（http://www.sxhm.com/index.php?ac=article&at=read&did=10498）。

　　④ 图片来源：浙江省博物馆网站（http://www.zhejiangmuseum.com/zjbwg/collection/collect_detail.html?id=1748）。高13.5厘米，直径14.5厘米（博物馆官网标注为"直径4.5"），浙江省博物馆旧藏。

3.箸勺器

箸、勺，是较为常用的取食工具，是集安火盆进餐过程中必不可少的两种餐具。

箸，是一对用来夹取食物的条棍状物，有竹、木、骨、瓷、金属等多种材质，形状则方、圆各异，有"梜（jiā）""箸""快儿""快子""筷子"等不同写法或称谓。

如《礼记·曲礼上》中言："羹之有菜者用梜，其无菜者不用梜。"郑玄注《礼记》道："梜，犹箸也。"[1]《韩非子·喻老》载："昔者纣为象箸而箕子怖。"[2]《急救篇》中言："箸，一名梜，所以夹食也。"

《礼记》是战国至秦汉年间，儒家学者诠释《仪礼》的文章汇编。《喻老》是战国末期法家学派代表人物韩非，对《老子》的注解与阐释。《急救篇》被视为西汉学者史游的作品。综上所述，"梜""箸"，是战国、西汉时代，人们对"筷子"的习惯称谓。

"快儿"本为明代吴中方言。明人陆容在《菽园杂记》中称：吴中"舟人"（船民及渔民）讳说"住"字，因"箸"与"住"谐音，遂改"箸"为"快儿"。明人李豫亨的《推蓬寤语》也有类似说法。到了清代，"快儿"由"方言"而成"通语"。故而，清代学者赵翼在《陔馀丛考·呼箸为快》才有"俗呼箸为快子"[3]的说法。

至于"筷子"的概念，则是人们按照"以形表义"的规律，特意增加的义符。清中期以后，"筷子"的概念渐而普及，这为《红楼梦》《官场现形记》

---

[1] （汉）郑玄注、（唐）孔颖达疏、龚抗云整理：《礼记正义》卷1，《曲礼上》，北京大学出版社2008年版，第76页。

[2] （战国）韩非著、陈奇猷校注：《韩非子新校注》卷7，《喻老第二十一》，上海古籍出版社2000年版，第445页。司马迁在《史记·宋微子世家》亦云："箕子者，纣亲戚也。纣始为象箸，箕子叹曰：'彼为象箸，必为玉杯（杯）；为杯，则必思远方珍怪之物而御之矣。舆马宫室之渐自此始，不可振也。'"（汉）司马迁：《史记》卷38，《宋微子世家第八》，中华书局1959年版，第1609页。

[3] （清）赵翼：《陔馀丛考》卷40，河北人民出版社2007年版，第915页。

《金粉世家》等文学作品所印证。

　　河南洛阳的战国墓葬，曾有成捆餐叉出土，这说明，中国人用餐叉的历史，至少可以追溯到战国时代。战国以后，实物餐叉所见寥寥。这类餐叉，是否也用于火盆进食，尚未可知。

　　我国以箸进餐的记录，始见于《礼记》《韩非子》等战国文献，但是以箸进餐的历史，至少可以上溯到新石器时代，且有实物佐证。

　　1993年，考古工作者在位于江苏高邮的龙虬庄遗址中，发掘出土42件骨箸，系新石器时代遗物。[1] 著名考古学家梁思永先生，在记叙安阳侯家庄西北冈1005号殷墓食器时，有言："全组为中柱旋龙盉形铜器2，铜盉1，铜壶3，铜铲3，铜箸6（三双），铜漏勺1，圆片形铜器1，中柱盉形陶器1，盉形陶器1（破碎不全），骨锥1。以盉3、壶3、铲3、箸3之双配合视之，似为三组颇复杂之食具。"[2] 该墓出土的3双铜箸，在殷商时代同类器具中很有代表性。

　　1988年、1989年，为配合水利工程建设，考古工作者对位于湖北清江的香炉石遗址进行抢救性发掘，在该遗址第五层、第四层，清理出土部分牙箸（原报告称"牙筷"）。其中，第五层出土牙箸（T9⑤：144）应为商代中晚期遗物，第三层出土牙箸（T26③：24）应为东周时期遗物。[3]（见图5-31）

---

　　① 参见冯永谦《箸文化历史与考古学发现论说》，《辽宁省博物馆馆刊》，辽海出版社2008年版，第54-55页；王颖娟、王志俊：《试论史前进食用具箸的出现》，西安半坡博物馆编：《史前研究》，三秦出版社2004年版，第157-164页。
　　② 中国科学院考古研究所编：《梁思永考古论文集》（《考古学专刊》甲种第五号），附录《殷墟发掘展览目录》，科学出版社1959年版，第156页。
　　③ 湖南清江隔河岩考古队：《湖北清江香炉石遗址的发掘》，《文物》1995年第9期。

图 5-31　湖北香炉石牙箸（T26 ③：24）[①]

西周以后直到近现代，全国各地都有"箸"出土，材质有铜、银、竹、漆、骨、木、象牙等。[②]

就东北地区而论。文物工作者在吉林农安万金塔地宫，清理出土铜箸8只，圆柱状，顶端平齐，下端尖细，长短不一。在辽宁建平张家营子辽墓，清理出土银箸1双，圆柱形，顶端呈竹节形。在辽宁法库叶茂台七号辽墓，清理出土包银髹漆木箸1双，长27.5厘米，直径0.4-0.9厘米，形体较大，较为少见。此外，辽宁朝阳姑营子二号辽墓出土银箸4只，辽宁建平西窑辽墓出土木胎漆箸1只，等等。（见图5-32）

金元、明清时期，吉林的镇赉、德惠、前郭，以及辽宁辽阳等地，也有各种箸器出土，兹不详述。此外，诸如辽阳棒台子墓室壁画，也形象再现了以箸进餐的生活场景。[③]

综上所述，至少从辽代开始，箸的使用在上述地区已较为普遍。火盆进食，客观上需要使用此类夹取器具，因此，箸进入火盆文化的历史，或许要远早于辽代。

勺，是一种长柄浅斗取食器，部分青铜器铭文常作"匕"字，故而又有称"勺"为"匕"者。中国用"勺"的历史，也可以上溯到新石器时代。

---

① 图片来源：湖南清江隔河岩考古队：《湖北清江香炉石遗址的发掘》，《文物》1995年第9期，图三十八，11。

② 赵荣光：《箸的出现及相关问题的历史考察》，西安半坡博物馆编：《史前研究》，三秦出版社2002年版，第178-187页；赵荣光：《箸与中华民族饮食文化》，《农业考古》1997年第1期；任日新：《山东诸城汉墓画像石》，《文物》1981年第10期。

③ 详见参见冯永谦《箸文化历史与考古学发现论说》，《辽宁省博物馆馆刊》，辽海出版社2008年版，第56-59页。

图 5-32　辽壁画墓所见汤勺 [1]

仰韶文化遗址中，已发现了勺形器。大连郭家村遗址下层，在 1976 年发掘过程中，出土骨勺（原报告称"骨匕"）3 件，均残。其中 1 件（76IT2 ④：15），残长 10.8 厘米，宽 1.5 厘米，柄呈半管状，勺扁薄，呈弧形。另外，在该遗址上层，还出土陶勺 5 件（有夹砂红陶、泥质黑陶两种材质）、骨勺（原报告称"骨匕"）2 件，均为小珠山上层文化遗存。[2]

河南安阳的五号殷王墓，曾出土铜勺（原报告称"铜匕"）、骨勺共 3 件。

其中，铜勺 1 件（编号：329），通长 10 厘米，贝形头长 2.9 厘米，货贝形头，细长柄，下端较宽，稍内凹。出土时，与 2 件骨勺，放在同一个白玉簋 [3] 内。（见图 5-33）

---

　　[1] 图片来源：中国墓室壁画全集编辑委员会编：《中国墓室壁画全集》（3），图 75，河北教育出版社 2011 年版，第 56 页。

　　[2] 辽宁省博物馆、旅顺博物馆：《大连市郭家村新石器时代遗址》，《考古学报》1984 年第 3 期。

　　[3] 簋（guǐ），盛食器之一。一般为敞口、圈足，多有盖，有双耳，或无耳，或三耳，或四耳，或带支足，或有方座。似后世的大碗，一般用于盛放稷、稻、粱等熟饭。据称，簋源自圈足陶盘，流行于商朝至东周，是中国青铜器时代标志性青铜器具之一。到春秋中晚期，簋这种食器不甚流行，战国以后，簋极少见到。

　　骨勺2件，其中1件（编号：324），长13.2厘米，柄部两侧刻竖直阴线，柄端刻心形纹；另1件（编号：323），长14.9厘米，柄部细长，上雕兽面纹，柄端略翘，亦雕兽面纹，勺部椭长形，背面磨光。①（见图5-34）

　　湖北清江香炉石遗址第四层，出土的骨勺（T17 ④：18），应为西周文化遗存。（见图5-35）

图 5-33　安阳商墓铜匕 ②

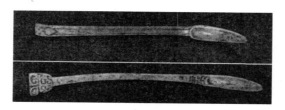

图 5-34　安阳商墓骨勺 ③

图 5-35　湖北香炉石骨勺 ④

　　东周以降，随着制作工艺的不断提升，勺的使用越来越普遍，成为箸以

---

　　① 中国社会科学院考古研究所安阳工作队：《安阳殷墟五号墓的发掘》，《考古学报》1977年第2期。

　　② 图片来源：中国社会科学院考古研究所安阳工作队：《安阳殷墟五号墓的发掘》，《考古学报》1977年第2期，图版十七，6。

　　③ 图片来源：中国社会科学院考古研究所安阳工作队：《安阳殷墟五号墓的发掘》，《考古学报》1977年第2期，图版三五，10、11。

　　④ 图片来源：湖南清江隔河岩考古队：《湖北清江香炉石遗址的发掘》，《文物》1995年9期，图二十九，26。

外，最重要的餐具之一。勺的材质，除了铜、骨，还有竹、木、金、银、漆、铁等多种，现在普遍使用瓷、不锈钢制品。各类汤饮及饭食，是集安火盆食谱的重要构成。因此，"勺"器也是进食火盆过程中，不可或缺的餐具之一。

三　宴饮用具

杯、壶等或为水器，或作酒具，本属于"餐具"的范畴。由于集安火盆文化中，素有以汤、汁、果酒等佐餐的习俗，故析出一节，以突显其特殊地位。①

图 5-36　佐餐饮器 ②

---

① 除了杯、壶，历史上曾经出现，并有重要影响的酒具，还有以下数种：卣（yǒu），祭祀用香酒盛装器，有提梁。尊，又作"樽"，大中型盛酒器。铜尊最早见于商代。罍（léi）大中型盛酒器或盛水器，器形有圆、方之别。觥（gōng）盛酒器，多作鸟兽形。彝（yí）为有盖盛酒器，青铜彝的盖子、器身，多有饕餮、夔、鸟等纹饰。盉（hé），古代调酒浓度的器具，并有温酒、冰酒功能。以上酒具，在古代东北较为少见，故不详述。

② 图片来源：中国墓室壁画全集编辑委员会编：《中国墓室壁画全集》（3），图49，河北教育出版社2011年版，第37页。

1. 杯形器

杯，有"盃""桮"等异体字。[①]据汉代学者扬雄《方言》等古字书可知，盎（yǎ）、槭（jiān）、盏（zhǎn）、盌（wǎn，同"碗"）等，都是"杯"这种用具的不同称谓。[②]至于无把手的小型杯，又俗称"盅"。

杯的历史，可以上溯到新石器时代。考古发掘资料显示，大汶口文化、龙山文化、红山文化、小珠山文化等考古学文化，都有陶杯出土。夏商以后，杯文化绵亘不辍，传承至今。

1979年，青岛胶州三里河出土的一只黑陶单耳杯，口径11.7厘米，底径5.2厘米，高8.4厘米，侈口，筒腹，腹下内收，平底，通体素面，腹部饰一环形耳，是大汶口文化的典型器物之一。

1979年，文物工作者在凌源城子山遗址，采集到一只陶杯，口径3.5厘米，高2.5厘米，手制，敞口，小底，有三足，系红山文化遗存。[③]

2013年，在位于赤峰市敖汉旗玛尼罕乡的七家遗址，文物工作者清理出土1件陶杯（F3：8），夹砂褐陶，口径5厘米，底径3厘米，通高4厘米，胎壁较厚，直口，方唇，平底，素面，系红山文化中晚期遗存。[④]

大连郭家村遗址下层，曾出土泥质陶杯3件，系小珠山中层文化遗物。其中1件（73T2④：27），口径5.5厘米，高5.2厘米，敞口，深腹，平底，腹饰不规整的弦纹六周。该遗址上层，也出土陶杯3件，有直口、敞口两种（原报告分别称作"Ⅱ式""Ⅲ式"），均为小珠山上层文化遗物。其中1只红陶直口杯，口径7.3厘米，高4.9厘米，微曲腹，器表粗糙，口沿下饰划纹。另1只敞口杯（76ⅡT3②：

---

① 许慎《说文解字》中，只收录"桮"，未收录"杯"字。

② （汉）扬雄撰、（晋）郭璞注：《方言》卷5，《影印文渊阁四库全书》第221册，台湾商务印书馆1986年版，第313页。

③ 李恭笃：《辽宁凌源县三官甸子城子山遗址试掘报告》，《考古》1986年第6期。

④ 赤峰市博物馆，敖汉旗博物馆：《赤峰市敖汉旗七家红山文化遗址发掘报告》，《草原文物》2015年第1期。

28），口径9.2厘米，残高5.4厘米，砖红色，带环形把，鼓腹，底残。[①]

蛎碴岗遗址，出土1只三足杯（蛎T2②：15），磨光黑陶，已残，残高4厘米，器身饰凸弦纹。[②]

赤峰四分地东山嘴遗址，曾出土陶杯2件。其中1件（F8：2），口径12.4厘米，高12.6厘米，直筒形，口大，底小，壁厚；另1件（F6：2），口径与器高均为8厘米。

位于辽宁北票市的丰下遗址，也出土了类似陶杯。

上述陶杯的发现，对探究青铜时代早期，上述地区的文化交流和文化发展，均有重要参考价值。[③]（见图5-37）

胶州黑陶单耳杯[④]　　郭家村陶杯（73T2④：27）[⑤]　　郭家村陶杯（ⅡT3②：28）[⑥]

图5-37　陶杯

值得一提的是，先秦时期，作为中国酒文化的重要组成部分，酒具文化高度繁荣，先后出现了爵、觚、角、觯等一批制作精良的饮酒器。受社会经

----

① 辽宁省博物馆、旅顺博物馆：《大连市郭家村新石器时代遗址》，《考古学报》1984年第3期。

② 辽宁省博物馆、旅顺博物馆，长海县文化馆：《长海县广鹿岛大长山岛贝丘遗址》，《考古学报》1981年第1期。三足杯线图，见该文"图十七（小珠山上层文化陶器），18"。

③ 辽宁省博物馆、昭乌达盟文物工作站、赤峰县文化馆：《内蒙古赤峰县四分地东山咀遗址试掘简报》，《考古》1983年第5期，图七，13，14。

④ 图片来源：青岛市博物馆网站（http://www.qingdaomuseum.com/collection/detail/230）。

⑤ 图片来源：辽宁省博物馆、旅顺博物馆：《大连市郭家村新石器时代遗址》，《考古学报》1984年第3期，图版三，1。

⑥ 图片来源：原报告称"Ⅲ式杯"，图片来源：辽宁省博物馆、旅顺博物馆：《大连市郭家村新石器时代遗址》，《考古学报》1984年第3期，图版七，1。

济发展水平等条件限制，这类奢华酒器，并未在东北地区生根发芽。[①] 东北的酒器文化，始终以杯、壶为主角，走朴素路线。

> 爵，饮酒器。夏乳钉纹铜爵，中国第一"爵"，高22.5厘米，是目前我国发现的最早的青铜器之一，属稀世珍宝。1975年洛阳偃师二里头遗址出土，洛阳博物馆藏。
> 商周时代，铜爵较为多见。觚，类似后来的高脚杯，一般与爵配合使用。铜角，仅见于商末周初。斝，类似杯，多有盖。

以抚松新安遗址为例。2009年，吉林省文物考古研究所对该遗址进行抢救性发掘，出土文物中，有陶杯（原报告称"陶盅"）2件，系东汉遗物。这两件陶杯，均为手工捏制，器形不甚规整。其中1件砂质黄褐陶杯（H2：2），口径5厘米，底径3.2厘米，高4厘米，方唇，敛口，直腹，平底。另1件夹砂红褐陶杯（T0303③：6），口径3厘米，底径1.5厘米，高2.3厘米，圆唇，直口，直腹，平底。[②]

杯，除了用作酒具，也可以用来盛装汤汁等饮品。古汉语"分一杯羹"的典故，就是以"杯"盛汤的事例。火盆文化中也有饮汤的食俗，就火盆文化传播区所见文物分析，"陶杯"很可能也有类似用法。

> 刘邦与项羽对峙之际，项羽以"烹"刘邦之父相要挟，刘邦说道："吾与项羽俱北面受命怀王，曰'约为兄弟'，吾翁即若翁，必欲烹而翁，则幸分我一桮（杯）羹。"[③]

2. 壶形器

壶，甲骨文作 、 等，《说文解字》中作 。《礼记·礼器》注文称：

---

① 大连郭家村遗址下层，有陶盉、陶觚出土，系小珠山中层文化遗存。1976年出土的1件（76ⅡT8③:35），为泥质红衣陶，兽形，流较长，流径2厘米；1973年出土的1件（73T2④:150），泥质陶，仅有口、流残片，流径1.9厘米。陶制觚形器，1976年出土3件，均泥质黑陶，仅存底部，其中1件（76ⅠT9③:22），底径8.2厘米。参见辽宁省博物馆、旅顺博物馆：《大连市郭家村新石器时代遗址》，《考古学报》1984年第3期。

② 吉林省文物考古研究所：《吉林抚松新安遗址发掘报告》，《考古学报》2013年第3期。

③ （汉）司马迁：《史记》卷7，《十二本纪·项羽》，中华书局1959年版，第328页。

"壶，亦尊也。"①《春秋公羊传注》言：壶，礼器。②上述文献使我们对"壶"的来历及功能等有了大致了解。

壶文化源远流长。就东北地区而言，以壶为酒器的历史，可以上溯到新石器时代。凌源城子山遗址，曾出土陶壶1件（T4②：6），腹径6.6厘米，底径4厘米，黑色，球状，口沿处稍残，圆腹，带流，平底，器表施压印精致的之字纹和弦纹，器形美观，系红山文化遗存。③

郭家村遗址下层，出土陶壶2件，均小口，矮领，鼓腹，系小珠山中层文化遗存。其中1件（76IIT5F2：1），口径10厘米，残高25.4厘米，腹饰凸弦纹一周，腹下部残，底边加工平齐。

该遗址上层，也出土陶壶2件（原报告分别称作"II式""III式"），系小珠山上层文化遗存。其中1件砖红色壶（IIT5F1：14），喇叭口，圆肩，球腹，平底，肩有凸弦纹，腹部饰网格划纹组成的三角纹带；另1件泥质磨光陶壶（76IIT9②：25），小口，直颈，折肩，肩饰弦纹，残高8.4厘米。（见图5-38）

陶壶一（76IIT5F2：1）④　　陶壶二（76IIT5F1：14）⑤　　陶壶三（76IIT9②：25）⑥

图5-38　郭家村陶壶

---

① （汉）郑玄注、（唐）孔颖达疏、龚抗云整理：《礼记正义》卷23，《礼器》，北京大学出版社2008年版，第850页。

② 转引自（清）段玉裁《说文解字注》第十篇（下），中华书局2013年版，第500页。

③ 李恭笃：《辽宁凌源县三官甸子城子山遗址试掘报告》，《考古》1986年第6期。

④ 图片来源：辽宁省博物馆、旅顺博物馆：《大连市郭家村新石器时代遗址》，《考古学报》1984年第3期，图版四，4。

⑤ 图片来源：辽宁省博物馆、旅顺博物馆：《大连市郭家村新石器时代遗址》，《考古学报》1984年第3期，图版七，5。

⑥ 图片来源：辽宁省博物馆、旅顺博物馆：《大连市郭家村新石器时代遗址》，《考古学报》1984年第3期，图版七，2。

赤峰东山嘴遗址，也出土 1 件陶壶（H4：1），口径 7 厘米，通高 11 厘米，圆唇，长颈，圆腹，平底，素面磨光。（见图 5-39）这件陶壶，有二里头青铜器的影子，在东北早期青铜文化中，较有代表性。

抚松新安遗址清理出土 3 件夹砂灰褐陶壶，为东汉遗物。其 1 件（H43：3），口径 10 厘米，底径 8 厘米，最大腹径 15.4 厘米，高 20 厘米，圆唇，侈口，长颈，溜肩，鼓腹，腹部有四个对称的横桥耳。（见图 5-40）

同时，还出土 2 件泥质灰陶壶，均为轮制。其中 1 件（K1：2），口径 8.8 厘米，底径 8 厘米，最大直径 14.6 厘米，高 32.8 厘米，圆唇，似盘口，长颈，斜肩，深腹，平底，有辽代陶器风格，应为渤海国末期至金代早期遗物。[1]（见图 5-41）

图 5-39　东山嘴陶壶（H4：1）[2]

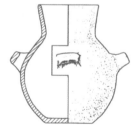

图 5-40　抚松新安陶壶（H43：3）[3]

图 5-41　抚松新安陶壶（K1：2）[4]

---

[1] 吉林省文物考古研究所：《吉林抚松新安遗址发掘报告》，《考古学报》2013 年第 3 期。

[2] 图片来源：辽宁省博物馆、昭乌达盟文物工作站、赤峰县文化馆：《内蒙古赤峰县四分地东山咀遗址试掘简报》，《考古》1983 年第 5 期，图版四：5。

[3] 图片来源：吉林省文物考古研究所：《吉林抚松新安遗址发掘报告》，《考古学报》2013 年第 3 期，图十四，1。

[4] 图片来源：吉林省文物考古研究所：《吉林抚松新安遗址发掘报告》，《考古学报》2013 年第 3 期，图版五，4。

集安地区也有一系列陶壶出土。其中，较常见的有四耳陶壶、鋬耳陶壶、无耳陶壶、黄釉陶壶等。

1963 年，在集安麻线 1 号封土壁画墓，出土黄釉陶壶 2 件，器形相似。其中 1 件，高 33 厘米，口径 26 厘米，腹径 24.5 厘米，底径 13 厘米，壁厚 0.6 厘米至 1 厘米，侈口，沿外折，鼓腹，平底，腹中部有四个桥状横耳，年代在 5 世纪前后。[①]

集安禹山 540 号墓，是洞沟古墓群禹山墓区东南部一座大型阶坛积石墓。该墓耳室内，出土若干泥质灰陶片，可辨识器形为四耳展沿陶壶。圹室内出土四耳陶壶 3 件，均为泥质灰陶，形制相同，大小相近，均为敞口、平折沿、方唇、圆肩，平底，肩上对称附 4 个桥状横耳，耳上方的肩部饰菱形纹、垂帐纹。其中 1 件陶壶（03JYM0540K：65），口径 32 厘米，通高 38.1 厘米，底径 14.9 厘米。还有 1 件陶壶（03JYM0540K：66），口径 29.5 厘米，通高 38 厘米，底径 14.5 厘米。

集安禹山 540 号出土灰陶壶，形制与麻线 1 号墓出土四耳釉陶壶相似，年代也应大致相同，即 5 世纪前后。[②]

1976 年，集安文管部门在清理七星山墓区 96 号墓葬时，出土 2 件灰陶壶，其中已复原的 1 件：高 37 厘米，口径 22.2 厘米，底径 13.4 厘米，侈口，展唇，圆腹，腹不带耳，有汉代陶壶作风，是汉文化影响下的产物。

此外，该墓还发现若干黄釉陶壶残片，已无法复原，胎釉与集安三室墓出土黄釉陶壶相同，应为当地烧造，一说年代在 4 世纪初至 4 世纪中叶[③]，一说在 5 世纪后叶[④]。

1979 年，集安洞沟古墓群的 M196 号积石墓，出土 1 件素面夹砂红褐陶壶

---

① 吉林省博物馆辑安考古队：《吉林辑安麻线沟一号壁画墓》，《考古》1964 年第 10 期。
② 吉林省文物考古研究所：《集安禹山 540 号墓清理报告》，《北方文物》2009 年第 1 期。
③ 集安县文物保管所：《集安县两座高句丽积石墓的清理》，《考古》1979 年第 3 期。
④ 马健：《集安七星山 96 号高句丽积石墓时代小议》，《博物馆研究》2013 年第 3 期。

（M196：18）。该陶壶，口径 13.8 厘米，底径 6.6 厘米，腹径 20 厘米，通高 25 厘米，高领，四耳，卷唇，喇叭口，短圆腹，肩腹衔接处，有四个桥状横耳，假圈足，小平底。这件陶壶，形制较为特殊，年代在 3 世纪左右。[①]

三室墓出土了宽唇展沿四耳壶，特色较为鲜明。三室墓年代一般定位在 5 世纪初到 5 世纪中叶，与麻线一号墓、长川二号墓年代相仿。（见图 5-42）

集安M196号墓陶壶（M196：18）[②]

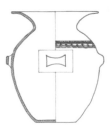

集安540号墓陶壶（03JYM0540K：65）[③]

集安麻线1号墓釉陶壶[④]

集安东沟三室墓釉陶壶[⑤]

图 5-42　集安陶壶

此外，宋元明清时期，东北地区杯、壶文化更发达，其民族特色更鲜明，

---

① 集安县文物管理所：《集安高句丽墓葬发掘简报》，《考古》1983年第4期。

② 图片来源：耿铁华、林至德：《集安高句丽陶器的初步研究》，《文物》1984年第1期，图版七，6。另可参见集安县文物管理所《集安高句丽墓葬发掘简报》，《考古》1983年第4期。

③ 图片来源：吉林省文物考古研究所：《集安禹山540号墓清理报告》，《北方文物》2009年第1期，图五，1。

④ 图片来源：吉林省博物馆辑安考古队：《吉林辑安麻线沟一号壁画墓》，《考古》1964年第10期，图版四，4。

⑤ 图片来源：耿铁华、林至德：《集安高句丽陶器的初步研究》，《文物》1984年第1期，图版七，5。

其款式种类更丰富。由于其间的火盆文化发展正处于低潮期，上述杯、壶对火盆文化影响有限，兹不详述。

我国酿酒与饮酒的历史非常悠久，米酒、果酒、白酒等，都曾是中国酒文化的重要角色。中国酒文化，可以追溯到史前时代，主要有两点依据。其一，史前时代，天然果酒、米酒易得，人工酿制，是顺理成章的大概率事件。[1]其二，史前时代，部分杯、壶器，既非盛水器，也非观赏器，很有可能用作"酒具"。

集安、通化地区，自古盛产野生葡萄等浆果，有果酒酿制的天然优势，应该是中华民族本土葡萄酒的重要发源地。新中国成立以来，通化红酒、集安冰酒等，得以异军突起，并非偶然。酒与集安火盆渊源甚深，酒具是火盆文化的重要载体及构成。

3. 热饮器

作为宴饮器具，鬶、鐎、铛、铫、耳杯等，与普通杯、壶的显著区别，是温热的功能。火盆文化中，确实有热饮汤汁、酒水的习俗，故对上述热饮器简介如下。

鬶，是鬲的变形，即将鬲上部，塑成"流"状，并加把手，以便于倾倒流质食物或酒水。鬶在山东大汶口文化、龙山文化中较为流行，夏代以后逐渐被淘汰。（见图5-43）

火盆文化萌生阶段，陶鬶较为常见。郭家村遗址下层，出土陶鬶2件，形制相似，属小珠山中层文化遗存。其中1件（76ⅡT1H8：19），口径8.7厘米，器身壶形，小短颈，口边捏出流，平底，锥足，宽带鋬，两边饰竖凸弦纹，腹饰凸绳索纹一周。郭家村遗址上层也有陶鬶出土，均残，不能复原。

---

[1] 以果酒为例。由于果皮普遍附着酵母菌，很容易发酵变酒。在采集经济发达的史前时代，不难吃到有酒味的果子，在此基础上，不难掌握果酒酿制方法。

红陶鬶①

灰陶鬶②

白陶鬶③

郭家村陶鬶④

图 5-43　陶鬶

　　鐎斗，有柄，有足，有流，是古代常见羹汤加热工具，正如北宋官修
《广韵》所言：鐎斗，温器，三足而有柄。鐎斗有陶、铜、铁、金、银等不同
材质，而且尺寸有别。⑤

　　集安七星山墓区 96 号墓，出土龙首铜鐎斗 1 件，通高 10 厘米，直径
13.6 厘米，斗盘侈唇，折沿，平底，附三兽足，带一龙首柄，龙首柄长 6.4 厘
米。这件铜鐎斗，与湖北汉阳蔡甸一号西晋墓、南京登底山西晋墓出土鐎斗
相似，并非集安本地制品。

　　此外，我们在位于辽宁省朝阳市的召都巴金墓中，发现一只陶质鐎斗
（M：18），口径 10.3 厘米，高 7.2 厘米，侈口，沿一侧有小流，另侧附长柄、

---

　　① 图片来源：青岛市博物馆网站（http://www.qingdaomuseum.com/collection/detail/105）。
口径8厘米，高28.9厘米，口部捏出上翘"冲天流"，颈部细高，下承三个空袋足，腹部与空足连
接处，有绳纽状纹饰，把手有三道弦纹。
　　② 图片来源：潍坊市博物馆网站（http://www.wfsbwg.com/content/?407.html）。系龙山文化
遗存。
　　③ 图片来源：作者供图。此系中国国家博物馆展品。1957年山东日照两城镇出土，系龙山文
化遗存。
　　④ 图片来源：辽宁省博物馆、旅顺博物馆：《大连市郭家村新石器时代遗址》，《考古学
报》1984年第3期，图版二，4。郭家村遗址下层出土（76IIT1H8：19）。
　　⑤ 《博古图》称，汉熊足铜鐎斗，高4寸8分，深3寸2分，口径2寸3分，容1升4合有半，重
1斤10两。又称，汉龙首铜鐎斗：高7寸8分，深2寸3分，口径4寸3分，容3升，重3斤1两。转引自
（清）张玉书、陈廷敬撰，王宏源增订：《康熙字典》（增订版），"戌集上·金·鐎"，社会科
学文献出版社2015年版，第1791页。

弧腹、圜底，三蹄足[①]。（见图5-44）

禹山墓区96号墓铜鐎斗[②]   东汉铜鐎斗[③]   召都巴金墓陶鐎斗[④]

图5-44　鐎斗

耳杯，又称羽杯、羽觞，是汉代常见器物，唐以后很少再能见到。耳杯有陶、铜、漆、玉、金等不同材质。耳杯一般用作酒具，与樽、勺等组合使用。

铜耳杯，则常与染炉配合，用作酒水、流质调料的温热工具。集安洞沟古墓群的三室墓、禹山M3501墓等，都有耳杯出土。

以三室墓出土的1件绿釉耳杯为例，该耳杯表里施釉，呈茶绿色，口呈椭圆形，耳呈板状，平底，假圈足，口径长径15.1厘米，短径13.4厘米，底径8.0厘米，高5.7厘米，尺寸介于中等耳杯和大耳杯之间。[⑤]

> 耳杯器形有大小之分，一般地说，汉代小耳杯长约11厘米，中等耳杯长约14厘米，大耳杯长度多在16厘米以上，甚至长达32厘米。陕西茂陵一只口径15厘米、铭刻容量2升的铜耳杯（K1：010），实测容量为269毫升。[⑥]

① 朝阳市博物馆、朝阳市龙城区博物馆：《辽宁朝阳召都巴金墓》，《北方文物》2005年第3期。

② 图片来源：集安县文物保管所：《集安县两座高句丽积石墓的清理》，《考古》1979年第3期，图版十一，3。

③ 图片来源：浙江省博物馆网站（http://www.zhejiangmuseum.com/zjbwg/collection/collect_detail.html?id=3289）。通长33.5厘米，通高28厘米，口径21.3厘米，征集品，现藏浙江省博物馆。

④ 图片来源：朝阳市博物馆、朝阳市龙城区博物馆：《辽宁朝阳召都巴金墓》，《北方文物》2005年第3期，图版六，3。

⑤ 转引自耿铁华、林至德《集安高句丽陶器的初步研究》，《文物》1984年第1期。

⑥ 林晓平：《简说汉代耳杯》，《华夏考古》2013年第4期。

其他诸如铫、斝、盉等，也是风靡一时的温酒器。由于受风俗、交通、经济等条件制约，上述器具对古代东北的影响非常有限，与火盆文化的关系较为间接，姑且从略。

总而言之，综合运用多种器具，充分发掘食材潜力，在保证营养的同时，令食客身心愉悦，是"量材器使"的基本理念，同时也是火盆文化的重要特色。至于涉及食材藏储、清理、切割、搅拌等器具，由于篇幅所限，姑且从略。

图片来源：《中国墓室壁画全集》

第六章　烹饪溯源

集安火盆烹饪，综合运用燔炙、蒸熏、炖煮、煎炒等技法，是中国东北边疆地区烹饪技法的集大成者。这些烹饪技法，均渊源有自，而且在各自发展过程中，都推出一系列经典菜品。集安火盆利用上述烹饪技法，调和诸味，将地产食材的潜能，发掘得淋漓尽致，实现了物尽其用的客观效果。

一　或燔或炙

"燔""炙"，俗称"烧烤"，可溯源到石器时代，是一种古老而朴素的食材加工方式。燔、炙经常连用，含义同中有异，多用于加工肉类食材，特征尤其鲜明。

1. 说文燔炙

燔、炙是历史最久远、传播范围最广、持续时间最长的烹饪方式。

考古学研究表明，本溪庙后山人，处于旧石器时代早期阶段，是东北地区最古老、最知名的"直立人"[1]，是东北史前文化的拓荒人。遗址中的火塘遗

---

[1] 直立人化石分布于亚洲、非洲和欧洲。亚洲的直立人化石主要集中在中国大陆。诸如元谋人、蓝田人、北京人、和县人、郧县人都属于直立人的范畴。对庙后山遗址含人类化石层位铀系测年，位于第6层上部的白齿至少20万年，第6层下部的股骨残段可能为30万—40万年，第5层的犬齿，至少50万年。参见张丽、沈冠军、傅仁义、赵建新《辽宁本溪庙后山遗址铀系测年初步结果》，《东南文化》2007年第3期；刘武、邢松、张银运《中国直立人牙齿特征变异及其演化意义》，《人类学学报》2015年第4期。

迹及烧焦炭化的动物碎骨表明，庙后山人已经掌握利用明火烧烤，获取熟食肉类的办法。庙后山遗址被誉为"东北第一缕炊烟升起的地方"。

庙后山人因本溪庙后山遗址而命名。庙后山遗址位于辽宁本溪满族自治县山城子村东侧，距今约 50 万年，是我国东北一处著名的旧石器时代早期洞穴遗址。1978—1980 年，先后经过 4 次发掘，出土了古人类化石 4 件，其中包括牙齿化石 2 枚、股骨残段 1 段，被命名为"庙后山人"。

掌握取火技术后，通过烧烤而获取熟食，给先民的身体健康和生存能力，带来了深刻影响。《礼含文嘉》曰："燧人氏鑚（钻）火，始炮生为熟，人无腹疾。"[1] 又《礼记》曰："古者未有火化，食草木之实、鸟兽之肉。后圣有作，修火之利，以炮以燔，以为酪醴。"[2]

韩非子亦言："上古之世，人民少而禽兽众……民食瓜果蚌蛤，腥臊恶臭而伤腹胃，民多疾病，有圣人作，钻燧取火以化腥臊，而民悦之，使王天下，号之曰燧人氏。"[3] 韩非子将史前时代"取火熟食"的重大意义，通过公推"燧人氏"称王的形式，生动形象地表达出来。

总而言之，通过燔、炙等方法，"以熟荤臊"，可以免"腹胃之疾"[4]，是人类社会的重大进步。

燔、炙时常连用，含义同中有异。如《诗经·楚茨》中言"或燔或炙"[5]。《诗经·瓠叶》中称"有兔斯首，燔之炙之"，又称"有兔斯首，炮之燔之"。[6]

---

① 转引自（清）张英、王士禛等《御定渊鉴类函》卷388，《食物部一·食总载二》，《影印文渊阁四库全书》第992册，台湾商务印书馆1986年版，第507页。又《艺文类聚》卷11引《礼含文嘉》，作："燧人始钻木取火，炮生为熟，令人无腹疾。"

② （清）张英、王士禛等：《御定渊鉴类函》卷388，《食物部一·食总载一》，《影印文渊阁四库全书》第992册，台湾商务印书馆1986年版，第506页。

③ （战国）韩非著、陈奇猷校注：《韩非子新校注》卷19《五蠹》，上海古籍出版社2000年版，第1085页。

④ 《管子》中言："黄帝鑚（zuān，同"钻"）燧，以熟荤臊，民食之，无兹胃之病，而天下化之。"李翔凤撰：《管子校注》卷24，《轻重戊第八十四》，中华书局2004年版，第1507页。

⑤ 周振甫：《诗经译注》卷5，《小雅·楚茨》，中华书局2002年版，第344页。

⑥ 周振甫：《诗经译注》卷6，《小雅·瓠叶》，中华书局2002年版，第389页。

到了汉代，或有"燔""炙"连用，泛指以这种方法加工的肉食佳肴。如《盐铁论》中有"民间酒食，殽旅重叠，燔炙满案"[①]的措辞。

《诗经义疏》及《说文》等传世文献，对"燔""炙"含义及其差别，作如下说明：

第一，"燔"者，何意？《玉篇》中称：燔，"烧也"[②]。《说文》中称：燔，"爇也"。清人段玉裁在《说文解字注》中称：许慎所言的"膰"与"燔"字别。膰者，宗庙火炙肉也。此因一从火，一从炙而别之。毛氏于《瓠叶传》中言：加火曰燔；于《生民传》曰：傅火曰燔。古文多作"燔"，不分别也。从火，番声。[③] 由此可见，"燔"即置于"火中烧"。

第二，"炙"者，何指？《说文》中言"炙，炮肉也"[④]，又称"炮，毛炙肉也"[⑤]。可见二者同义，可以互训。具体说来，"炮"或作"炰"，即以铁匕贯肉，加于火上炙之。《释名》也指出："炙也，炙于火上也。"[⑥] 由此可见，"炙"，即置于"火上烤"。

概言之，"燔"特指"火中烧"，"炙"特指"火上烤"，二词均可以通俗地解释为"明火烧烤"。较以"燔"字，"炙"字较为常用。传世文献中的各种"炙食"，以及全国各地依然盛行的明火烧烤，都是"炙"文化在不同时代的演绎和传承。

---

① 徐南村：《盐铁论集释》卷6，《散不足第二十九》，广文书局1975年版，第160页。
② （梁）顾野王撰、（唐）孙强增补、（宋）陈彭年等重修：《重修玉篇》卷21，《影印文渊阁四库全书》第224册，台湾商务印书馆1986年版，第174页。
③ （清）段玉裁：《说文解字注》第十篇（上），中华书局2013年版，第485页。
④ （清）段玉裁：《说文解字注》第十篇（下），中华书局2013年版，第495页。
⑤ （清）段玉裁：《说文解字注》第十篇（上），中华书局2013年版，第487页。
⑥ （汉）刘熙撰、（清）毕沅疏证、（清）王先谦补：《释名疏证补》卷4，中华书局2008年版，第140页。

图 6-1　嘉峪关魏晋壁画·烤肉煮肉图[1]

　　"燔炙"之于饮食文化的意义，不亚于"人工取火"之于人类文明的意义。"人工取火"，使人类结束了茹毛饮血的时代；"燔炙"则使人类的饮食文化，出现了质的进步。

　　炙烤作为一种最古朴的食材加工方式，有着广泛而久远的文化传承。随着箅、烤炉等器具的发明和改良，炙烤的演绎形式更加丰富。

　　以箅为例。早在新石器时代晚期，箅已发明。箅，一般有圆形、方形两种，圆形中间有镂孔，方形中间有箅条，可以用作炙烤的辅助用具。

　　山东尚庄遗址龙山文化遗存中，曾清理出土箅子23件，均系泥质黑灰陶，直壁浅盘形，长方形箅孔。其中 I 式陶箅 14 件，腹壁有对称缺口。其中 1 件（H147∶1），高 4.5 厘米，底径 27.5 厘米，底沿饰凹弦纹。II 式陶箅 9 件，底沿作锯齿状。其中 1 件（H169∶10），高 4.5 厘米，口径 23.5 厘米，底径 29.5 厘米，沿和腹壁饰凹弦纹。[2]（见图 6-2）

---

　　[1] 图片来源：甘肃省博物馆网站（http://www.gansumuseum.com/dc/viewall-43.html）。嘉峪关市魏晋1号墓出土，长35厘米，宽17厘米，右侧男子跪坐，在几案后切肉。中央上部绘四钩，各挂一条肉，正下方置耳形火盆。左侧一男子，架釜火上，调制羹汤。
　　[2] 山东省文物考古研究所：《茌平尚庄新石器时代遗址》，《考古学报》1985年第4期。

尚庄I式陶算（H147: 1）[1]

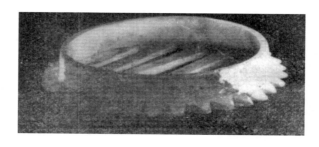

尚庄II式陶算（H169: 10）[2]

图 6-2　尚庄陶算

2. 技法大略

燔炙这类烹饪技法，多用于肉类食材。谨借用《齐民要术》《释名》等文献，将其主要名目、技法要领等，略述如下：

第一，脯炙法。

"脯炙法"，意即"腌制肉块"的炙烤法。"脯"，本为牛腹部的松软肌肉，这里特指调味腌制的肉食。由于食材不同，操作流程及要领略也有差异。

以牛、羊、獐、鹿等肉类食材为例：将肉切成一寸见方肉块；将葱白切碎，加盐、豆豉调汁；调味汁量以能没过肉块为宜，腌制时间不宜太长，汁多久渍，则肉质坚韧；将调味后的肉块夹起（或制成肉串）备用；将肉块贴近炭火，大火速烤，快速翻转，不令糊焦。不可忽上忽下，忽冷忽热，否则膏尽肉干，影响口感。

> 羊、牛、鹳、麏、鹿肉皆得。方寸商切。葱白研令碎，和盐、豉汁，仅令相淹。少时便炙；若汁多久渍，则肕。拨火开，痛逼火，回转急炙。色白热食，含浆滑美。若举而复下，下而复上，膏尽肉干，不复中食。——《齐民要术》[3]

---

① 图片来源：山东省文物考古研究所：《茌平尚庄新石器时代遗址》，《考古学报》1985年第4期，图二十五，11。

② 图片来源：山东省文物考古研究所：《茌平尚庄新石器时代遗址》，《考古学报》1985年第4期，图版八，3。

③ （后魏）贾思勰著、缪启愉校释：《齐民要术校释》（第二版）卷9，《炙法第八十》，中国农业出版社2009年版，第616页。

再如鸭、子鹅。《齐民要术》中称：将肥鸭、子鹅，脱毛、去内脏；再"去骨，作脔"，"脔"即肉块；取酒5合、鱼酱汁5合，姜、葱、橘皮半合，豉汁5合，调和成汁；将鸭、鹅肉置于调味汁中入味，浸泡一顿饭（"渍一炊久"）[①]，即可烤制。

图 6-3　子鹅[②]

第二，捣炙法。

捣炙法，特指"调味肉泥"的烧烤法。"捣炙法"是"捣法"与"炙法"的结合。何谓"捣法"？据《礼记·寿珍》中言：取牛、羊、麋、鹿、麇（即獐）之"胅"（夹脊肉）若干，先反复捶捣，去"饵"（筋腱），烤或煮熟。再去"皽"（zhāo，白色肉膜），加入调味汁食用。[③]

"寿"的繁体字为"壽"，"捣"的繁体字为"擣"。因此，《礼记》所言的"寿珍"，即"捣珍"。此外，贾思勰著《齐民要术》中有"捣炙法"，与"寿珍"或有渊源。

《齐民要术》以鹅肉、猪肉为例，记叙"捣炙法"如下：取肥子鹅肉二

---

① （后魏）贾思勰著、缪启愉校释：《齐民要术校释》（第二版）卷9，《炙法第八十》，中国农业出版社2009年版，第620页。

② 图片来源：作者供图。

③ 所谓"柔其肉"，汉儒郑玄注言："柔之为汁和也"，意即以调料汁"调和"肉味。（汉）郑玄注、（唐）孔颖达疏、龚抗云整理：《礼记正义》卷28，《内则》，北京大学出版社2008年版，第997页。

斤，用锉刀锉碎，但不必太碎；以酸黄瓜（瓜菹）1合①、葱白1合、姜与橘皮各半合切碎，花椒20枚研细，醋3合为调料；将调料与鹅肉，再用锉刀反复锉几次，以令肉调味均匀；将肉馅裹于竹签上；取鸡蛋10个，先取蛋清，均匀涂抹在肉串上，再涂抹蛋黄；以急火快烤，肉丸表面焦黄，肉汁流出即熟。猪肉捣炙法，亦复如是。

> 取肥子鹅肉二斤，锉之，不须细剉。好醋三合，瓜菹一合，葱白一合，姜、橘皮各半合，椒二十枚作屑，合和之，更剉令调。裹著充竹串上。破鸡子十枚，别取白，先摩之令调，复以鸡子黄涂之。唯急火急炙之，使焦，汁出便熟。作一挺，用物如上；若多作，倍之。若无鹅，用肥豚亦得也。——《齐民要术》②

第三，衔炙法。

"衔炙"，或作"脂炙"。据清人毕沅考证，当时他所见的《释名》中，并无"脂炙"二字。但根据"脂，衔也"的释文，增补"脂炙"二字。实际上，"脂炙"即"衔炙"。③所谓"脂炙"，即在肉丝（或肉泥）中，以姜、椒、盐、豉调味，然后取适量，裹肉于"衔"（签子），然后炙烤食用。

该方法，在《齐民要术》中也有记载，但归入"煮"法，而且调味品的配制尤其考究。显然，当时的肉串制作工艺，已发展到相当的高度。④这种调味肉串的烤制办法，在今新疆及东北部分地区，仍有广泛流传。⑤

---

① "合"（gě），中国市制容量单位，1升的十分之一。
② （后魏）贾思勰著、缪启愉校释：《齐民要术校释》（第二版）卷9，《炙法第八十》，中国农业出版社2009年版，第619页。
③ 从这个意义上，王先谦提出："吴校云，'衔炙'二字衍。"转引自（汉）刘熙撰、（清）毕沅疏证、（清）王先谦补《释名疏证补》卷4，中华书局2008年版，第141页。
④ 具体做法是："取极肥子鹅一头，净治，煮令半熟，去骨，剉之。和大豆酢五合，瓜菹三合，姜、桔皮各半合，切小蒜一合，鱼酱汁二合，椒数十粒作屑，合和，更剉令涓。取好白鱼肉细琢，裹作弗（一本作串）炙之。"（后魏）贾思勰著、缪启愉校释：《齐民要术校释》（第二版）卷9，《炙法第八十》，中国农业出版社2009年版，第619页。
⑤ 有学者认为，衔炙是今日新疆烤羊肉串的先声。见邱庞同《中国菜肴史》，青岛出版社2010年版，第64页。

图 6-4　魏晋墓室壁画①

　　第四，捧炙法。

　　《齐民要术》自注中称："捧炙"又作"棒炙"。如《齐民要术》中言，取大牛脊骨肉，小牛腿肉亦可；切近炭火炙烤一面，肉色发白，便削割食用；此面遍割一次，再如法炙烤另一面。如此反复。

　　捧炙法，无须腌制，也无须刷料，有边烤边食、"含浆滑美"的特点。

　　《齐民要术》中特别强调：这类食材，切忌"四面俱熟"，然后割食，否则会"涩恶不中食"。目前，北方部分地区的"烤羊腿"，就是这种"捧炙法"的传承和演绎。

> 　　大牛用脊，小犊用脚肉亦得。逼火偏炙一面，色白便割；割遍，又炙一面。含浆滑美。若四面俱熟然后割，则涩恶不中食也。——《齐民要术》②

　　第五，筒炙法。

　　《齐民要术》中作"寿炙"，又自注为"筒炙""黄炙"。我们认为，称"筒炙"更允当。

---

　　① 图片来源：新浪博客（罗勒叶子blog.sina.com.cn/cllcl62）。
　　② （后魏）贾思勰著、缪启愉校释：《齐民要术校释》（第二版）卷9，《炙法第八十·捧炙》，中国农业出版社2009年版，第616页。

具体做法：取鹅肉，或鸭、獐、鹿、猪、羊肉，切成肉泥。调味汁制作及入味方法，与衔炙法（《齐民要术》称"如脂炙"[①]）相同。如果肉泥黏稠度不够，松散不成团，可以掺入少许面粉。取周长六寸[②]、长三尺竹筒，削去青皮、竹节。在竹筒上裹上一层调味肉泥，竹筒下端空出一节，以便于持握。炙之，加热温度，以肉泥不黏手为宜。竖瓯中，用手涂抹鸡、鸭清，继续炙烤；蛋清若不均，可继续涂抹，直至均匀。肉泥上若有不平滑处，可用刀削平。继续炙烤，直到肉泥发白干燥。再以鸡鸭翅毛，涂刷鸭蛋黄（无鸭蛋，用鸡蛋黄代替，需加少许朱红，以增强红色），继续炙烤，需急手数转，缓则坏。

完全烤熟后，将肉泥从竹筒上整体脱下，将两头切去，再六寸一段，分成若干段。食用时，每两段一组盛装，如果不立即食用，用芦荻包裹存放，可以存放三五日。《齐民要术》中强调两点：面粉放入太多，则味道差；醋放得多，则难黏筒。

> 用鹅、鸭、獐、鹿、猪、羊肉。细研熬和调如"脂炙"。若解离不成，与少面。竹筒六寸围，长三尺，削去青皮，节悉净去。以肉薄之，空下头，令手提，炙之。
>
> 欲熟——小干，不著手——竖瓯中，以鸡鸭子白手灌之。若不均，可再上白。犹不平者，刀削之。
>
> 更炙，白燥，与鸭子黄；若无，用鸡子黄；加少朱，助赤色。上黄用鸡鸭翅毛刷之。急手数转，缓则坏。
>
> 既熟，浑脱，去两头，六寸断之。促莫二。若不即用，以芦荻苞之，束两头——布芦间可五分——可经三五日；不尔则坏。与面则味少，酢多则难著矣。——《齐民要术》[③]

第六，范炙法。

"范炙"见于《齐民要术》，不知缘何以"范"命名。据烹饪特点分析，

[①]（后魏）贾思勰著、缪启愉校释：《齐民要术校释》（第二版）卷9，《炙法第八十》，中国农业出版社2009年版，第622页。

[②]一说"直径六寸"。我们认为，1寸约为3.3厘米，制作直径6寸（约20厘米）的"烤肉卷"，既不美观，也不方便。

[③]（后魏）贾思勰著、缪启愉校释：《齐民要术校释》（第二版）卷9，《炙法第八十》，中国农业出版社2009年版，第622-623页。

称作"浑炙法"，也未尝不可。

如《齐民要术》中言：取烤鸭、鹅胸肉（"臆肉"），如果是整只鸭、鹅，需将其胸骨敲碎；用切碎的姜、花椒、橘皮、葱、胡芹、小蒜，与盐、豆豉汁调和，涂于肉上，整块（整只）炙烤。烤熟后，取胸脯肉，将骨头剔除；如白煮肉一样，盛装进食。

> 用鹅、鸭臆肉。如浑，椎令骨碎。与姜、椒、橘皮、葱、胡芹、小蒜、盐、豉，切，和，涂肉，浑炙之。斫取臆肉，去骨，莫如白煮之者。——《齐民要术》[①]

新疆及内蒙古烤全羊、北京焖炉烤鸭[②]、辽宁沟帮子熏鸡等，都是较有代表性的"范炙法"。《齐民要术》中的"范炙"，除了对"臆肉"的强调，其烹饪流程及要领等，与烤全羊、烤鸭、烧鸡等，并无显著区别。

此外，传世文献中屡有提及的"貊炙"，也属于"范炙"的一种。

貊炙，大概起源于北方渔猎民族，早在汉晋时代就十分流行。据《释名》中言："貊炙，全体炙之，各自以刀割出，于胡貊之为也。"[③]清人毕沅考证道：所谓"貊"，就是《说文解字》中的"貉"。清人苏舆称：《太平御览》中，在引用《搜神记》"羌煮、貊炙，翟之食也。自太始以来，中国尚之"[④]的文字时，《搜神记》所言的"中国"，指中原地区；"太始"应为"泰始"，系西晋年号。[⑤]

---

① （后魏）贾思勰著、缪启愉校释：《齐民要术校释》（第二版）卷9，《炙法第八十》，中国农业出版社2009年版，第623页。

② 赵建民：《北京"焖炉烤鸭"与汉代"貊炙"之历史渊源》，《扬州大学烹饪学报》2013年第1期。

③ （汉）刘熙撰、（清）毕沅疏证、（清）王先谦补：《释名疏证补》卷4，中华书局2008年版，第141页。

④ （晋）干宝撰、汪绍楹校注：《搜神记》卷7，中华书局1979年版，第94页。

⑤ 韩国学者李盛雨在《中韩饮食文化的交流》一文中称，"貊炙"就是今天的烤肉，是"早古便声名远播至中国的韩国传统饮食"。有中国学者提出，李盛雨的说法是不正确的。他认为，把"貊炙"，释为中国古代北方或东北地区的民族貊族（亦有"胡"参加的成分）发明的烤肉（或整烤猪羊之类）当是更确切的。详见邱庞同《中国菜肴史》，青岛出版社2010年版，第65页；任百尊主编《中国食经》，上海文化出版社1999年版，第358页。

清人王先谦推断："貊炙"就是"今之烧猪"。[①] 我们认为，"貊炙"的食材来源不仅如此，除了"猪"，一定还有羊、獐等其他种类。

第七，胡炮肉法。

胡炮肉法，是"燔"这种古朴烹饪法的演绎和生化。

以胡炮羊肉为例，选一年生小羊，将羊肉、羊脂肪，都切成树叶状薄片。取整粒豆豉、盐、葱白、姜、椒、荜拨、胡椒若干以调味。将羊肚子清洗干净，翻过来，将调好味的羊肉、羊脂肪等填满羊肚，缝合备用。挖土坑，以炭火烧红，再将灰、火等清离。将羊肚置于坑中，用火、灰盖覆。在上面生火加温，大约煮一石米[②]的时间，即可以食用。

《齐民要术》中，特别强调，用这种办法加工的羊肉，"香美异常"，非煮、炙羊肉可比。

西北名菜"胡羊肉"，新疆馕坑烤肉等，多少仍有《齐民要术》中所言"胡炮肉"的味道。

> 肥白羊肉，——生始周年者，杀，则生缕切如细菜，脂亦切。着浑豉、盐、擘葱白、姜、椒、荜拨、胡椒，令调适。净洗羊肚，翻之。以切肉脂内于肚中，以向满为限，缝合。作浪中坑，火烧使赤，却灰火。内肚于坑中，还以灰火覆之，于上更燃火，炊一石米顷，便熟。香美异常，非煮、炙之例。——《齐民要术》[③]

第八，其他炙烤实例。

《齐民要术》中还记录了若干炙烤实例，仅拣取有代表的几种，略述如下。

豚炙。取肥乳猪（"乳下豚"）一只，除五脏，清洗干净后，腹内塞满茅茹，穿以柞木，"缓火遥炙，急转勿住"，涂以清酒增色，"色足便止"。再以新鲜白净的猪油或纯净的麻油，反复涂抹。如此炙烤，可令烤乳猪"色同琥

---

① （汉）刘熙撰、（清）毕沅疏证、（清）王先谦补：《释名疏证补》卷4，中华书局2008年版，第141页。

② 石，古读shí，今读dàn，古重量单位。一般120斤为1石，相当于今50公斤。

③ （后魏）贾思勰著、缪启愉校释：《齐民要术校释》（第二版）卷8，《蒸缹法第七十七》，中国农业出版社2009年版，第600页。

珀，又类真金。入口即消，状若凌雪，含浆膏润，特异凡常也"①。

另有一法，取小猪一只（非乳猪，也非成猪），先剔骨修整，又调味腌制，复压制成型，再微火炙烤，同时，"以蜜一升合和，时时刷之。黄赤色便熟"②。若非明火炙烤，与今日的"铁板烧"一般无二。

图 6-5　营城子东汉陶猪③

肝炙。《齐民要术》又记叙一种烤肝法，称"肝炙"。牛、羊、猪肝均可。以羊肝为例。取羊肝若干，切成长寸半，宽五分（即半寸）的肝条，再用葱、盐、豉的调和汁腌制。调味汁用量及腌制时间，与上述烤肉块相同。然后，用"羊络肚臕脂"（即羊肚子内的网状"花油"，又称小羊板油，味腥膻，适宜用煎烤），将腌制好的羊肝包裹起来，横向串成肉串后，炭火烧烤。④

牛脍炙。即烤牛百叶（即牛胃）。《齐民要术》中言："牛脍炙：老牛肒，厚而脆。铲穿，痛蹙令聚，逼火急炙，令上劈裂，然后割之，则脆而甚美。

① （后魏）贾思勰著、缪启愉校释：《齐民要术校释》（第二版）卷9，《炙法第八十·炙豚法》，中国农业出版社2009年版，第616页。
② （后魏）贾思勰著、缪启愉校释：《齐民要术校释》（第二版）卷9，《炙法第八十·炙豚法》，中国农业出版社2009年版，第619页。
③ 图片来源：旅顺博物馆网站（http://www.lvshunmuseum.org/collection/ProductDetail.aspx?ID=70）。高18.2厘米，长25.7厘米，1958年大连市甘井子区营城子镇出土，东汉遗存。灰陶质，站立状，肥大健壮，鼻上翘，吻部长而前伸，阴线刻小圆眼，两耳煽张，颈粗，头顶至脊背，鬃毛高隆，尾短小。
④ （后魏）贾思勰著、缪启愉校释：《齐民要术校释》（第二版）卷9，《炙法第八十·肝炙》，中国农业出版社2009年版，第616页。

若挽令舒申，微火遥炙，则薄而且韧。"① 所谓"胘"（xián），即《说文》中的"牛百叶"②。

"牛腊炙"，需选用厚且脆的老牛百叶，用烤叉插穿，再用力压紧，以近火快烤，使百叶表面开裂，然后再分割食用，这样的牛百叶，才脆香而鲜美。《齐民要术》中特别强调，牛百叶不能切开慢烤，否则薄且韧，不宜食用。

鱼炙。以小白鱼尤其理想。将鱼制成一寸见方的鱼串为宜，不必拘泥于鱼的大小；一说"选一寸左右的小鱼"。除鳞时，刀法需细谨。将姜、橘、椒、葱、胡芹、小蒜、紫苏（又名桂荏）、檽（即茱萸）等切细，再以盐、豉、醋，制成调味汁，腌制一夜入味。炙烤时，反复浇淋香菜汁，直到烤熟为止，以烤成红色为佳。③

至于《齐民要术》中列举的炙烤蚶、蛎的方法，与"火盆"烹饪关系不大，姑且从略。

此外，《释名》中有关于"脯炙"的记叙："以饧、蜜、豉汁淹之，脯脯然也。"据清代学者王先谦考证，"脯脯"无意义，"脯脯然"当如"脯然"。④据此判断，所谓"脯炙"，就是一种将腌制肉，通过炙烤的办法，做成肉干的方法。

3.历史典故

第一，《左传》。

栾宁将饮酒，炙未熟，闻乱，使告季子；召获驾乘车，行爵食炙，

---

① （后魏）贾思勰著、缪启愉校释：《齐民要术校释》（第二版）卷9，《炙法第八十·牛腊炙》，中国农业出版社2009年版，第616页。

② （清）段玉裁：《说文解字注》第四篇（下），中华书局，2013年，第175页。

③ （后魏）贾思勰著、缪启愉校释：《齐民要术校释》（第二版）卷9，《炙法第八十·炙鱼》，中国农业出版社2009年版，第624页。

④ （汉）刘熙撰、（清）毕沅疏证、（清）王先谦补：《释名疏证补》卷4，中华书局2008年版，第140页。

奉卫候辄来奔。①

此事，又可详见《史记》。

初，孔圉文子取（同"娶"）太子蒯聩之姊，生悝。孔氏之竖浑良夫美好，孔文子卒，良夫通于悝母。太子在宿，悝母使良夫于太子。太子与良夫言曰："苟能入我国，报子以乘轩，免子三死，毋所与。"与之盟，许以悝母为妻。闰月，良夫与太子入，舍孔氏之外圃。昏，二人蒙衣而乘，宦者罗御，如孔氏。孔氏之老栾宁问之，称姻妾以告。遂入，适伯姬氏。既食，悝母杖戈而先，太子与五人介，舆猳从之。伯姬劫悝于厕，强盟之，遂劫以登台。栾宁将饮酒，炙未熟，闻乱，使告仲由。召护驾乘车，行爵食炙，奉出公辄奔鲁。②

第二，文公宰臣上炙有发。

文公之时，宰臣上炙而发绕之。

文公召宰人而谯之曰："女（汝）欲寡人之哽耶？奚以发绕炙？"

宰人顿首再拜请曰："臣有死罪三：援砺砥刀，利犹干将也，切肉，肉断而发不断，臣之罪一也；援木而贯脔而不见发，臣之罪二也；奉炽炉，炭火尽赤红，而炙熟而发不烧，臣之罪三也。堂下得无微有疾臣者乎？"

公曰："善。"

乃召其堂下而谯之，果然，乃诛之。③

---

① 杨伯峻编著：《春秋左传注》之《哀公十五年》，中华书局1990年版，第1695页。

② （汉）司马迁：《史记》卷37，《卫康叔世家第七》，中华书局1959年版，第1599—1600页。

③ （战国）韩非著、陈奇猷校注：《韩非子新校注》卷10，《内储说下·六微第三十一》，上海古籍出版社2000年版，第640—641页。

第三，平公庖人进炙有发。

晋平公觞客，少庶子进炙而发绕之。平公趣杀炮人，毋有反令。

炮人呼天曰："嗟乎！臣有三罪，死而不自知乎？"

平公曰："何谓也？"

对曰："臣刀之利，风靡骨断而发不断，是臣之一死也；桑炭炙之，肉红白而发不焦，是臣之二死也；炙熟，又重睫而视之，发绕炙而目不见，是臣之三死也。意者堂下其有嫉憎臣者乎？杀臣不亦蚤（早）乎！"①

第四，陈正辨"发炙"三罪。

陈正为大官令，与黄门侍郎有隙，因进御食，发绕炙中。光武见之，怒将斩正。正曰："臣当死者三：山炭增治，吐炎焦肤，烂肉而发不销，臣罪一也。匣出佩刀，砥砺而亏肌截骨，曾不能断发，臣罪二也。臣少时目阅章表，犹读五经，今则御食，臣与丞及庖人，六目齐视，岂不如黄门两目？臣罪三也。"

制赦之。②

第五，顾荣馈炙得免。

初，（顾）荣与同僚宴饮，见执炙者貌状不凡，有欲炙之色，荣割炙啖之。坐者问其故，荣曰："岂有终日执之而不知其味！"

---

① （战国）韩非著、陈奇猷校注：《韩非子新校注》卷10，《内储说下·六微第三十一》，上海古籍出版社2000年版，第642页。
② 《御定渊鉴类函》引谢承《后汉书》。（清）张英、王士禛等：《御定渊鉴类函》卷389，《食物部二·炙一》，《影印文渊阁四库全书》第992册，台湾商务印书馆1986年版，第550页。

及（赵王）伦败，荣被执，将诛，而执炙者为督率，遂救之，得免。①

第六，江淹好鹅炙。

桂阳之役，朝廷周章，诏檄久之未就。齐高帝引淹入中书省，先赐酒食，淹素能饮啖，食鹅炙垂尽，进酒数升讫，文诰亦办。相府建，补记室参军。高帝让九锡及诸章表，皆淹制也。②

第七，杜甫过食牛炙白酒身亡。

杜甫，字子美，客耒阳，游岳祠。大水遽至，涉旬不得食。县令具舟迎之。令尝馈牛炙、白酒，送杜甫。后漂寓湘潭间，羁旅憔悴，于衡州耒阳县，颇为令长所厌。甫投诗于宰，宰遂致牛炙、白酒以遗甫。甫饮过多，一夕而卒。③

第八，王羲之先食牛心炙。

右军（笔者按，王羲之）年十一，周顗异之。时绝重牛心炙。座客来未嗷，先割，啗右军，乃知名。④

① （唐）房玄龄等撰：《晋书》卷68，《列传第三十八·顾荣》，中华书局1974年版，第1811页。

② （唐）李延寿：《南史》卷59，《列传·江淹列传》，中华书局1975年版，第1449-1450页。

③ （清）张英、王士禛等：《御定渊鉴类函》卷389，《食物部二·炙二》，《影印文渊阁四库全书》第992册，台湾商务印书馆1986年版，第550页。

④ 《御定渊鉴类函》引《语林》。（清）张英、王士禛等：《御定渊鉴类函》卷389，《食物部二·炙二》，《影印文渊阁四库全书》第992册，台湾商务印书馆1986年版，第550页。

第九，八百里驳心炙。

王君夫有牛，名"八百里驳（驳）"，常莹其蹄角。

王武子语君夫："我射不如卿，今指赌卿牛，以千万对之。"君夫既恃手快，且谓骏物无有杀理，便相然可。令武子先射。

武子一起便破的，却据胡床，叱左右："速探牛心来！"

须臾，炙至，一脔便去。①

第十，徐稺致"絮酒炙鸡"薄祭。

（徐）稺诸公所辟虽不就，有死丧负笈赴弔（吊）。常于家豫炙鸡一只，以一两绵絮渍酒中，暴干以裹鸡，径到所起冢隧外，以水渍绵使有酒气，斗米饭，白茅为藉，以鸡置前，酹酒毕，留谒则去，不见丧主。②

第十一，专诸学炙鱼刺王。

专诸曰："凡欲杀人君，必前求其所好。吴王何好？"

光曰："好味。"

专诸曰："何味所甘？"

光曰"好嗜鱼之炙也"。

专诸乃去，从太湖学炙鱼，三月得其为，安坐待公子命之。③

---

① （南朝宋）刘义庆著、余嘉锡笺疏：《世说新语笺疏》（第2版）卷下，《汰侈第三十》，中华书局2007年版，第1033页。

② 李贤作注，引三国吴人谢承的《后汉书》。（南朝宋）范晔著、（唐）李贤等注：《后汉书》卷53，《周黄徐姜申屠列传第四十三》，中华书局1965年版，第1748页。

③ （汉）赵晔著、张觉译注：《吴越春秋全译》之《王僚使公子光传第三》，贵州人民出版社1993年版，第48页。

又载：

　　酒酣，公子光佯为足疾入窟室裹足，使专诸置鱼肠剑炙鱼中进之。既至王僚前，专诸乃擘炙鱼，因推匕首，立戟交轵，倚专诸胸，胸断臆开，匕首如故，以刺王僚，贯甲达背，王僚立死，左右共杀专诸。众士扰动。公子光伏其甲士以攻僚众，尽灭之，遂自立，是为吴王阖闾也。乃封专诸之子，拜为客卿。①

第十二，窦固食生炙。

　　窦固为奉车都尉，与驸马都尉耿秉等北征匈奴，遂灭西域，开通三十六国。在边数年，羌胡亲爱之。羌胡见客，炙肉未熟，人人长跪前割之，血流指间，进之于固，固辄为啗（同"啖"），不秽贱之。②

第十三，李充不食冷炙。

　　李充在邓将军坐，邓设炙肉。充挟箸以啖。炙冷，复命温之，及温而后食。③

第十四，唐王赐逍遥炙。

---

　　① （汉）赵晔著、张觉译注：《吴越春秋全译》之《王僚使公子光传第三》，贵州人民出版社1993年版，第53页。
　　② （东汉）刘珍等撰、吴树平校注：《东观汉记校注》卷12，《传七·窦固》，中华书局2008年版，第422页。
　　③ 《渊鉴类函》引《陈留耆旧》。（清）张英、王士禛等：《御定渊鉴类函》卷389，《食物部二·炙二》，《影印文渊阁四库全书》第992册，台湾商务印书馆1986年版，第549页。

唐睿宗闻金仙、玉贞二公主饮素。日令以九龙食轝（类似送餐车），装逍遥炙，赐之。①

第十五，段成式无心炙。

成式驰猎，饥甚，叩村家。老姥出瓮臛，五味不具。成式食之，有踰五鼎。曰老姥初不加意，而味殊美如此。自后，令庖人具此品，因呼为"无心炙"。②

二 以蒸以烹

"蒸""烹"，俗称"蒸煮"，是两种高效便捷、应用广泛的烧煮法。许多火盆食材的初加工，都要用到蒸烹法，这是火盆饮食虽有煎炒环节，但仍属"低温烹饪"的关键所在。

1. 解字蒸烹

"蒸"，是一种隔水烧煮法，主要利用高温蒸汽熏熟食物。《论衡》有言："谷之始熟曰粟，春之于臼，簸去秕糠，蒸于釜甑，爨之以火，成熟为饭，乃甘可食也。"③其中的"蒸于釜甑""成熟为饭"，就是"蒸"法功能及特征的凝练描述。此外，诸如枚乘《七说》中的"蒸刚肥之豚"等，都是"蒸"法的具体表现。

---

① （清）张英、王士禛等：《御定渊鉴类函》卷389，《食物部二·炙二》，《影印文渊阁四库全书》第992册，台湾商务印书馆1986年版，第550页。

② （清）张英、王士禛等：《御定渊鉴类函》卷389，《食物部二·肉、脯、腊、炙、蒸、臇鲊、脍、鲭》，《影印文渊阁四库全书》第992册，台湾商务印书馆1986年版，第550页。

③ 黄晖：《论衡校释》卷12，《量知第三十五》，中华书局1990年版，第550-551页。

清代学者毕沅曾言，小颜在为《急就章》作注时称："溲米而蒸之则为饵，饵之言而也。相粘而也。溲面而蒸熟之则为饼，饼之言并也。"[①] 毕沅又言，《诗经》之《洞酌正义》曾引《说文》中言："饙，一烝米也。"他认为，"米才一烝则未粘合"，故而才有"众粒各自分"的说法。《太平御览》中引作"饭，分也，使其粒各自分也"。毕沅认为，《太平御览》的"饭"字，系"饙"字之误。[②]

据甑等出土文物分析，作为一种食材加工法，"蒸"至少出现在新石器中晚期。但是，据传世文献判断，"蒸"字之本意，却是"细木柴"，与"薪"相对。如《周礼·委人》有"共祭祀之薪蒸木材"，其《注》言："给炊及燎，粗者曰薪，细者曰蒸。"[③] 又，《周礼·天官·甸师》有言"帅其徒以薪蒸役内外饔之事"。其《疏》言："大木曰薪，小木曰蒸。"[④] 再如《管子·弟子职》中称"蒸间容蒸。然者处下"。其《注》言："蒸细薪者，蒸之间必令容蒸，然烛者必处下以焚也。"[⑤]

"蒸"，又可以引申为以麻秸、竹木等制成的火炬。此外，"蒸"又与"烝"通假。"烝"为古代祭祀的一种"献祭"环节，即以牲之全体，置于俎案之上。《尔雅·释天》：冬祭曰蒸。《注》言："进品物也。"[⑥] 该献祭的动作，似乎也有隔水烧煮的象征义，只是省去了引火加热的环节。

除了食材加工，"蒸"还是药材炮制的重要方法之一。譬如大黄、地黄，经蒸制后，熟大黄的泻下减弱，熟地黄则转温性并具补血滋肾的功效。

---

① （汉）刘熙撰、（清）毕沅疏证、（清）王先谦补：《释名疏证补》卷4，中华书局2008年版，第136页。
② （汉）刘熙撰、（清）毕沅疏证、（清）王先谦补：《释名疏证补》卷4，中华书局2008年版，第137页。
③ （清）孙诒让：《周礼正义》卷30，《地官·委人》，中华书局1987年版，第1176页。
④ （清）孙诒让：《周礼正义》卷8，《天官·甸师》，中华书局1987年版，第294页。
⑤ 李翔凤撰：《管子校注》卷19，《弟子职第五十九》，中华书局2004年版，第1155页。
⑥ （清）郝懿行：《尔雅义疏》（中），《释天第八》，上海古籍出版社1983年版，第782页。

图 6-6　蒸具组件（通化地区征集）①

"烹"，也是一种较为常见的烧煮法。以"烹"法加工食物，几乎与陶釜、陶罐等炊具同期。所谓"烹"，就是将食材，置于有水或汤的器皿中加热。

图 6-7　仰韶文化陶釜陶灶②

"烹"，有"煮""炖""炊"等不同表达，俗称"煮"。《说文》《玉篇》中均无此字，直到《类编》中，始收此字。③因此，《韩非子》所言的"治大国者若烹小鲜"④，本义就是"治大国者若煮小鲜"。

---

① 图片来源：作者供图。

② 图片来源：中国国家博物馆网站（http://www.chnmuseum.cn/zp/zpml/201812/t20181218_25678.shtml）。据中国国家博物馆网站资料披露，釜广口圆底，有明显的折肩，肩部装饰弦纹，高10.9厘米，口径16.2厘米。灶高15.8厘米，圆口平底，底部有低矮足钉，侧壁开方形口，上窄下宽，直通灶的内部，灶口有波浪状按压纹饰。

③ 参见（清）张玉书、陈廷敬撰，王宏源增订《康熙字典》（增订版），《巳集中·火·烹》，社会科学文献出版社2015年版，第859页。

④ （战国）韩非著、陈奇猷校注：《韩非子新校注》卷6，《解老第二十》，上海古籍出版社2000年版，第400页。

　　《说文解字》指出，"煮"，或从火。或从水，又作"羹"。由《说文解字注》可知，"煮"，还有"䰞"等异体字，一般字库不收录。①

　　"炖"是俗字，在《齐民要术》等古代文献中，不如"煮"字常见。据《玉篇》中言：炖，"赤色也"②。《集韵》中称：炖，"风而火盛貌"③。据此分析，"炖"制食物，其熟烂程度会高于"煮"制食物。

　　另外，《氾胜之书》中有言"稗中有米，熟时捣取米炊食之，不减粱米"④。意即：稗子中有米，脱壳后煮饭吃，口味不比粱米差。《氾胜之书》是西汉晚期的一部重要农学著作，该书所言的"炊食之"，也可以理解为"煮着吃"。

　　除了食物，"煮"法，还用于制盐（即熬干盐水，提取食盐）、制农肥⑤、种子催芽⑥等。以制盐为例。《周礼·天官·盐人》中称"凡齐事，煮盐以待戒令"⑦。《管子·地数》有"齐有渠展之盐，燕有辽东之煮"⑧，所谓"辽东之煮"，即为辽东煮海水而成之"熟盐"（又称"煮盐"）。再如《汉书》所言，当时的"冶铸䰞（煮）盐"⑨之业非常发达，且有"煮海"（煮海水为盐）、"煮池"（煮咸水湖之水为盐）之分⑩。除了上述的煮盐、烹饪，还有煮汤药、热酒

　　① （清）段玉裁：《说文解字注》第三篇（下），中华书局2013年版，第114页。
　　② （梁）顾野王撰、（唐）孙强增补、（宋）陈彭年等重修：《重修玉篇》卷21，《影印文渊阁四库全书》第224册，台湾商务印书馆1986年版，第175页。
　　③ 转引自（清）张玉书、陈廷敬撰，王宏源增订《康熙字典》（增订版），《巳集中·火·炖》，社会科学文献出版社2015年版，第852页。
　　④ 万国鼎：《氾胜之书辑释》，农业出版社1980年版，第126页。
　　⑤ 制农肥的方法，郑玄早在《周礼·地官·草人注》中，就曾说道"凡所以粪种者，皆谓煮取汁也"。转引自（后魏）贾思勰著、缪启愉校释《齐民要术校释》（第二版）卷1，《收种第二》，中国农业出版社2009年版，第57页。
　　⑥ 如《齐民要术》中，有借此检验韭菜籽发芽率的记录："若市上买韭子，宜试之：以铜铛盛水，于火上微煮韭子，须臾芽生者好；芽不生者，是浥郁矣。"见（后魏）贾思勰著、缪启愉校释《齐民要术校释》（第二版）卷3，《种韭第二十二》，中国农业出版社2009年版，第203页。
　　⑦ （清）孙诒让：《周礼正义》卷11，《天官·盐人》，中华书局1987年版，第413页。
　　⑧ 李翔凤撰：《管子校注》卷23，《地数第七十七》，中华书局2004年版，第1364页。
　　⑨ （汉）班固：《汉书》卷24（下），《食货志第四下》，中华书局1962年版，第1162页。
　　⑩ 海盐如"煮海水为盐，以故无赋，国用饶足"，（汉）班固：《汉书》卷35，《荆燕吴传第五》，中华书局1962年版，第1904页。池盐如平宪奏言：羌人逾万，"愿为内臣，献鲜水海、允谷盐池"，（汉）班固：《汉书》卷99（上），《王莽传第六十九上》，中华书局1962年版，第4077页。

（煮酒）等。

图 6-8 东汉庖厨画像砖^①

2.技法大略

蒸煮法，是蒸、煮的合称，实际上，蒸（或称蒸熏）与煮（或称炖煮）各有功能及特色，有单独使用的现象，也有彼此配合，共同烹制美食的传统。

第一，蒸熊法。

《食经》《食次》《齐民要术》等食谱、农书中，均有"蒸熏法"的记录，涵盖粮、蔬、肉等多类食材。

如《食次》中所言"蒸熊法"，其流程如下：

如果是大熊，需剥皮并切成大块，如果是小熊，则砍去头、脚、开腹后，整只覆在蒸锅内。不论大熊、小熊，蒸熟后，切片。切片大小如掌，一说二寸见方也可以。以豆豉汁煮秫米饭若干，并用薤白寸断，以及橘皮、胡芹、小蒜末搅拌，同时加盐适量，制成调味米糁。在蒸锅内，先放蒸熊肉一层，后放米一层，再放蒸熊肉一层，蒸至烂熟。将蒸熊肉切成六寸方、一寸

① 图片来源：四川博物院网站（http://www.scmuseum.cn/thread-233-117.html）。画像砖长43.7厘米，宽25.8厘米，长方形，模制。图案为浅浮雕，室内左侧二人跪坐长案后，准备菜肴，身后立一架，架上悬挂肉三条。右侧一双眼灶，灶上一甑、一釜，一人附身于甑前，似验看蒸熟程度。

厚，与调味米糁一同食用。

> 《食次》载"熊蒸法"：大，剥，大烂。小者去头脚。开腹浑覆蒸。熟，擘之，片大如手。——又云：方二寸许。——豉汁煮秫米；薤白寸断，橘皮、胡芹、小蒜并细切，盐，和糁。更蒸：肉一重，间米，尽令烂熟。方六寸，厚一寸。莫，合糁。——《齐民要术》①

《食次》中又记载了另外两种做法：

其一，"秫米、盐、豉、葱、薤、姜，切锻为屑，内熊腹中，蒸。熟，擘奠，糁在下，肉在上"。其二，"四破，蒸令小熟。糁用饙，葱、盐、豉和之。宜肉下，更蒸。蒸熟，擘。糁在下；干姜、椒、橘皮、糁，在上"。②

这两种做法，只是在米糁蒸制、米糁与熊肉放置次序上，略有变通，口味差别不会很大。由于生态保护等原因，目前，"熊肉"早已从人们的食谱中退出。但是，这种烹饪法，可以在其他食材加工中变通使用。

图 6-9　灰熊 ③

---

① 转引自（后魏）贾思勰著、缪启愉校释《齐民要术校释》（第二版）卷8，《蒸缹法七十七》，中国农业出版社2009年版，第602—603页。
② 转引自（后魏）贾思勰著、缪启愉校释《齐民要术校释》（第二版）卷8，《蒸缹法七十七》，中国农业出版社2009年版，第603页。
③ 图片来源：北京自然博物馆网站（http://www.bmnh.org.cn/gzxx/gzbb/2/4028c10862a1b2120162a65586c60565.shtml）。

第二，蒸鸡羊法。

《齐民要术》中记载了鸡、鹅、羊、猪、鱼等食材的"蒸"制方法。

如"蒸鸡法"。需要猪肉、香豉、盐、葱白、苏子叶、加盐豆豉汁等配料。至于如何放置，《齐民要术》并未说明。但是，笔者推测，应该是置于鸡腹中，然后置于甑中，蒸制熟烂后食用。

再如"蒸羊法"。取羊肉1斤，切丝，以豆豉等调和后，覆盖1升葱白，放入甑中，蒸熟后食用。[①]

> 肥鸡一头，净治；猪肉一斤，香豉一升，盐五合，葱白半虎口，苏叶一寸围，豉汁三升，着盐。安甑中，蒸令极熟。——《齐民要术》[②]

我们注意到，不论《食次》《齐民要术》，都有肉食与调味米，一同蒸食的记叙。集安火盆食俗中，至今仍有将米饭，与粗加工食材，一同蒸熟，再置于"火盆"上翻炒佐餐的环节。其与《食次》《齐民要术》所记烹饪法，不无异曲同工之妙。

第三，白煮法。

《食经》中言："白菹：鹅、鸭、鸡白煮者，鹿骨，斫为准：长三寸，广一寸。下杯中，以成清紫菜三四片加上，盐、醋和肉汁沃之。"[③]

如《食经》中所言，鸡鸭鹅的"白煮法"（又称"白菹法"）就是清水煮肉，是一种朴素的饮食法。当然，为了丰富口感，会在食用的时候，加入紫菜、盐、醋，或者浇上些许肉汁。

---

① 详见（后魏）贾思勰著、缪启愉校释：《齐民要术校释》（第二版）卷8，《蒸缹法七十七》，中国农业出版社2009年版，第603页。
② （后魏）贾思勰著、缪启愉校释：《齐民要术校释》（第二版）卷8，《蒸缹法七十七》，中国农业出版社2009年版，第598-599页。
③ 转引自（后魏）贾思勰著、缪启愉校释《齐民要术校释》（第二版）卷8，《菹绿第七十九》，中国农业出版社2009年版，第610页。

图 6-10　汉代铁釜[1]

第四，焦肉法。

《齐民要术》将"焦猪肉法"操作流程，记叙如下：

净燖（xún[2]）猪讫，更以热汤遍洗之，毛孔中即有垢出，以草痛揩，如此三遍，梳洗令净。四破，于大釜煮之。以杓（sháo，同"勺"）接取浮脂，别着瓮中；稍稍添水，数数接脂。脂尽，漉出，破为四方寸脔，易水更煮。下酒二升，以杀腥臊——青、白皆得。若无酒，以酢浆代之。添水接脂，一如上法。

脂尽，无复腥气，漉出，板切，于铜铛中焦之：一行肉，一行擘葱、浑豉、白盐、姜、椒；如是次第布讫，下水焦之。肉作琥珀色乃止。恣意饱食，亦不饀（yuàn[3]），乃胜燠（yù[4]）肉。欲得着冬瓜、甘瓠者，于铜器中布肉时下之。其盆中脂，练白如珂雪，可以供余用者焉。[5]

---

① 图片来源：中国农业博物馆网站（http://www.ciae.com.cn/collection/detail/zh/2419.html）。高31厘米，口径46厘米。

② 以开水去毛法。

③ 《说文解字》中称：饀，"猒也，饱也"。（清）段玉裁：《说文解字注》第五篇（下），中华书局2013年版，第224页。

④ 一说是腌藏食品的方法（将肉类在油中煎熟，再以盐、酒等佐料调和，再连同熟油腌渍在坛子中）；一说是一种肉类焖制法。

⑤ （后魏）贾思勰著、缪启愉校释：《齐民要术校释》（第二版）卷8，《蒸焦法七十七》，中国农业出版社2009年版，第599-600页。

如上文所述，"焦猪肉"大致经过了"釜中煮"和"铛中炖"两个阶段。"釜中煮"主要为了"除脂祛腥"，具体又分为两个环节：第一，将猪宰杀清理干净后，肢解成四块，在"大釜"中煮，时时加水，将浮脂取尽。第二，将猪肉切作一寸见方的肉块，换水再煮，同时在水中，加酒二升，除猪肉的腥臊味。清酒、白酒均可，若无酒，醋汁亦可。与此同时，继续加水，取浮脂。浮脂除尽，肉的腥臊味尽。

接下来，进入第二阶段——"铛中炖"。将除脂的猪肉捞出，切片，置于铜铛中。放置时，需要一层肉，一层辅料（如葱、豉、盐、姜、椒），层层叠置，直到合适高度后，再添水炖煮。猪肉呈琥珀色，即可食用。

如《齐民要术》中所称，经过这种方式烹饪的猪肉，肥而不腻，可以大快朵颐，远非其他炖煮或焖烧法可比。

实际上，这种烹饪法，也为集安火盆所采用。而且，上文中所言的"练白如珂雪"的"盆中脂"，也是集安地区古法制油的方式和特点。

"炖煮法"一般用于米饭、米粥等主粮制作。但是，在农业生产欠发达地区，特别是东北、西南等边疆地区，炖煮是渔猎产品加工的重要手段，同时也是当地民众的主要饮食方式。此外，炖煮的肉食，大多肥而不腻，有易于咀嚼、消化的特点。这也是蒸煮法，为火盆烹饪所普遍采用的重要原因。

第五，制燥䐹法。

"䐹"（shān），是一种肉酱。《齐民要术》中有"燥䐹""生䐹"两种制法。其中的"燥䐹"法，需要利用煮、蒸，对猪羊肉进行初加工。[①]其大致流程如下：取羊肉2斤、猪肉1斤，煮熟，并切成细丝。再取生羊肉1斤，切成细丝（笔者按，据"生䐹法"推测）。取生姜5合、橘皮2片、鸡子15枚、豆酱清（笔者按，当为"酱油"雏形）5合备用。将熟羊、猪肉丝，置于甑上蒸

---

① 如取羊肉1斤，猪肉白4两，以"豆酱清渍之；缕切。生姜、鸡子，春，秋用苏、蓼，著之"。参见（后魏）贾思勰著、缪启愉校释《齐民要术校释》（第二版）卷8，《作酱等法第七十·生䐹法》，中国农业出版社2009年版，第543页。

热。将熟肉丝、生肉丝，与酱清、姜、橘等搅拌均匀，即可食用。

> 羊肉二斤，猪肉一斤，合煮令熟，细切之。生姜五合，橘皮两叶，鸡子十五枚，生羊肉一斤，豆酱清五合。先取熟肉着甑上蒸令热，和生肉；酱清、姜、橘和之。——《齐民要术》①

第六，蒸肫法。

"肫"音"zhūn"时，多指禽类的胃；音"chún"时，特指古代祭祀用牲畜的一部分后体。《齐民要术》中所言"肫"，当为乳猪之类，或为"豚"之讹。

《齐民要术》中记录了两种"蒸肫法"。

其中一种制法，有大致流程如下：精选肥乳猪1只，清理干净，煮半熟，再以豆豉汁腌制。选生高粱米（秫米）1升，不得沾水，用浓豆豉汁浸泡，置于甑上蒸制，蒸熟后再淋上豆豉汁若干（笔者按，据"复以豉汁洒之"推测，原文中的"令炊作"，当为"蒸制"，而非"煮制"）。切姜丝、橘皮各1升，切3寸长葱白4升，再选橘叶1升，作为香料。将半熟乳猪置于蒸熟的高粱米上，将姜丝等调料浇在乳猪上，盖严，再蒸两三顿饭的时间。蒸制结束前，再浇上3升猪油、1升全豆豉汁，即可食用。

> 蒸肫法：好肥肫一头，净洗垢，煮令半熟，以豉汁渍之。生秫米一升，勿令近水，浓豉汁渍米，令黄色，炊作镦（fēn），复以豉汁洒之。细切姜、橘皮各一升，葱白三寸四升，橘叶一升，合着甑中，密覆，蒸两三炊久。复以猪膏三升，全豉汁一升洒，便熟也。——《齐民要术》②

另一种，《齐民要术》记叙如下：

---

① （后魏）贾思勰著、缪启愉校释：《齐民要术校释》（第二版）卷8，《作酱等法第七十·作燥脴法》，中国农业出版社2009年版，第543页。

② （后魏）贾思勰著、缪启愉校释：《齐民要术校释》（第二版）卷8，《蒸缹法七十七》，中国农业出版社2009年版，第598页。

肥豚①一头十五斤，水三斗，甘酒三升，合煮令熟。漉出，擘之。用稻米四升，炊一装；姜一升，橘皮二叶，葱白三升，豉汁渫②馈，作糁（sǎn，以米和羹），令用酱清（相当于酱油）调味。蒸之，炊一石米顷，下之也。③

该蒸制法不做具体阐释。

这里，仅略述上述两种蒸制法的主要区别：其一，前者以清水煮，以豆豉汁腌制；后者以甜酒与水混合物煮，不需要豆豉汁腌制。其二，前者用高粱米；后者用稻米。其三，前者用猪油、豆豉汁调味；后者用酱油调味。

综上所述，不论制燥脡酱，抑或蒸乳猪，其烹饪流程中，均反复使用煮、蒸两种方法。这两种方法，都能在烹饪过程中，最大限度地保持乳猪等汁液饱满的食材特征。

第七，酸枣饮制法。

《齐民要术》中记叙红枣饮品制法如下：取红软大枣，曝干。在大釜中煮熟。水能淹枣即可。一沸即漉出，放到盆中研碎，再以生布，绞取浓汁，涂盘上或盆中。在烈日下暴晒使干，取粉末。取一勺（约3毫升），置碗中，加水调和，酸甜适口。④饮茶之风兴起前，古人常喝此类饮品。

第八，涮肉法。

"涮"法，也可以归入"炖煮"的范畴。"满汉全席"中的"野味火锅"，就是"涮"法的典型代表。这里的"野味"，主要有野猪肉、野鸭脯、鱿鱼

---

① 豚，音"tún"，《说文》《方言》均强调，"豚"，指小猪，亦即乳猪。

② 笔者按，音"sù"。郑玄有言：以手洗为涑，以足洗曰澣。转引自（清）段玉裁《说文解字注》第十一篇（上二），中华书局2013年版，第569页。

③ （后魏）贾思勰著、缪启愉校释：《齐民要术校释》（第二版）卷8，《蒸缹法七十七》，中国农业出版社2009年版，第600页。

④ （后魏）贾思勰著、缪启愉校释：《齐民要术校释》（第二版）卷4，《种枣第三十三·作酸枣面法》，中国农业出版社2009年版，第264页。

卷、鲜鱼肉、鹿肉片、飞龙（一种野禽）脯、狍子脊、山鸡片等。现在的"野味"已为家禽家畜等食材所代替。

《齐民要术》记录了当时的"肉肠"制法，以羊肉肠为例："取羊盘肠，净洗治。细锉羊肉，令如笼肉，细切葱白，盐、豉汁、姜、椒末调和，令咸淡适口，以灌肠。两条夹而炙之。割食甚香美。"[1]

《齐民要术》中所言的"灌肠法"，与今见集安火盆中的"血肠"制法大同小异。唯食用方法不同。当时以"炙"，现在以"煮"。不过集安火盆在煎炒的环节，也有些许"炙"的味道。

---

3. 汉魏名馔

第一，羌煮。

羌煮是汉魏时期，北方民族的经典菜肴。

史载"（西晋）泰始之后，中国相尚用胡床貊盘，及为羌煮貊炙，贵人富室，必畜其器，吉享嘉会，皆以为先"。清人陈寿祺在所作《暖雪饮记》中，也述及"羌煮"之典故。[2]

西晋初年至今，已不下1700年。若非《齐民要术》的一段文字，我们对"羌煮"口味及特色的理解，就只能流于肤浅了。《齐民要术》中言：

羌煮法：好鹿头，纯煮令熟。著水中洗，治作脔，如两指大。猪肉，琢，作臛（音霍，指肉羹）。下葱白，长二寸一虎口，细琢姜及橘皮各半合，椒少许；下苦酒、盐、豉适口。一鹿头，用二斤猪肉作臛。[3]

按照《齐民要术》中的记载，羌煮法的烹饪要领是：鹿头肉需清水煮熟，

---

① （后魏）贾思勰著、缪启愉校释：《齐民要术校释》（第二版）卷9《炙法第八十》，中国农业出版社2009年版，第617页。

② 详见（清）陈寿祺《左海文集乙编》卷1，《暖雪饮记》，《续修四库全书》第1496册，上海古籍出版社2002年版。

③ （后魏）贾思勰著、缪启愉校释：《齐民要术校释》（第二版）卷8，《羹臛法第七十六》，中国农业出版社2009年版，第585页。

水洗降温，切成2指宽肉块，煮鹿头无须调味。按1个鹿头、2斤猪肉的比例，将猪肉切丁或剁碎，调味制成肉羹。肉羹调味需要葱白、姜、橘皮、花椒（麻椒）、醋（苦酒）、盐、豆豉共7种。其中，2寸长葱白1缕（所谓"一虎口"），姜及橘皮末各半合（1升的十分之一为"1合"）①，椒少许。苦酒、盐、豉的用量，视个人口味而定。猪肉羹调整好以后，再将事先准备好的鹿头肉块放入。一锅鲜美的"羌煮猪鹿汤"就准备好。

根据《齐民要术》的行文习惯，上述汤品，只是"羌煮"的一种。但是，"水煮肉"和"调味羹"一定是最核心的烹饪元素。

图6-11　梅花鹿②

第二，焦鸡。

焦鸡，也是汉魏时代一道较为流行的名菜，类似今"白斩鸡"或"白切

---

① "升"与"合"等，都是中国古代计量单位之一，1升＝10合。据研究，秦汉时期，1升相当于今200毫升左右。魏晋时期升的容积大幅增加。到了隋唐时代，1升容积已相当于今600毫升左右。贾思勰生活年代，"升""合"容积介于200毫升至600毫升之间。我们推测，贾思勰所言的"半合"，相当于今25毫升。若按重量，大约相当于"半两"。于是，"姜末"与"橘皮"各"半合"，总计就是一两。相对于二斤猪肉而言，这个比例是较为恰当的。

② 图片来源（作者：许波王琼）：北京自然博物馆网站（http://www.bmnh.org.cn/gzxx/gzbb/2/4028f10f602565070160256b47d51602.shtml）。

鸡"。《齐民要术》对"腊鷄[1]法"（又名"焦鸡法"）流程记叙如下：

> 以浑。盐，豉，葱白中截，干苏微火炙——生苏不炙——与成治浑鸡，俱下水中，熟煮。出鸡及葱，漉出汁中苏、豉，澄令清，擘（bò，剖开）肉，广寸余，莫之。以暖汁沃之。肉若冷，将莫，蒸令暖。满莫。

又称：

> 葱、苏、盐、豉汁，与鸡俱煮。既熟，擘莫，与汁，葱、苏在上，莫安下。可增葱白，令细也。[2]

焦（fǒu），作为一种炖煮法，一般与"烝"连用。《玉篇》中称，"焦，火熟也"[3]。《集韵》作"炰"。

"炰"有两个含义：一是同"炮"，《说文》中言，炮，"毛炙肉也"。《说文解字注》中进一步解释道：所谓"毛炙肉"，就是"肉不去毛炙之也"[4]。二是音"fǒu"，意"蒸煮"。若按字面理解，是"蒸"？是"煮"？根据《齐民要术》中"俱下水中熟煮"，可以判断是"煮"。

第三，蒸烹典故。

其一，黄帝创蒸饭法。"黄帝始蒸谷为饭。"[5]

其二，孔子食不熟之苏蒸。"孔子之鲁，燔俎无肉，苏蒸不熟。"[6]

---

① 鷄，"鸡"的异体字，下文统一改为"鸡"。

② （后魏）贾思勰著、缪启愉校释：《齐民要术校释》（第二版）卷8，《脏、腊、煎、消法第七十八》，中国农业出版社2009年版，第605-606页。

③ （梁）顾野王撰、（唐）孙强增补、（宋）陈彭年等重修：《重修玉篇》卷21，《影印文渊阁四库全书》第224册，台湾商务印书馆1986年版，第175页。

④ （清）段玉裁：《说文解字注》第十篇（上），中华书局2013年版，第487页。

⑤ 《御定渊鉴类函》引《周书》。（清）张英、王士禛等：《御定渊鉴类函》卷388，《食物部一·食总载五·饭二》，《影印文渊阁四库全书》第992册，台湾商务印书馆1986年版，第521页。

⑥ 《御定渊鉴类函》引《风俗通》。（清）张英、王士禛等：《御定渊鉴类函》卷389，《食物部二·蒸》，《影印文渊阁四库全书》第992册，台湾商务印书馆1986年版，第550页。

其三，祝阿蒸鱼。"《风俗通》云：祝阿不食生鱼。《俗》说，祝阿凡有宾婚吉凶大会，有异馔，极止蒸鱼。"①

其四，吴女愤食蒸鱼。

吴王有女滕玉。因谋伐楚，与夫人及女会，食蒸鱼，王前尝半而与女。女怨曰："王食残鱼辱我，我不忍久生。"乃自杀。阖闾痛之甚，葬于国西阊门外。凿地为池，积土为山，文石为椁，题凑为中，金鼎、玉杯、银樽、珠襦之宝，皆以送女。②

其五，同盘不能相救。

桓公坐有参军椅（余嘉锡案：以箸取物）烝薤不时解，共食者又不助，而椅终不放，举坐皆笑。桓公曰："同盘尚不相助，况复危难乎？"敕令免官。③

其六，僧道掘米煮饭。

衡岳西原，近朱陵洞，其处绝险，多大木、猛兽，人到者率迷路，或遇巨蛇不得进。长庆中，有头陀悟空，常裹粮持锡，夜入山林，越虺侵虎，初无所惧。至朱陵原，游览累日，扪萝垂踵，无幽不迹。因是跰蹋，憩于岩下，长吁曰："饥渴如此，不遇主人。"忽见前岩有道士，坐绳床。

---

① 《御定渊鉴类函》引《风俗通》。（清）张英、王士禛等：《御定渊鉴类函》卷389，《食物部二·蒸》，《影印文渊阁四库全书》第992册，台湾商务印书馆1986年版，第550页。
② （汉）赵晔著、张觉译注：《吴越春秋全译》之《阖闾内传第四》，贵州人民出版社1993年版，第84页。
③ （南朝宋）刘义庆著、余嘉锡笺疏：《世说新语笺疏》（第2版）卷下，《黜免第二十八》，中华书局2007年版，第1033页。

僧诣之，不动。遂责其无宾主意，复告以饥困。道士起，指石地曰："此有米。"乃持锸劚石，深数寸，令僧探之，得陈米升余。即着于釜，承瀑水，敲火煮饭。劝僧食，一口未尽，辞以未熟。道士笑曰："君飧止此，可谓薄分。我当毕之。"遂吃硬饭。又曰："我为客设戏。"乃处木袅枝，投盖危石，猿悬鸟跂，其捷闪目。有顷，又旋绕绳床，劲步渐趋，以至蓬转涡急，但睹衣色成规，攸忽失所。僧寻路归寺，数日不复饥渴矣。[①]

三 且煎且熬

"煎""熬"，含义相近，也是较为常见的烹饪法。苏轼《豆粥》中称"帐下烹煎皆美人"，王建《隐者居》中言"何物中长食？胡麻慢火熬"，所指均为此法。

1. 释义煎熬

"煎"，又写作"奠"，篆字则作"䕯"。《说文解字》中称："煎，熬也。"[②]《方言》中称，"煎"有"火干"之义，"凡有汁而干谓之煎"[③]。

"熬"，或作"熝""鏊"，金文作"䕯"[④]《周礼·小祝》"设熬，置铭"[⑤]，《礼记·内则》"淳熬"[⑥]。《说文解字》中称："煎，熬也"，又称"熬，干煎也。

① （唐）段成式著、许逸民笺：《酉阳杂俎校笺·续集》卷3，中华书局2015年版，第1604-1605页。

② （清）段玉裁：《说文解字注》第十篇（上），中华书局2013年版，第487页。

③ （汉）扬雄撰、（晋）郭璞注：《方言》卷7，《影印文渊阁四库全书》第221册，台湾商务印书馆1986年版，第329页。

④ 张亚初编著：《殷周金文集成引得》，中华书局2001年版，第1023页，第3227号字["兮熬乍（作）尊壶"]。

⑤ （清）孙诒让：《周礼正义》卷50，《春官·小祝》，中华书局1987年版，第2035页。

⑥ （汉）郑玄注、（唐）孔颖达疏、龚抗云整理：《礼记正义》卷28，《内则》，北京大学出版社2008年版，第996页。

从火敖声。"①《玉篇》中称,煎,"火去汁也"②。《方言》的解释更加具体:"熬,火干也。以火而干五谷之类",可谓之"熬"③。

《礼记·内则》"煎醢"④。醢,一种肉酱。所谓"煎醢",就是我们熟知的炒肉酱了。《仪礼·即夕》中有"凡糗不煎"的文字,称凡是用于祭奠的"糗"——炒米(一说点心),都能以脂膏"煎炒"⑤。言下之意,早在进入祭祀典礼之前,"糗"及炒米,也是较常见主食之一。

文献中又有"煎米""煎盘"的记载。所谓"煎米",应该类似于炒饭,有人解释为熬粥,似乎值得商榷。至于"煎盘",严格说来,应该是"火盆烹饪"的一种。

《方言》中称,各地区,在表达"以火而干五谷之类"等含义时,用字不同。"自山而东齐楚以往谓之熬(áo)","东齐谓之鞏(gǒng)","秦晋之间或谓之聚(chǎo)","关西陇冀以往谓之熻(bì)"。⑥

这其中,"聚"字非常值得关注。按照《玉篇》的说法,"聚"同"炒""熻""鬻""爆"含义相近⑦,俗作"炒"。除了"以火而干五谷之类"的一般含义。《六书故》又称:"聚,鬲中烙物也。"笔者认为,就器形特征分析,"鬲"器并不适宜于"烙物"。作为一种烹调方法,"聚(炒)",就是将谷物等食材,放在浅腹炊具中加热并翻动,使之熟或使之干。

---

① (清)段玉裁:《说文解字注》第十篇(上),中华书局2013年版,第487页。

② (梁)顾野王撰、(唐)孙强增补、(宋)陈彭年等重修:《重修玉篇》卷21,《影印文渊阁四库全书》第224册,台湾商务印书馆1986年版,第174页。

③ (汉)扬雄撰,(晋)郭璞注:《方言》卷7,《影印文渊阁四库全书》第221册,台湾商务印书馆1986年版,第329页。

④ (汉)郑玄注,(唐)孔颖达疏、龚抗云整理:《礼记正义》卷28,《内则》,北京大学出版社2008年版,第996页。

⑤ (清)胡培翚撰,段熙仲点校:《仪礼正义》卷29,《即夕礼三》,江苏古籍出版社1993年版,第1960页。

⑥ (汉)扬雄撰,(晋)郭璞注:《方言》卷7,《影印文渊阁四库全书》第221册,台湾商务印书馆1986年版,第329页。

⑦ (梁)顾野王撰、(唐)孙强增补、(宋)陈彭年等重修:《重修玉篇》卷21,《影印文渊阁四库全书》第224册,台湾商务印书馆1986年版,第174-175页。

此外，《齐民要术》中，还有一种"消"法，如"勒鸭消"①。根据上下文分析，应当是"以油炒肉"的意思。

> "櫌"与"炒"同音，均有"用火"之义，但所指完全不同。《诗经》中称"芃芃棫朴，薪之櫌之"②。《周礼》有言："以櫌燎祀司中、司命、风师、雨师。"③《说文解字注》中称"櫌"（yǒu），"积木燎之也"。④据此分析，"櫌"或许不从"木"而"从示"，当为"柴祭天神"之礼。

"炒"也是一种中药炮制方法，以强化某种药性。不加辅料叫清炒，加辅料，则有麸炒、土炒、米炒、酒炒、醋炒等名目。

2. 技法大略

作为烹饪法，实际上"煎炒"的应用非常广，影响也非常大。

第一，釜炙法。

《释名》称："釜炙，于釜汁中和熟之也。"清代学者毕沅，引述苏舆的说法，称《御览·饮食二十一》作"于釜中汁和熟之也"⑤。以上两处文字，仅是"汁中"与"中汁"的差别，实际意义没有变化。

显而易见，作为一种"隔火"烹饪法，所谓"釜炙"，就是将食材，直接置于有调汁的釜中加热，反复搅拌，直至成熟。这种烹饪技法，与"明火"直接接触的"燔炙法"，有显著区别，虽名以"炙"，但属于"煎炒"的范畴。⑥

第二，煎蛋饼法。

---

① 详见（后魏）贾思勰著、缪启愉校释《齐民要术校释》（第二版）卷8，《脏、腤、煎、消法第七十八》，中国农业出版社2009年版，第606页。

② 周振甫：《诗经译注》卷7，《大雅·棫朴》，中华书局2002年版，第406页。

③ （清）孙诒让：《周礼正义》卷33，《春官·大宗伯》，中华书局1987年版，第1297页。

④ （清）段玉裁：《说文解字注》第六篇（上），中华书局2013年版，第272页。

⑤ （汉）刘熙撰、（清）毕沅疏证、（清）王先谦补：《释名疏证补》卷4，中华书局2008年版，第140页。

⑥ 邱庞同先生也有类似观点，他说道："主要是靠釜底的高温和滚烫的汁液使原料成熟，这不正是带有'炒'的性质吗？"见邱庞同《中国菜肴史》，青岛出版社2010年版，第64页。

《齐民要术》中，记叙了"鸡蛋饼"和"鸭蛋饼"的煎制法：取鸡蛋或鸭蛋若干，"破写"（笔者按，当为"泻"）于瓯（《说文》中言："瓯，小盆也。"）中，不加盐；在锅铛中，加入膏油；加热煎之，"令成团饼，厚二分"①。值得注意的是，当下的蛋饼煎制方法，与《齐民要术》所言，大同小异。《齐民要术》中所言的"膏油"，特指猪油等动物性油脂。

第三，煎肉饼法。

我们注意到，《齐民要术》有一种肉饼煎制方法。其烹制过程大致如下：取优质鲜白鱼，除鳞洗净，剔骨取肉，切成3升肉泥。取熟肥猪肉，切成1升肉泥。取醋5合，葱、酸黄瓜各2合，姜，橘皮各半合，鱼酱汁3合，置于鱼肉泥、猪肉泥中搅拌。视口味轻重，加适量食盐调味。以调味好的肉馅做饼，直径如升盏②，厚约5分。然后以熟油，微火煎烙，颜色转红，便可食用。

由"熟油微火煎之"可以断定，《齐民要术》所言的"作饼炙法"，实际上也是"以锅铛煎烙"，而非"以明火炙烤"。因此，此为"煎饼"，非"炙饼"也。

> 取好白鱼，净治，除骨取肉，琢得三升。熟猪肉肥者一升，细琢，酢（同"醋"）五合，葱、瓜菹各二合，姜、橘皮各半合，鱼酱汁三合，看咸淡、多少盐之适口。取足作饼，如升盏大，厚五分。熟油微火煎之，色赤便熟，可食。原注：一本："用椒十枚，作屑和之。"——《齐民要术》③

第四，鸭煎法。

《齐民要术》："用新成子鸭极肥者，其大如雉。去头，燖（同'烂'）治，却腥翠④、五藏（同'脏'），又净洗，细锉如笼肉⑤。细切葱白，下盐、豉汁，

---

① （后魏）贾思勰著、缪启愉校释：《齐民要术校释》（第二版）卷9，《饼法第八十二》，中国农业出版社2009年版，第633页。

② 升，量酒器；盏，酒杯。升盏大小，应如碗口大小。

③ （后魏）贾思勰著、缪启愉校释：《齐民要术校释》（第二版）卷9，《炙法第八十》，中国农业出版社2009年版，第620-621页。

④ 禽类尾腺，有腥气，俗称"鸭尖""鸡尖"。

⑤ 经考，"笼肉"为"馅子肉"，即肉馅。

炒令极熟。下椒、姜末食之。"①

总之，煎炒类菜品较为多见，而且颇有特色。据毕沅考证，《礼记·内则》中有言："取稻米，举糔（xiǔ）溲（sōu）之，小切狼臅膏，以与稻米为酏（yǐ）"。郑玄注解到："狼臅膏，臆中膏也"②。因此，毕沅指出："以煎稻米，则似今膏糜矣"。所谓"膏糜"，即膏馓（zàn）③。以上，就是"狼油炒饭"的制作方法。

需要强调的是，火盆烹饪中"煎炒"与众不同。

第一，用来煎炒的食材，特别是不易熟烂、不易入味的肉类食材，大多经过炖、煮、蒸等方式，进行了预处理。

第二，火盆煎炒的手法，以文火慢煎为主，是温热慢食的过程，并非一般意义上的"急火爆炒"。

第三，燔炙是某些特殊食材，为实现特殊口味的预加工方式，所占比例有限，不是火盆烹饪的核心环节。

总而言之，集安火盆，属于风味独特的"低温烹饪"，是中国传统烹饪风格的精彩演绎，是值得推广的健康饮食。

中国自古以来，就形成低温烹饪的独特风格，与西方以煎、炸、烧、烤为主的高温烹饪方式，形成鲜明对比。现代科学研究表明，高温烹饪，虽然风味独特，但是容易发生"美拉德反应"，产生丙烯酰胺、多环芳烃等有害物质，危及身体健康。

3. 柴炭油脂

火盆食谱分主餐、佐餐两大部分，火盆烹饪有初加工、再加工两个环节。

---

① （后魏）贾思勰著、缪启愉校释：《齐民要术校释》（第二版）卷8，《脏、腊、煎、消法第七十八》，中国农业出版社2009年版，第606-607页。
② （汉）郑玄注、（唐）孔颖达疏、龚抗云整理：《礼记正义》卷28，《内则》，北京大学出版社2008年版，第1000页。
③ 馓，以羹浇饭。

特别是在主餐及再加工环节，煎炒发挥着非常关键的作用。不同于燔炙、蒸烹，煎炒对柴炭、油脂的依赖性更高，故将有关说明，附在本节。

第一，柴炭。

集安火盆曾用柴炭，大致可以分为乔木炭、果木炭两类。中国饮食文化中，自古以来就有以炭烹饪的传统。集安所在的长白山区，乔木、果木种类繁多，其中如长白落叶松、油松、赤松、樟子松、云杉、柳、杨、槐，以及桃、李、梨等果木，都曾作为柴炭，用于火盆烹饪。

应该注意到，由于各种柴炭燃烧时释放热量及气味不同，其对火盆烹饪的口味及用餐体验，都有一定影响。仅以松木而论，受制炭工艺等因素影响，不论使用松木块，抑或使用松木炭，掺杂以松脂、松节或松叶的情况，是较为普遍的。

由于松脂、松节等各有药性：松脂，味苦、甘，性温，无毒，可以用作关节酸疼，肝虚目泪，风虫牙痛等病症的辅助治疗。松叶味苦，性温，无毒，佐酒服用，可以预防瘟疫、治疗关节风痛。它们参与火盆烹饪时，对火候掌握、气味气氛的影响，在统一使用机制炭的当下，是很难体验得到，甚至是很难想象得到的。

第二，油脂。

火盆烹饪过程中，需根据不同食材或应食客要求，会选用不同油脂。

大致说来，常用油脂，可细分为"油""脂""膏"三种。这三者，在古代社会，曾有较明确区分。

所谓"油"，一般特指植物油。中国早就掌握了植物油的提炼办法。据称，黄帝得《河图》《洛书》，"昼夜观之"，为夜间照明所苦，特令力牧，采"木实"（即油性植物籽粒）制造为"油"，再以绵为灯芯，"夜则燃之"。[①]

汉武帝太始年间，国家兵器库失火，经查，是库内"积油所致"。嗣后，

① （清）张英、王士禛等：《御定渊鉴类函》卷391，《食物部四·油》，《影印文渊阁四库全书》第992册，台湾商务印书馆1986年版，第589页。

才有"积油满万石，则自然生火"的教训。[①]汉武帝兵器库储油，当为植物油。西汉末年的《氾胜之书》，已有"豆有膏"[②]的记载。说明当时已发明了"豆油"制法。

西晋张华在《博物志》中，记叙了"麻油"提炼过程及经验。[③]南北朝以后，植物油品类不断加增。

三国名士许游任郡守时，官厅前有一古墓。许游以为不便，命衙役迁往别处。在施工过程中，发现古墓中有一个大缸，缸内灯油即将耗尽。但是，缸上有字，称"许游许游。与汝何仇，五百年后，为我添油！"许游见后，当即"买油注满"，并打消了迁坟的念头，"仍以土覆之"，恢复原状。[④]

植物油，除了用于照明，还用作军事，是国家战略储备之一。如《晋书》中就有以"麻油"作"火炬"[⑤]，用于军事行动的记载。

除了上述，植物油也用来食用。宋人苏东坡诗言："怪君何处得此本，上有桓玄寒具油。"[⑥]所谓"寒具"是一种油炸食品。[⑦]从"油"的惯于场合及"寒具"的烹饪需要考虑，该"寒具油"，或许就是"胡麻"一类食用植物油。宋代的植物油食用较为普遍，特别是当时的北方人，"喜用麻油煎物，不问何物，皆用油煎"[⑧]。

明清时代，植物油品类越来越多。据明代科技著作《天工开物》中载，

---

① （西晋）张华撰、范宁校证：《博物志校证》卷4，中华书局1980年版，第47页。
② 万国鼎：《氾胜之书辑释》，农业出版社1980年版，第138页。
③ （西晋）张华撰、范宁校证：《博物志校证》卷4，中华书局1980年版，第46-47页。
④ （清）张英、王士禛等：《御定渊鉴类函》卷391，《食物部四·油》，《影印文渊阁四库全书》第992册，台湾商务印书馆1986年版，第589页。
⑤ （唐）房玄龄等撰：《晋书》卷42，《列传第十二·王濬》，中华书局1974年版，第1209页。
⑥ （清）王文诰辑注、孔凡礼点校：《苏轼诗集》卷29，《次韵米黻（芾）二王书跋尾》，中华书局1982年版，第1537页。
⑦ 《齐民要术》中记载的"膏环"，即为"寒具"之类。其中所称的"膏油煮之"，当为动物油。（后魏）贾思勰著、缪启愉校释：《齐民要术校释》（第二版）卷9，《饼法第八十二》，中国农业出版社2009年版，第633页。
⑧ （北宋）沈括著、王骧注：《梦溪笔谈注》之《杂志一》，江苏大学出版社2011年版，底本547页。

当时供"馔食"之用的植物油，芝麻（胡麻、脂麻）油、萝卜籽（莱菔子）油、黄豆油、白菜籽（菘菜籽）油等属于"上品"；等而下之的，是苏麻（今苏子）油[①]、芸苔子（油菜籽）油；茶子油又次之；苋菜籽油更次之。大麻籽油，品质最差，最不堪用。[②]大致在清代中后期，开始出现"花生油"。至于大豆油，其产量、食用规模均越来越大。[③]

以上植物油，都可以用于火盆烹饪，而且有特殊功效。

菜籽油，即油菜籽油。食用菜籽油的记载，始见于明代。《天工开物》中称，作为食用油，芸苔子（菜籽）油不如芝麻油、黄豆油。《本草纲目》亦言，油菜籽，"炒过榨油黄色，燃灯甚明，食之不及麻油。近人因油利，种植亦广云"[④]。明末姚可成在《食物本草》中，对其功效，作如下记载：菜油"敷头，令发长黑。行滞血，破冷气，消肿散结。治产难，产后心腹诸疾，赤丹热肿，金疮血痔"[⑤]。概言之，中医理论认为，菜籽油味甘、辛、性温，可润燥杀虫、散火丹、消肿毒，对蛔虫性及食物性肠梗阻，有较好治疗效果。

芝麻油，又称乌油麻。味甘，性平，无毒。据南唐医学家陈士良辩证"胡麻仁生嚼，涂小儿头疮，亦疗妇人阴疮。初食利大小肠，久食即否，去陈留新"[⑥]。陈士良以后，又有医家表彰芝麻油，称其有坚筋骨、明耳目、补中益气、润养五脏等功效。[⑦]《齐民要术》中，已有用芝麻油素炒"地鸡"（菌类）

---

① 据贾思勰《齐民要术》可知，苏子油在当时已是常见食用油之一。

② 《天工开物》中"膏液·油品"。此外，该书还较全面介绍了榨、水代、磨、舂等榨油法，以及上述植物籽粒的出油率等。潘吉星：《天工开物校注及研究》，巴蜀书社1989年版，第289-290页。

③ （清）刘锦藻：《清朝续文献通考》卷382，《实业考五》，商务印书馆1936年版，第11293页。

④ （明）李时珍：《本草纲目》（第3册）卷26，《菜部之一》，人民卫生出版社1978年版，第1603页。

⑤ （明）姚可成汇辑，楼绍来、连美君点校：《食物本草》卷16，《味部·菜油》，人民卫生出版社1994年版，第977页。

⑥ 转引自（元）佚名《增广和剂局方药性总论》（http://www.zysj.com.cn/lilunshuji/zengguanghejijufangyaoxingzonglun/index.html）。

⑦ 转引自（明）李时珍《本草纲目》（第3册）卷22，《木部一》，人民卫生出版社1978年版，第1437页。

的记载。[①]

蓖麻子油，味甘、辛，性平，有小毒。但是，蓖麻子油对半身不遂、失音不语有治疗作用。据医方记载，若出现上述病症，可以取蓖麻子油1升、酒1斗，在铜锅中煮熟，再慢慢服用。

除了上述植物油，火盆烹饪，特别是在古代，尤其常见的是所谓的"脂"和"膏"。

一般说来，二者有别也互通。"脂"为脂肪块；"膏"为脂肪块的液态提炼物，冷却后为膏状。据《周礼·梓人》记载，早在先秦时代，古人就从"祭祀典礼"需要的角度，将"天下之兽"，分为"脂者，膏者，赢者，羽者，鳞者"五种。其中，唯有"脂者，膏者"，方得进献宗庙。[②]汉代学者许慎曾就此诠释道："载角者曰脂，无角者曰膏。"[③]

根据其他文献记叙，祭祀用的"载角者"多为牛、羊；而无角者，则基本为野猪或家猪。由生活常识可知，用于烹饪的动物油，可以在烹饪过程中，从羊、牛、猪的脂肪中提取，即以"脂"烹饪；也可以在烹饪过程中，取用事先炼制的动物油，即以"膏"烹饪。昔日，集安火盆烹饪，不论油、脂、膏，均为古法制取，醇香，无异味。现在使用的，绝大多数都是成品油，口味略有差别。

中国餐饮文化，自古以来，就以烹饪技法的综合运用和花样翻新而著称，集安火盆烹饪同样如此。烹饪技法之于食材潜力的充分发掘，具有举足轻重的作用。尤其是在火盆美食中，许多寻常食材，均因蒸煮、燔炙、煎炒等法的巧妙运用而令人回味无穷。

---

① （后魏）贾思勰著、缪启愉校释：《齐民要术校释》（第二版）卷9，《素食第八十七》，中国农业出版社2009年版，第655页。

② （清）孙诒让：《周礼正义》卷81，《冬官·考工记·梓人》，中华书局1987年版，第3375，3376页。

③ （清）段玉裁：《说文解字注》第四篇（下），中华书局2013年版，第177页。

第七章　火盆与康养

中国自古关注饮食之于康养的重要意义。号称金元四大名医之一的张从正，提出"养生当用食补，治病当用药攻"。明代著名医药李时珍，亦称"食为人命脉"。集安火盆的食材选搭、食谱构成、食俗禁忌等，与中国传统的饮食康养理念暗合，这是火盆文化得以生生不息的根本原因。

一　食材与康养

中国传统药膳学理论源远流长、博大精深。[①]"以食养治"，在中国素有传统，若善加利用，则能事半功倍。限于篇幅，谨以《黄帝内经》中关于记叙，对火盆食材的康养机制，略作说明。

1. 食分五味

食分五味，是中国传统"药膳学"理论的基础。《灵枢经》之《五味篇》，以黄帝与伯高对话的形式，介绍了五谷、五果、五畜、五色，与"五味"的对应关系问题，其言：

---

① 诸如《神农本草经》《黄帝内经》《伤寒杂病论》《神农食经》《养性书》《新修本草》《千金方》《本草纲目》等典籍，都有大量精妙论说。

黄帝曰：谷之五味，可得闻乎？

伯高曰：请尽言之。五谷：秔[①]米甘，麻酸，大豆咸，麦苦，黄黍辛。五果：枣甘，李酸，栗咸，杏苦，桃辛。五畜：牛甘，犬酸，猪咸，羊苦，鸡辛。五菜：葵甘，韭酸，藿[②]咸，薤苦，葱辛。五色：黄色宜甘，青色宜酸，黑色宜咸，赤色宜苦，白色宜辛。凡此五者，各有所宜，五宜所言五色者。[③]

据传世文献记载，黄帝和伯高，为上古君臣。其中，黄帝，本姓公孙，后改姓姬，号轩辕氏，因建都于有熊，故称有熊氏，被誉为上古时代华夏民族之共主，又被尊为中华"人文初祖"，居"五帝"之首。伯高，传说为黄帝的臣子。

晋代医学家皇甫谧在所著《黄帝针灸甲乙经》中称："黄帝咨访岐伯、伯高、少俞之徒，内考五脏六腑，外综经络、血气、色候，参之天地，验之人物，本之性命，穷神极变，而针道生焉，其论至妙。"据此可知，伯高与岐伯、少俞等人一样，都精通医道。

笔者据伯高所言，将五谷、五畜、五菜、五果等常见食材，及其与五味、五色对应关系，制表如下：

---

① 秔，音"jīng"，同"粳"，水稻品种之一。麻，芝麻。大豆，有黄、黑、青、白之分，大豆。黍，一年生草本植物，子实淡黄色，去皮后称黄米，略大于小米，煮熟后有黏性，可以用来酿酒，北方人俗称"大黄米"。

② 藿，音"huò"，大豆叶也，古代平民常吃的粗菜。薤，音"xiè"，为多年生草本植物，嫩叶及鳞茎可食用。俗称"野蒜"。《尔雅翼》中称："薤，似韭而无实，亦不甚荤。"（宋）罗愿撰，（元）洪焱祖音释：《尔雅翼》卷5，《影印文渊阁四库全书》第222册，台湾商务印书馆1986年版，第294页。

③ 南京中医药大学编：《黄帝内经灵枢译释》（第2版），《五味第五十六》，上海科学技术出版社2012年版，第412—413页。

表 7-1　　　　　　　　　　《灵枢经》所见之"五味"表

五味	甘	酸	咸	苦	辛
五色	黄	青	黑	赤	白
五谷	秔（粳）米	麻	大豆	麦	黄黍
五畜	牛	犬	猪	羊	鸡
五菜	葵	韭	藿	薤	葱
五果	枣	李	栗	杏	桃

2.味入五脏

五味入五脏，是中国传统"药膳学"的理论基础，同时也是集安火盆何以发挥康养功能的基本机理。据《黄帝内经》记载：

黄帝曰：愿闻谷气有五味，其入五藏（即五脏），分别奈何？

伯高曰：胃者，五藏六府（即五脏六腑）之海也，水谷皆入于胃，五藏六府皆禀气于胃。五味各走其所喜：谷味酸，先走肝；谷味苦，先走心；谷味甘，先走脾；谷味辛，先走肺；谷味咸，先走肾。谷气津液已行，营卫大通，乃化糟粕，以次传下。[1]

伯高所称的"五味各走其喜"，概言之，即酸入肝、苦入心、辛入肺、甘入脾、咸入肾。"五味"与"五脏"对应关系如下。

表 7-2　　　　　　　　　《黄帝内经》所见之"五味入五脏"

五味	酸	苦	甘	辛	咸
五脏	肝	心	脾	肺	肾

"五味各走其喜"的另一种表达，就是"嗜欲不同"，各有所喜，"各有所通"[2]。其与《真要大论》所言的"五味五色所生，五藏所宜宾"，以及"五味

---

[1] 南京中医药大学编：《黄帝内经灵枢译释》（第2版），《五味第五十六》，上海科学技术出版社2012年版，第411页。

[2] 郭霭春主编：《黄帝内经素问校注》卷3，《六节藏象论篇第九》，人民卫生出版社2013年版，第104页。

入胃，各归所喜"①的含义相同。

《灵枢经·五味》中的一段文字，也精要表述了"用本脏之味以治本脏之病"的道理，谨制表如下：

表7-3　　　　　　　　　　五味对治五脏②

病脏	宜食	备注
肝病	麻、犬肉、李、韭	肝属木，酸入肝，故宜用此酸物
心病	麦、羊肉、杏、薤	心属火，苦入心，故宜用此苦物
脾病	秔米饭、牛肉、枣、葵	脾属土，甘入脾，故宜用此甘物
肺病	黄黍、鸡肉、桃、葱	肺属金，辛入肺，故宜用此辛物
肾病	大豆黄卷（即大豆芽）、猪肉、栗、藿	肾属水，咸入肾，故宜用此咸物

3. 五脏滋养

如上文所言，五味入五脏，各有所用，各有所养。兹不详述。

除了"五味"，"五色"对五脏滋养、身体健康，也很重要。

以红色食物为例。胡萝卜、红辣椒、山楂、红枣、草莓、红薯、红苹果等红色食物，按照中医五行学说，有"入心""入血"暨"养心"的功效。现代医学研究表明，这类红色食物，一般有极强的抗氧化性，人体吸收后，确实对增强心脑血管活力、提高淋巴免疫功能，功效显著。

再如黄色食物。南瓜、玉米、花生、大豆、土豆、杏等黄色食物，按照中医说法，摄入后，集中在"中土"区域，对脾胃大有裨益。研究表明，这类食品，可以提供优质蛋白、脂肪、维生素和微量元素等，特别是含量丰富的维生素A，能保护肠道黏膜，可以有效防止胃炎、胃溃疡等疾患发生。

至于绿色食物。中医认为，绿色入肝。因此，多食绿色食品，有舒肝、强肝的功效。现代营养学研究显示，绿色蔬菜中含有丰富的叶酸成分，是人体新陈代谢过程中，最重要的维生素之一，是良好的人体排毒剂，可有效地

---

① 郭霭春主编：《黄帝内经素问校注》卷22，《至真要大论篇第七十四》，人民卫生出版社2013年版，第727、777页。

② 参见南京中医药大学编《黄帝内经灵枢译释》（第2版），《五味第五十六》，上海科学技术出版社2012年版，第413页。

消除血液中过量的半胱氨酸等。

总而言之，五色与五脏滋养之间，确实有密切关联。

五脏滋养，除了需要考虑食材特性，还需要辩证食客五脏的"体用""虚实"。这样，才能取得较为理想的效果。正如《素问》中称：肝苦急，急食甘以缓之；心苦缓，急食酸以收之；脾苦湿，急食苦以燥之；肺苦气上逆，急食苦以泄之；肾苦燥，急食辛以润之。[①] 又称，肝欲散，急食辛以散之；心欲软，急食咸以软之；脾欲缓，急食甘以缓之；肺欲收，急食酸以收之；肾欲坚，急食苦以坚之。[②]

以"肝"为例。"酸"入"肝"，可补"肝"之"体"。这就是"肝苦急，急食甘以缓之"的含义。《灵枢》中"肝病食酸"的含义与此相同。至于《素问》中"肝欲散而食辛"，与《灵枢》中"肝病禁辛"，仅就字面而言，看似抵触：一说"禁食辛"，一说"宜食辛"，实则不然。因为"辛"入肺，可补肺之"体"，也可强肝之"用"。肝若因"用强体弱"而呈病态，则应"禁辛"以固"肝体"。

再以"脾"为例。"甘"入脾，可补脾之"体"。因此，"脾欲缓"，可以通过"急食甘以缓之"，其与《灵枢》中的"脾病食甘"的含义相同。五脏和谐时，五色不显，若脾显"黄色"，则是"湿气"过重所致。当此时，宜食"苦以燥之"。其机理是："苦"入心，可强心之"体"。心主"火"，心"体"强，则火旺，火旺而生土，土强则能克"水"，从而实现以"燥"脾湿的功效。

> 五禁：肝病禁辛，心病禁咸，脾病禁酸，肾病禁甘，肺病禁苦。——《灵枢经》[③]

---

① 郭霭春主编：《黄帝内经素问校注》卷7，《藏气法时论篇二十二》，人民卫生出版社2013年版，第224-225页。

② 郭霭春主编：《黄帝内经素问校注》卷7，《藏气法时论篇二十二》，人民卫生出版社2013年版，第226-228页。

③ 南京中医药大学编：《黄帝内经灵枢译释》（第2版），《五味第五十六》，上海科学技术出版社2012年版，第414页。

今见火盆食谱及饮食习俗中，不乏朴素的"五行生克""五脏补养"的理念。但就目前而言，除非个别门店能够辩证食材性状，并针对食客需求提供个性化服务，普通火盆店还是聚焦于烹饪技法及风味改良，仍有较大提升空间。

二　食谱与康养

健康饮食，既是摄取营养的必要手段，也是延年益寿的重要途径。目前，集安火盆有一套相对固定的食谱，这是火盆文化长期积淀的结果。其中的食材选搭、用餐程式等，除了可以满足改善口感、调剂口味的美食需要，还体现了朴素的康养理念。

1. 食材选搭

集安火盆食材选搭，以绿色有机、荤素有度为基本特征，与现代营养学的理念暗合。集安火盆食材的这种选搭，是当地生态环境长期塑造的结果，是火盆文化生生不息的物质基础。

> 食、术、思、药，是中医养生四法。其中，"术"，指五禽戏、易经经、太极拳等传统功法。思，指宜沉忌浮、抱朴守拙等康养心法。"药"，特指中药，即通过服用中药，祛病疗疾。"食"，指食疗。

就绿色有机而言。集安地区自古以来山清水秀，山林野生果蔬资源丰富，属绿色有机食品。至于地产粮豆，化学肥料出现以前，基本处于自然滋长的状态，也是绿色有机食品。即便是化学肥料发明以后，由于受耕地面积有限、单产潜力不高、粮食输入成本降低等因素影响，人们对化肥增产的期待不高，地产粮豆的品质未受太大影响。总而言之，"绿色有机"是集安火盆食材"本色"。

就荤素有度而言。集安地区耕地面积有限，自产粮食，除了口粮，剩余粮食，不足以支撑大规模禽畜饲养。此外，由于当地民众对自然的敬畏，在颇有节制的狩猎活动中，獐狍野鹿等野味也不可多得。因此，长期以来，即便是富家户，也将肉食视为值得期待之"享受"，至于普通百姓的餐桌，除非重要节庆，就更是难得一尝了。故而，在这种自然生态和社会条件下，集安火盆形成了荤素搭配、蔬食为主的基本风格。这给许多外地食客，以既似曾相识，又耳目一新的特殊体验。

> 平衡膳食，是健康的基础，是预防慢性病的途径。中国营养学会制订的《中国居民膳食指南》，按照科学配餐的原则，提出了以下主张：（1）蛋白质、脂肪等占总热量比例：蛋白质10%—15%；脂肪20%—30%；碳水化合物55%—65%。（2）三餐能量分配：早餐25%—30%；午餐40%；晚餐30%—35%。（3）每人每天蔬菜水果的供给量及比例：800—1000克，蔬菜占4/5，水果占1/5。注意主食粗细、干稀平衡；副食生熟、荤素平衡。

通过回顾火盆文化发展历程，我们知道，作为一种辗转多地，历经千年的烹饪形式和饮食习俗，"火盆"在集安一隅驻足，并以"集安火盆"命名后，其所汇集的炙烤、蒸煮、煎炒等烹饪技法，简约但不简单，朴拙却不寻常，与主流中华饮食文化一脉相承。而且，集安火盆食材选搭的风格，也是传统中华饮食的显著特征。基于上述，外地游客，特别是外省食客来集安品尝后，无不印象深刻。

近年来，随着技术进步，生产力水平提升，粮果蔬、肉蛋奶的食材供给能力大幅提高。集安火盆的食材选搭，出现了分化的趋势，大致有"奔放""高冷""朴素"三种风格。

其中，部分餐馆，为满足部分消费者"无肉不欢"的饮食需求，相继推出以"大鱼大肉"为特征的火盆品类，风格较为"奔放"，属于较为典型的"重口味吃法"。这类火盆，虽然已通过"蒸""煮""焯"等烹饪方式，做到最大程度的"减油""减脂"，但是，依然给人以"肥腻"的直观印象。

部分餐厅，则本着"食不厌精，脍不厌细"的经营理念，在保持"荤素有度"的同时，刻意推出一系列追求"绿色有机""健康生态"的火盆品类。在食品安全备受瞩目，国民收入水平显著提高，消费差异化凸显的社会背景下，这种略显高冷的饮食风格，对部分消费者，有不可抗拒的魅力，即便价格不菲，依然不惜挥金一尝。我们相信，随着生态环境持续向好，有机食材供给瓶颈必将打破，届时，这类"高冷火盆"也能放下身段，重归"亲民"路线。

除了上述，就是当地百姓家中烹饪的"家常火盆"。由于对烹饪技术的不同理解，这类火盆，始终没有统一的制作标准，既不刻意追求食材的花样选搭，也不刻意追求口味的大众迎合，只要家人习惯、亲朋喜爱就好。因此，各家餐桌上的"家常火盆"，较以其他，显得更加朴素、原生态，有稳定而浓郁的"家"的味道。

值得注意的是，我们在行业走访中发现，追根溯源，新中国建立以来，集安火盆餐饮业，其早期业态，大都经历了"家常火盆"市场化的过程。因此，这些火盆店至今还有浓郁的"家常"风格。亦言之，其制作流程、烹饪水平，还有参差不齐的问题。因此，有必要有通过专业培训、技能大赛等途径，确定基本的规范和标准，以便于更好地推介集安火盆历史文化，并推进集安火盆餐饮业健康发展。

2. 就餐程式

集安火盆的就餐程式，可繁可简。但不论繁简，都体现了寓养于食、天人不二的文化理念。或许，这正是集安火盆的"特殊魅力"所在。

第一，集安火盆的餐前酝酿较为充分。其中包括餐前汤品，各类鲜果、干果、蜜饯等。地道的集安火盆，餐前都有一道汤品。适合餐前饮用的汤品，除了红枣汤、冬瓜汤、纤蔬汤等常见种类，品质及消费水平较高的火盆店，还可以提供各类参汤，以及时令菌汤、野菜羹等。

需要说明的是，集安虽然是我国人参主产区之一，以参汤佐餐的经验较为丰富。但是，除非提前商定，否则，一般火盆店不予提供。主要原因有二，第一，品质较好的人参，基本供不应求，而且成本较高；第二，高品质参汤，需要根据食客年龄、身体状况等调整配方，若非熟客，贸然询问上述个人信息，总有不便之处。若是自家食用，则根据季节、时令等，掌握好剂量即可。

这些餐前食品，除了可以激活味蕾，增进食欲，也与现代科学膳食的理念暗合。此外，从餐厅经营的角度，还是不可或缺的环节：可以填满正餐开始前的空隙，诸如特色汤品预订等个性化服务，是一项值得重视的利润来源。因为一道高品质参汤的销售价格，往往要高于"正餐"本身。

第二，集安火盆的正餐程式，与火锅、烧烤等类似，是集烹饪、饮食、体验的"三位一体"，餐中气氛活跃，颇令人愉悦。集安火盆的一个鲜明特色，就是各类食材，经初步料理后，次第置于"火盆"之上，再将盛满食材的火盆，在位于餐桌中央的炭火上，一边翻炒，一边食用。负责料理的执事者，既可以是专业人士（一般由经过培训的服务员充任），也可以是在座的各位食客。

据经营者反映，目前，许多就餐者，都以"亲自下厨""分享烹调"为乐。这种带有"家宴"气息的用餐趋势，折射的，是日日奔波的现代人，某种"回归传统"的心意。试想一下，长白山麓，鸭绿江畔，三五亲朋，聚会一处，任烟雨飞絮，鸭江飘雪，分享厨艺，且话家常，其于身、心，都是"营养"。放眼国内，纵观古今，此情此景，都是人生难得之乐事。火盆文化几经辗转，最后在集安扎根，集安火盆几经沉浮，仍为今日食客所偏爱，良有以也。

第三，餐后茶点消食，同样也是集安火盆就餐程式的重要组成部分。集安火盆的餐后茶点，以茶为主，以点为辅，在形式上，与现在的潮汕茶点风格类似，但在茶点品类上，则有鲜明地方特色。

集安火盆的餐后"茶"，一般以五味子、暴马丁香、人参花等地产中药为主，辅以红茶或乌龙茶等，属于药茶的范畴。这种饮茶风格，主要是集安地区，长期以来交通不便，茶叶较为稀缺，非寻常百姓家，以五味子等"代茶饮"的现象较为普遍。新中国成立后，集安百姓生活水平不断提高，但是，"代茶饮"的风俗仍在。

集安火盆的餐后"点"，过去仅是一般的面食。清末以后，部分有宫廷特色的糕点，随移民进入东北。集安等地的糕点品类，也随之丰富。特别是近年来，部分商家开始向顾客提供高品质糕点，集安火盆的餐后茶点，也因此增色不少。这其中，如杏仁豆腐、松子月饼、小豆糕、山核桃酪、青艾窝窝、蓝莓果酱金糕、千层蒸糕、长春卷、豌豆黄等，均以地产优质干果、粮豆为原料，口感、口味都很好，值得一尝。

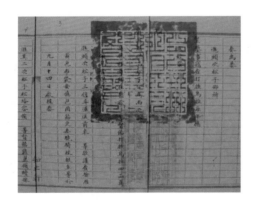

松子，东北松子质优味美，在清代，是皇家指定贡品。除了祭祀，还是各种宫廷糕点的重要原料。

图 7-1　采捕松子呈文 [1]

3. 佐餐食品

佐餐食品，虽名以"佐"字，但同样是火盆食谱的重要构成。集安火盆在食用过程中，各种汤品，及鲜果、果脯、蜜饯、糕点、酱菜、干果等，在不同环节次第登场，并发挥了不可或缺的康养功效。

以餐前佐食为例。集安火盆较以其他美食，其就餐时间略长一些。因此，餐前饮汤，并适当食用干果、蜜饯等，有助于调动腺体潜力，分泌更丰沛消化液，补充矿物质及微量元素，对饮食健康非常有利。

---

[1] 图片来源：吉林省图书馆"打牲乌拉图片库"（http://222.161.207.53:81/tpi/WebSearch_DSWL/）。

以餐前饮用的参汤、菌汤、野菜汤为例。这些汤品，均以人参、榆黄蘑、大叶芹等地产草药及山珍为原料，以野生、有机、新鲜、应季为特色，营养价值极高。此外，尤为重要的是，这些汤品的提供，均能顺应时令变化，为人体及时补充大自然的新鲜养分，非一般反季或冰鲜食材可比。

餐前佐食，除了汤品，还有干果、蜜饯、糕点等。常见干果有糖炒花生、虎皮花生、蜂蜜花生、花生粘、芝麻糖、核桃粘、冰糖核桃、五香杏仁、奶白葡萄等。常见蜜饯，有山梨、小枣、苹果、丸都李子、集安白桃、山楂、海棠七八个品种。其中，以农家自产自销的蜜饯营养最好。这类蜜饯，均以地产水果和长白山蜂蜜腌制而成，外观固然不如正规厂家的产品，但是口感及营养价值，绝对上乘。

在集安，不论居家，抑或在店，火盆正餐开始前，大都食用鲜果的习惯。草莓、覆盆子、白桃、丸都李子等地产水果成熟季节，这些都是必须一尝的餐前"甜点"。其中的丸都李子，早在宋代，就被记入《新唐书》，是东北地区唯一写入"正史"的地产水果。

图7-2　李子 [①]

集安火盆餐前食用鲜果的习俗，非常科学。因为，现代营养学研究表明，较以肉类、谷物等，水果更易于消化。水果的糖分，如果被其他食物阻隔在

---

① 图片来源：作者供图。

胃里，会在体温、酶的作用下酒化。这也是习惯餐后食用水果的人，即便不饮酒，也有酒精肝、脂肪肝等病疾的原因之一。

餐中，除了用于火盆料理的各类食材。尤其值得一提的，是酒水、清汤等佐餐饮品。以酒水为例，除了常见的白酒、啤酒、红酒、果汁及各种软饮，较为经典的佐餐酒水，是半发酵的果汁、果酒，以及以参、茸等炮制的药酒。这其中，半发酵果汁，与近年来流行的"酵素"，没有本质区别，老少咸宜，值得推广。

集安及其周边地区，盛产山葡萄、山楂等水果，量多质优，适宜制作果脯、蜜饯及酿造果酒等。在生产生活实践中，人们发现，半发酵果汁，既有"酒"的特征，又有"果"的甜美，还有助消化的功效，但饮无妨。土法"果酒"，也由此发展而来。近年来，随着"北冰红"等甜酒的开发，"冰酒"成为"火盆"的标配。冰酒的甜度、酒精度，介于发酵果汁与干红之间，且有美容养颜等功效，尤为女性消费者所喜爱。

除此之外，就是各种药酒。东北土厚粮优，酿酒历史悠久，近代以来，以"小烧"闻名。长白山地区，盛产人参、鹿茸等道地中药材，以药酒保健，在当地非常多见。

再如餐中清汤，是肉类食材粗加工过程的"副产品"，除渣、除油后，简单调味，人手一份，趁热饮用。俗称"原汤化原食"。值得一提的是，部分持有所谓"西方"理念的人，对国人"煲汤"的做法，颇存质疑。在检测手段尚属粗陋的当下，这种"质疑"，不是真正"科学"的态度。实际上，食材在蒸煮过程中，肯定有某些营养物资流失。因此，在吃"原食"的过程中，饮"原汤"，才是这份食材的"完整"享用。对"原汤"的重视，基于国人千百年间的生活实践，值得信赖。

至于香辣黄瓜条、甜辣雪里蕻、甜辣桔梗、辣白菜、酱小椒、甜酱萝卜、油焖草菇、椒油银耳等酱菜，以及餐后的茶点，则主要发挥开胃、解腻的功效。

三　食俗与康养

火盆文化在传播发展过程中，形成饮食有节、合食共乐、因时制宜等饮食习俗，是自然与人文共同塑造的结果。这些饮食习俗，对身心健康同样重要。

1. 饮食有节

《黄帝内经》提出"饮食有节"的概念，并成为中国传统医学中的重要理念。集安火盆食俗中的饮食有节，是当地自然和人文环境共同塑造的品质。

> （黄帝）乃问天师（岐伯）曰："余闻上古之人，春秋皆度百岁，而动作不衰；今时之人，年半百而动作皆衰者，时世异耶？人将失之耶？"
>
> 岐伯对曰："上古之人，其知道者，法于阴阳，和于术数，食饮有节，起居有常，不妄作劳，故能形与神俱，而尽终其天年，度百岁乃去。"①

所谓"饮食有节"，首先就是"食量有节"，因为"饮食自倍，胃肠乃伤"。②慎子则曰："饮过度者生水，食过度者生贪。"③陶弘景在《养性延命录》中，也强调克制饮食，不宜过量的意义："所食愈少，心愈开，年愈益；所食愈多，心愈塞，年愈损。"④

自新石器时代晚期以来，火盆文化在传播过程中，受生产力水平限制，始终存在物力不阜、食材来源有限等现实问题，故而，非常注意节制食量，以节俭为荣，以浪费为耻，爱惜物华，物尽其用。

---

① 郭霭春主编：《黄帝内经素问校注》卷1，《上古天真论篇第一》，人民卫生出版社2013年版，第2-3页。

② 郭霭春主编：《黄帝内经素问校注》卷12，《痹论篇第四十三》，人民卫生出版社2013年版，第396页。

③ 转引自（清）张英、王士禛等《御定渊鉴类函》卷388，《食物部一·食总载一》，《影印文渊阁四库全书》第992册，台湾商务印书馆1986年版，第506页。

④ （梁）陶弘景：《养性延命录》，载萧天石主编《道藏精华》第1集之《道家养生秘旨导论》，台湾自由出版社1956年版，第33页。

五味调和，这也是"饮食有节"理念的重要体现。如《素问》中言"天食人以五气，地食人以五味"[①]，又称"阴之所生，本在五味；阴之五官，伤在五味"[②]，强调五味必须调和，不能太过，否则必损伤脏腑，滋生病症。

五味调和，要重视"五谷为养，五果为助，五畜为益，五菜为充"[③]的道理。对于现代人而言，尤其不宜过食肥甘厚味，尤其值得重视。《素问》指出，"肥者令人内热，甘者令人中满"[④]，说明过食肥甘厚味，会造成气机壅滞于脾胃，化生内热，引发多种疾病。《吕氏春秋》曰："肥肉厚酒，务以相强，命之曰'烂肠之食'。"[⑤]《医说》等医书，也提出"肉无贪肥脆""菜常令称于肉"等[⑥]禁忌，以及少食肉，多食天赋之味和自然之物的道理。

集安火盆在食材选搭中，以植物性食品为骨架，以多种烹饪技法为依托，以荤素搭配、肥厚适度为偏好，在食材相对朴素的情况下，最大限度地做到了五味调和。

此外，集安火盆中，还有一些食物搭配的民间禁忌，如盛夏不食羊肉、獐肉不合鱼虾等，也属于饮食有节的范畴。值得关注的是，这些民间禁忌，在《金匮要略》等医典中，有类似表述：《备急千金要方》中称："五月勿食獐肉，伤人神气"[⑦]，又称"六月勿食羊肉，伤人神气"[⑧]。《金匮要略》中言："獐肉不可

---

① 郭霭春主编：《黄帝内经素问校注》卷3，《六节藏象论篇第九》，人民卫生出版社2013年版，第104页。

② 郭霭春主编：《黄帝内经素问校注》卷1，《生气通天论篇第三》，人民卫生出版社2013年版，第39页。

③ 郭霭春主编：《黄帝内经素问校注》卷7，《藏气法时论篇二十二》，人民卫生出版社2013年版，第233页。

④ 郭霭春主编：《黄帝内经素问校注》卷13，《奇病论篇第四十七》，人民卫生出版社2013年版，第426页。

⑤ （战国）吕不韦撰、张双棣等译注：《吕氏春秋》，中华书局2007年版，第6页。

⑥ （南宋）张杲：《医说》卷7，《食忌》，《影印文渊阁四库全书》第742册，台湾商务印书馆1986年版，第170页。

⑦ （唐）孙思邈撰、李景荣等校释：《备急千金要方校释》卷26，《食治方》，人民卫生出版社1998年版，第569页。

⑧ （唐）孙思邈撰、李景荣等校释：《备急千金要方校释》卷26，《食治方》，人民卫生出版社1998年版，第567页。

合虾及生菜、梅李果食之，皆病人。"① 在此，我们不得不佩服集安火盆的饮食智慧。

> 植物性食物是低碳食物，动物性食物是高碳食物。联合国粮食及农业组织（FAO）数据显示，较以植物性食物，动物性食物在生产、消费过程中，耗能更高，温室气体排出更量。
>
> 欧美一些有识之士，正在研发"人造肉"等食品，倡导"素食主义"，低碳饮食。集安火盆等中华民族传统膳食，不仅风味独特、营养健康，还符合低碳环保原则，值得推广。

总而言之，集安火盆文化中"节制饮食"之食俗，是中华民族勤俭节约优良传统的具体体现，是中国人"天人合一"哲学观念的具体呈现，不但适宜中国人，尤其是北方人的体质特点及口味偏好，也与低碳环保、可持续发展的当代理念相契合，为中国东北传统饮食文化注入了新内涵。

集安火盆文化中的"节制饮食"，是特殊时代和社会背景下的产物。但是，对身心健康、和谐发展有积极意义。在物资极大丰富的当下，依然是需要继续发扬，值得大力提倡的饮食智慧。

2. 因时制宜

集安火盆的食材及食谱，随季节气候而调整，形成了"因时制宜"的食俗。其本身，与"法于阴阳"的理念暗合。

中国传统医学认为，春季容易发生肝脏疾病，夏季容易发生心脏疾病；秋季容易发生肺脏疾病，冬季容易发生肾脏疾病。故而，《礼记·内则》中有"春多酸，夏多苦，秋多辛，冬多咸，调以甘滑"②的说法。因此，人的饮

---

① （汉）张仲景撰、何任等校注：《金匮要略校注》卷下，《禽兽鱼虫禁忌并治第二十四》，人民卫生出版社2013年版，第206页。
② （汉）郑玄注、（唐）孔颖达疏、龚抗云整理：《礼记正义》卷27，《内则》，北京大学出版社2008年版，第982页。

食，要"法于阴阳"①，顺应时令及环境变化，做出必要调整，以期康泰身心。

岐伯言：

东方青色，入通于肝，开窍于目，藏精于肝，其病发惊骇，其味酸，其类草木，其畜鸡，其谷麦，其应四时，上为岁星，是以春气在头也，其音角，其数八，是以知病之在筋也，其臭臊。

南方赤色，入通于心，开窍于耳，藏精于心，故病在五藏，其味苦，其类火，其畜羊，其谷黍，其应四时，上为荧惑星，是以知病之在脉也，其音徵，其数七，其臭焦。

中央黄色，入通于脾，开窍于口，藏精于脾，故病在舌本，其味甘，其类土，其畜牛，其谷稷，其应四时，上为镇星，是以知病之在肉也，其音宫，其数五，其臭香。

西方白色，入通于肺，开窍于鼻，藏精于肺，故病在背，其味辛，其类金，其畜马，其谷稻，其应四时，上为太白星，是以知病之在皮毛也，其音商，其数九，其臭腥。

北方黑色，入通于肾，开窍于二阴，藏精于肾，故病在豀（xī，无水山谷），其味咸，其类水，其畜彘，其谷豆。其应四时，上为辰星，是以知病之在骨也。其音羽，其数六，其臭腐。

故善为脉者，谨察五藏六府（五脏六腑），一逆一从，阴阳表里、雌雄之纪，藏之心意，合心于精，非其人勿教，非其真勿授，是谓得道。②

《内经》又提出"重阳"思想，主张冬季进补，当以强肾护阳为重，同时多吃苦味食物，水火相济，防止肾水过盛。我们注意到，在冬季，集安火盆的食材选搭及食谱构成，有以下特征：

第一，黑木耳、山核桃、黑豆、黑芝麻的摄入量，明显多于其他季节。这些色黑食品，有强肾护阳的功效。第二，羊肉、鸡肉等肉类食材的比重，明显高于春夏两季。因为羊肉、鸡肉，均性温、味甘，冬季食用，有滋阴护阳的功效。第三，佐餐的热汤，特别是大补元气的参汤，在冬日火盆餐桌上很受欢迎。这类热汤，不但驱寒，还能起到脾肾双调的保健作用。第四，酸辣萝卜等是火盆餐桌"保留曲目"。萝卜有顺气消食、解毒散瘀、利大肠等功效。冬季活动减少，人体垃圾积聚，白萝卜食品可以清肠理气、调理脾胃，对健康很有益处。

---

① 郭霭春主编：《黄帝内经素问校注》卷1，《上古天真论篇第一》，人民卫生出版社2013年版，第3页。

② 郭霭春主编：《黄帝内经素问校注》卷1，《金匮真言论篇第四》，人民卫生出版社2013年版，第46—50页。

此外，比照《内经》理论，其他季节的火盆食谱，我们也能品出"文化"的味道。

如春季食谱，火盆烹饪中，明显加大了葱、香菜的使用量。而且佐餐食品中，还增加了鲜葱卷煎饼、韭菜盒子等品类，与此同时，山楂糕等酸味糕点，则鲜有人食用。按照中医理论，春天是阳气初生的季节，葱、韭、香菜等食品，有辛温发散、扶助阳气的作用。此外，酸入肝，于肝气疏泄不利，故不宜食用酸味食品。至于夏季食谱，火盆口味偏咸，山葡萄汁、酸梅汤等解暑饮品，很受欢迎。这是由于天热多汗，容易造成心肌缺盐，乏累无力症状。因此，以咸味补心，以酸食固表，也是顺应时令的需要。到了秋季，以新产芝麻、松仁、蜂蜜制成的芝麻糖、松仁糕，以及各类蜜饯，摆上餐桌。这些食品，有润燥滋阴、涵养津液的作用，非常适宜天干物躁的深秋气候。

总而言之，五脏与四季有密切关联，饮食不违背五行生克规律，才能保持机体动态平衡，从而维持身体健康。不论春夏秋冬，集安火盆都有一套因时制宜的食谱，并形成一系列颐养身心的食俗。

此外，古人对用餐时间也很重视。譬如《论语·乡党》的"不时不食"，《吕氏春秋》所言的"食能以时，身必无灾"①，都强调了按时进餐的重要性。集安火盆也有"按时进餐"的特征，但是，由于自然环境、烹饪方式的特殊性，其与《论语》《吕氏春秋》中的"按时进餐"截然不同：第一，一般每天只有一次正餐，只有正餐才有火盆；第二，吃吃停停，短则两三小时，长者通宵达旦。

3. 合食共乐

养生莫若养性，药治不如食疗。舒畅愉悦的就餐环境和氛围，对身心健

---

① （战国）吕不韦撰、张双棣等译注：《吕氏春秋》，中华书局2007年版，第25页。

康非常重要。火盆文化在传播发展过程中，形成了"合食共乐"的用餐习俗，并承袭至今。该食俗，以共同参与、共同分享为特征，用餐气氛活跃，令人身心愉悦，充分体现了"独乐乐不如共乐乐"的文化理念，对个人与社会和谐，均有积极意义。

集安火盆的这种特殊食俗，是当地自然、人文环境共同塑造的结果。首先，集安地区从每年11月到次年3月，全年约1/3时间，处于"飘雪"模式，当地居民基本处于"猫冬"状态，有"合食"的气候条件。其次，集安地区山峦重叠，沟谷纵横，人口规模小，居民呈聚落式分布，互助式生产较为常见，食材分享是社会生产的必要环节，有"合食"的社会基础。再次，集安百姓，自古以来，即有在居室内设灶的传统，长期保持居室与炊事合一的生活模式，有"合食"的天然便利。

图 7-3　集安九都山城远眺①

就这样，火盆文化传到集安后，植根于此，绵延不断，进而形成这种需要互助，可以分享，适宜休闲的用餐习俗。在物资相对匮乏，美味难得一尝的时代，这种分享方式，对身心健康很有益处。"分享"既是情谊表达的方式，也是情谊增进的方式。

值得强调的是，集安火盆文化发展过程中，貊人、高句丽人、渤海人、女真人、朝鲜人、汉人等族群、民族，既是"合食共乐"的参与者，也是"合食共乐"的成就者。从这个意义上，较以族名，以地望命名为"集安火

---

① 图片来源：集安市委宣传部供图。

盆"，是最切合实际的方式。

> 　　"合食"与"分食"相对。所谓"合食"，即多人一案。所谓"分食"，即用一人一案。①较以后者，"合食"，是一种更原生态，更粗犷，更"接地气儿"的用餐模式。文献记载的"羌煮""炙豚""貊炙"等，与集安火盆一样，都是较为知名的"合食"用餐模式。

　　集安火盆中"合食共乐"之习俗，对人们的身心健康非常有益处。首先，合食聚餐的活跃气氛，能愉悦身心。古人云，"人之当食，须去烦恼"②，旨在强调用餐时，心情愉悦的重要意义。

　　集安火盆的食用过程，既是食材再加工的过程，也是心绪再调整的过程。集安火盆的"合食"习俗，可以充分调动用餐者的积极性，大家的参与度非常高，可俗可雅，全凭兴致，但无不兴致盎然，气氛活跃，即便有所谓"烦恼"，也会在席间一扫而空。如果厌倦了大都市生活的孤僻、乏味，不妨来集安小住，在千年美食品鉴中，体验一下放飞心情的美好。

　　集安火盆的食用过程，既是风味美食的体验，也是健康饮食理念的体验。集安火盆的"共享"习俗，本身就是天然的"慢餐"模式，并在客观上均衡了食量，与现代康养理念不谋而合。现代营养学研究表明，人们在进餐过程中，大脑需要20分钟，才能获得饱腹感。因而，快餐进食，极易过量。有意识地减慢进食速度，互助分享，可以有效控制食量，预防肥胖等病症发生。

　　林语堂在《吾国与吾民》一书中说道：中国人公开宣称"吃"是人生为"数不多的享受之一"③。集安火盆文化中的"合食共乐"，可以部分诠释国人，对这种"人生至乐"的不懈追求。

---

　　① 参见徐海荣主编《中国饮食史》卷3，杭州出版社2014年版，第175—176页。
　　② 《千金要方》卷27，《道林养性第二》。
　　③ 林语堂：《吾国与吾民》，陕西师范大学出版社2002年版，第324页。

图 7-4　集安角觝墓宴饮图所见"分食"①

图 7-5　东汉宴饮画像砖所见"合食"②

图 7-6　集安人参火盆③

图 7-7　集安火盆④

　　总而言之，集安火盆，植根于中国传统文化，其食材选择、烹饪，以及一系列约定俗成的习惯、禁忌等，都蕴含着朴素哲学思想，并与传统中医理念暗合。因此，集安火盆文化既是中国传统文化理念的诠释，也是中国传统文化内涵的展示。

　　① 图片来源：耿铁华：《高句丽古墓壁画研究》，吉林大学出版社2008年版，图版八。

　　② 图片来源：新浪微博（罗勒叶子blog.sina.com.cn/cllcl62）。东汉宴饮画像砖，长44.4厘米，宽39.2厘米。模制，浅浮雕，图中有七位峨冠博带人物，席地而坐，其间放置案、钵、勺、杯等器具。1972年四川大邑县安仁乡出土。

　　③ 图片来源：杨百春。

　　④ 图片来源：中共通化市委宣传部。

余　　论

集安火盆文化，发端甚远，生生不息，堪称中国东北饮食文化的"活化石"。"推当今以览太古"（东汉应劭语），我们在文化溯源过程中，不但对集安火盆文化的"内在理路"有了全面把握，而且对东北历史文化的丰富内涵也有了全新理解。

集安火盆在食材选搭、食具研制、食品烹饪、食谱构成等方面都有创新。集安火盆是健康食材、烹饪工具、烹饪技法、饮食理念的多元会聚，是积淀厚重的地方特色菜品，是值得推广的健康饮食方式，是东北历史文化发展进程中，值得重视的物质及精神财富积淀。

其食材拣选，以物尽其用为原则，杜绝浪费；其食材加工，以低温烹饪为原则，量材器使；其食谱结构，以营养均衡为原则，顺应时令，荤素有度。集安火盆的烹饪有方、饮食有节、合食共乐，不但有益于用餐者的身心健康，而且对促进可持续发展，也有积极作用。

集安火盆文化研究，需要综合多学科理论方法，有关探讨仍需深入。近年来，"集安火盆"犹如新星，在当地餐饮业中冉冉升起，社科工作者、民俗学家也为之倾心。然而，受理论方法、资料素材等条件限制，相关阐述还值得商榷。尤其是"火盆渊源"，仍有似是而非之论说。

考古发掘资料显示，"火盆"肇端于新石器晚期的辽南地区，尔后辗转传入辽西。大致在汉唐之际，随移民"回归"辽东。复飘忽不定，兴替无常，直到驻足集安，方传承至今。商晚期直至燕秦汉，辽南及辽东的"貊人"遗存，都不见"火盆"踪迹。因此，火盆文化既不始于"貊"，也不止于貊。至于"貊盘"，仅是中原史家的不精确表达。

集安火盆文化，可以丰富东北历史的细节阐述，对有关研究之深入，不无积极意义。近年来，不乏有人以"东北振兴"为视域，解析东北文化的要素构成及本质特征，提出"间歇性发展""文化人格缺失"等论断，并在一定范围内热议，有重要影响。这类论述，自有其积极意义。但是，在个别地区、诸多领域的细节阐述上，还有值得商榷的空间和余地。

以集安等地为例。综合考古发掘、传世文献及田野调查资料，可以肯定，新石器时代晚期以来，上述地区固然出现了较为频繁的人口盈缩和文化兴替。但是，由于特殊的自然和人文环境，这里的人脉赓续始终不断、文化传承始终有序，并未出现所谓的"间歇"或"缺失"。

以"火盆"而言，凡有可食，不择精粗，非能果腹，且能悦心，与"人之大欲"——饮食男女，关系亟重，故能植根民间。在塑造人文之中，亦人文所塑造，在维系传承之中，也为传承所维系。

总之，中国饮食文化博大精深。集安火盆文化，以其历史之悠久、积淀之厚重、风味之独特、营养之均衡、理念之科学，在中华传统饮食文化中独树一帜，值得我们不断继承和发扬！笔者不揣谫陋，抛砖引玉，期待同仁，群策群力，让这株仙草，枝繁叶茂，利益众生！

参考文献

一　古籍专著

[1]（北宋）沈括著，王骧注：《梦溪笔谈注》，江苏大学出版社 2011 年版。

[2]（东汉）服虔：《通俗文》，《丛书集成续编》第 73 册，台湾新文丰出版公司 1988 年版。

[3]（东汉）刘珍等撰，吴树平校注：《东观汉记校注》，中华书局 2008 年版。

[4]（汉）班固：《汉书》，中华书局 1962 年版。

[5]（汉）崔寔著，石声汉校注：《四民月令校注》，中华书局 1965 年版。

[6]（汉）刘熙撰，（清）毕沅疏证、（清）王先谦补：《释名疏证补》，中华书局 2008 年版。

[7]（汉）司马迁：《史记》，中华书局 1959 年版。

[8]（汉）扬雄撰，（晋）郭璞注：《方言》，《影印文渊阁四库全书》第 221 册，台湾商务印书馆 1986 年版。

[9]（汉）张仲景撰，何任等校注：《金匮要略校注》，人民卫生出版社 2013 年版。

[10]（汉）赵晔著，张觉译注：《吴越春秋全译》，贵州人民出版社 1993 年版。

[11]（汉）郑玄注，（唐）孔颖达疏，龚抗云整理：《礼记正义》，北京大学出版社 2008 年版。

[12]（后魏）贾思勰著，缪启愉校释：《齐民要术校释》（第二版），中国农业出版社 2009 年版。

[13]（晋）陈寿：《三国志》，中华书局 1964 年版。

[14]（晋）干宝撰，汪绍楹校注：《搜神记》，中华书局 1979 年版。

[15]（晋）葛洪著，（梁）陶弘景增补，尚志钧辑校：《补辑肘后方》，安徽科学技术出版社 1983 年版。

[16]（梁）顾野王撰，（唐）孙强增补，（宋）陈彭年等重修：《重修玉篇》，《影印文渊阁四库全书》第 224 册，台湾商务印书馆 1986 年版。

[17]（梁）陶弘景：《养性延命录》，萧天石主编：《道藏精华》第一集之一《道家养生秘旨导论》，台湾自由出版社 1956 年版。

[18]（梁）陶弘景撰，尚志钧辑校：《名医别录》。人民卫生出版社 1986 年版。

[19]（明）冯复京：《六家诗名物疏》，《影印文渊阁四库全书》第 80 册，台湾商务印书馆 1986 年版。

[20]（明）李时珍：《本草纲目》（第 1 册），人民卫生出版社 1975 年版。

[21]（明）李时珍：《本草纲目》（第 2 册），人民卫生出版社 1979 年版。

[22]（明）李时珍：《本草纲目》（第 3 册），人民卫生出版社 1978 年版。

[23]（明）李时珍：《本草纲目》（第 4 册），人民卫生出版社 1981 年版。

[24]（明）姚可成汇辑，楼绍来、连美君点校：《食物本草》，人民卫生出版社 1994 年版。

[25]（南朝梁）沈约：《宋书》，中华书局 1974 年版。

[26]（南朝梁）萧子显：《南齐书》，中华书局 1972 年版。

[27]（南朝宋）范晔著，（唐）李贤等注：《后汉书》，中华书局 1965 年版。

[28]（南朝宋）刘义庆著，余嘉锡笺疏：《世说新语笺疏》（第 2 版），中

华书局 2007 年版。

[29]（南宋）张杲：《医说》，《影印文渊阁四库全书》第 742 册，台湾商务印书馆 1986 年版。

[30]（清）曹寅等：《御定全唐诗》卷 609，《影印文渊阁四库全书》第 1429 册，台湾商务印书馆 1986 年版。

[31]（清）陈寿祺：《左海文集乙编》，《续修四库全书》第 1496 册，上海古籍出版社 2002 年版。

[32]（清）段玉裁：《说文解字注》，中华书局 2013 年版。

[33]（清）郝懿行：《尔雅义疏》，上海古籍出版社 1983 年版。

[34]（清）胡培翚撰，段熙仲点校：《仪礼正义》，江苏古籍出版社 1993 年版。

[35]（清）金兆燕：《棕亭骈体文钞》，《续修四库全书》第 1442 册，上海古籍出版社 2002 年版。

[36]（清）刘锦藻：《清朝续文献通考》，商务印书馆 1936 年版。

[37]（清）瞿中溶：《集古官印考》，清同治十三年刻本。

[38]（清）宋荦：《西陂类稿》，《影印文渊阁四库全书》第 1323 册，台湾商务印书馆 1986 年版。

[39]（清）孙诒让：《周礼正义》，中华书局 1987 年版。

[40]（清）王孟英：《王孟英医学全书·随息居饮食谱》，中国中医药出版社 1999 年版。

[41]（清）王文诰辑注，孔凡礼点校：《苏轼诗集》，中华书局 1982 年版。

[42]（清）姚范：《援鹑堂笔记》，清道光乙未冬姚莹刻本。

[43]（清）张英、王士禛等：《御定渊鉴类函》，《影印文渊阁四库全书》第 992 册，台湾商务印书馆 1986 年版。

[44]（清）张玉书、陈廷敬撰，王宏源增订：《康熙字典》（增订版），社会科学文献出版社 2015 年版。

[45]（清）赵翼：《陔馀丛考》，河北人民出版社 2007 年版。

[46]（宋）李昉等撰：《太平御览》，《影印文渊阁四库全书本》第 899 册，台湾商务印书馆 1986 年版。

[47]（宋）罗愿撰，（元）洪焱祖音释：《尔雅翼》，《影印文渊阁四库全书》第 222 册，台湾商务印书馆 1986 年版。

[48]（宋）欧阳修、宋祁等撰：《新唐书》，中华书局 1975 年版。

[49]（宋）司马光编著，（元）胡三省音注：《资治通鉴》，中华书局 1956 年版。

[50]（宋）王应麟：《诗地理考》，《影印文渊阁四库全书》第 75 册，台湾商务印书馆 1986 年版。

[51]（唐）段成式著，许逸民笺：《酉阳杂俎校笺》，中华书局 2015 年版。

[51]（唐）房玄龄等撰：《晋书》，中华书局 1974 年版。

[53]（唐）李百药：《北史》，中华书局 1974 年版。

[54]（唐）李延寿：《南史》，中华书局 1975 年版。

[55]（唐）皮日休、陆龟蒙：《松陵集》，《影印文渊阁四库全书》第 1332 册，台湾商务印书馆 1986 年版。

[56]（唐）孙思邈撰、李景荣等校释：《备急千金要方校释》，人民卫生出版社 1998 年版。

[57]（西晋）张华撰，范宁校证：《博物志校证》，中华书局 1980 年版。

[58]（元）辛文房：《唐才子传》，《影印文渊阁四库全书》第 451 册，台湾商务印书馆 1986 年版。

[59]（战国）韩非著，陈奇猷校注：《韩非子新校注》，上海古籍出版社 2000 年版。

[60]（战国）吕不韦撰，张双棣等译注：《吕氏春秋》，中华书局 2007 年版。

[61]《光绪辑安县乡土志》，凤凰出版社、上海书店、巴蜀书社 2006 年

版。

[62]《中国考古学研究》编委会：《中国考古学研究——夏鼐先生考古五十年纪念论文集》，文物出版社 1986 年版。

[63] 北京大学考古系，烟台市博物馆编：《胶东考古》，文物出版社 2001 年版。

[64] 北京大学考古系编：《考古学研究（三）》，科学出版社 1997 年版。

[65] 北京市文物研究所：《镇江营与塔照——拒马河流域先秦考古文化的类型与谱系》，中国大百科全书出版社 1999 年版。

[66] 大连市文物考古研究所：《大嘴子——青铜时代遗址 1987 年发掘报告》，大连出版社 2000 年版。

[67] 藩吉星：《天工开物校注及研究》，巴蜀书社 1989 年版。

[68] 耿铁华：《高句丽古墓壁画研究》，吉林大学出版社 2008 年版。

[69] 郭霭春主编：《黄帝内经素问校注》，人民卫生出版社 2013 年版。

[70] 郭沫若：《两周金文辞大系图录考释（二）》，科学出版社 2002 年版。

[71] 郭沫若：《两周金文辞大系图录考释（一）》，科学出版社 2002 年版。

[72] 华玉冰：《中国东北地区石棚研究》，科学出版社 2011 年版。

[73] 黄怀信：《逸周书校补注译》，西北大学出版社 1996 年版。

[74] 黄晖：《论衡校释》，中华书局 1990 年版。

[75] 李殿福：《东北考古研究》，中州古籍出版社 1994 年版。

[76] 李笃笃、高美璇：《马城子》，文物出版社 1994 年版。

[77] 李健才：《东北史地考略（续集）》，吉林文史出版社 1995 年版。

[78] 李翔凤撰：《管子校注》，中华书局 2004 年版。

[79] 李新全等：《五女山城》，文物出版社 2004 年版。

[80] 李伊萍：《龙山文化——黄河下游文明进程的重要阶段》，科学出版社 2004 年版。

[81] 辽宁省文物考古研究所、本溪市博物馆：《马城子——太子河上游洞

穴遗存》，文物出版社 1994 年版。

[82] 辽宁省文物考古研究所等：《大南沟——后红山文化墓地发掘报告》，科学出版社 1998 年版。

[83] 林语堂：《吾国与吾民》，陕西师范大学出版社 2002 年版。

[84] 栾丰实：《海岱地区考古研究》，山东大学出版社 1997 年版。

[85] 内蒙古文物考古研究所编：《内蒙古文物考古文集》，中国大百科全书出版社 1994 年版。

[86] 邱庞同：《中国菜肴史》，青岛出版社 2010 年版。

[87] 任百尊主编：《中国食经》，上海文化出版社 1999 年版。

[88] 山东省文物考古研究所：《山东 20 世纪的考古发现和研究》，科学出版社 2005 年版。

[89] 山东省文物考古研究所编著：《山东 20 世纪的考古发现和研究》，科学出版社 2005 年版。

[90] 万国鼎：《氾胜之书辑释》，农业出版社 1980 年版。

[91] 王绵厚：《高句丽古城研究》，文物出版社 2002 年版。

[92] 王绵厚：《高句丽与秽貊研究》，哈尔滨出版社 2005 年版。

[93] 吴广孝：《集安高句丽壁画》，山东画报出版社 2006 年版。

[94] 徐海荣主编：《中国饮食史》，杭州出版社 2014 年版。

[95] 徐南村：《盐铁论集释》，广文书局 1975 年版。

[96] 徐钦琦、谢飞、王建主编：《史前考古学新进展》，科学出版社 1999 年版。

[97] 杨伯峻编著：《春秋左传注》，中华书局 1990 年版。

[98] 张凤台编撰，黄元甲、李若迁校注：《长白汇征录》，吉林文史出版社 1987 年版。

[99] 张孟伦：《汉魏饮食考》，兰州大学出版社 1998 年版。

[100] 张锡纯：《医学衷中参西录》，山西科学技术出版社 2009 年版。

[101] 张学海主编:《纪念城子崖遗址发掘 60 周年国际学术讨论会文集》,齐鲁出版社 1993 年版。

[102] 张亚初编著:《殷周金文集成引得》,中华书局 2001 年版。

[103] 章炳麟著,徐复注:《訄书详注》,上海古籍出版社 2017 年版。

[104] 赵宾福:《东北石器时代考古》,吉林大学出版社 2003 年版。

[105] 赵宾福:《中国东北地区夏至战国时期的考古学文化研究》,科学出版社 2009 年版。

[106] 中国古代书画鉴定组编:《中国绘画全集》第 3 卷,浙江人民美术出版社 1999 年版。

[107] 中国画像石全集编辑委员会:《中国画像石全集》第 2 卷,山东美术出版社 2000 年版。

[108] 中国墓室壁画全集编辑委员会编:《中国墓室壁画全集》(3),河北教育出版社 2011 年版。

[109] 中国现代美术全集编辑委员会编:《中国现代美术全集·壁画》,台北锦年国际有限公司 1997 年版。

[110] 中国科学院考古研究所编:《梁思永考古论文集》(《考古学专刊》甲种第五号),科学出版社 1959 年版。

[111] 中国历史博物馆考古部编:《中国历史博物馆考古部纪念文集》,科学出版社 2000 年版。

[112] 中国社会科学院考古研究所:《双砣子与岗上——辽东史前文化的发现和研究》,科学出版社 1996 年版。

[113] 中国社会科学院考古研究所编:《考古求知集——96 考古研究所中青年学术讨论会文集》,中国科学出版社 1997 年版。

[114] 中国社会科学院考古研究所编著:《六顶山与渤海镇:唐代渤海国的贵族墓地与都城遗址》,中国大百科全书出版社 1997 年版。

[115] 中国社科院考古研究所:《双砣子与岗上:辽东史前文化的发现和

研究》，科学出版社 1996 年版。

[116] 周振甫译注：《诗经译注》，中华书局 2012 年版。

[117] 朱凤瀚：《中国青铜器综论》，上海古籍出版社 2009 年版。

二　期刊论文

[1] 北京大学考古实习队：《河北唐山地区史前遗址调查》，《考古》1990 年第 8 期。

[2] 曾骐：《石峡文化的陶器》，《中山大学学报（哲学社会科学版）》1985 年第 5 期。

[3] 朝阳博物馆、朝阳市城区博物馆：《辽宁朝阳市姑营子辽代耿氏家族 3、4 号墓发掘简报》，《考古》2011 年第 8 期。

[4] 朝阳博物馆：《辽宁朝阳市金代纪年墓葬的发掘》，《考古》2012 年第 3 期。

[5] 朝阳地区博物馆：《辽宁朝阳唐韩贞墓》，《考古》1973 年第 6 期。

[6] 朝阳市博物馆、朝阳市龙城区博物馆：《辽宁朝阳召都巴金墓》，《北方文物》2005 年第 3 期。

[7] 陈国庆、张鑫：《北沟文化分期与渊源考》，吉林大学边疆考古研究中心：《边疆考古研究》第 13 辑，科学出版社 2013 年版。

[8] 陈国庆：《浅析小河沿文化与其他考古学文化的互动关系》，吉林大学边疆考古研究中心：《边疆考古研究》第 8 辑，科学出版社 2009 年版。

[9] 陈国庆：《试论赵宝沟文化》，《考古学报》2008 年第 2 期。

[10] 赤峰市博物馆、敖汉旗博物馆：《赤峰市敖汉旗七家红山文化遗址发掘报告》，《草原文物》2015 年第 1 期。

[11] 大同市博物馆：《大同市南郊金代壁画墓》，《考古学报》1992 年第 4 期。

[12] 东北考古与历史编委会编：《东北考古与历史》第 1 辑，文物出版社

1982 年版。

[13] 董玉芹：《辽宁岫岩发现金代铁鍪》，《北方文物》1997 年第 8 期。

[14] 杜战伟、赵宾福、刘伟：《后洼上层文化的渊源与流向——论辽东地区以刻划纹为标识的水洞下层文化系统》，《北方文物》2014 年第 1 期。

[15] 方辉：《岳石文化的分期与年代》，《考古》1998 年第 4 期。

[16] 冯永谦：《箸文化历史与考古学发现论说》，《辽宁省博物馆馆刊》，辽海出版社 2008 年版。

[17] 抚顺博物馆：《新宾老城石棺墓发掘报告》，《辽海文物学刊》1993 年第 2 期。

[18] 高芳、华阳、霍东峰：《老铁山·将军山积石墓浅析》，《内蒙古文物考古》2009 年第 1 期。

[19] 高广仁：《试论大汶口文化的分期》，《考古学报》1978 年第 4 期。

[20] 高启安：《"貊盘"考——兼论游牧肉食方式对中原的影响》，载赵荣光等主编：《留住祖先餐桌的记忆：2011 杭州·亚洲食学论坛论文集》，云南人民出版社 2011 年版。

[21] 耿铁华、林至德：《集安高句丽陶器的初步研究》，《文物》1984 年第 1 期。

[22] 顾颉刚：《三监的结局》，《文史》1988 年第 2 期。

[23] 郭大顺、马莎：《以辽河流域为中心的新石器时代文化》，《考古学报》1985 年第 4 期。

[24] 郭大顺：《红山文化研究新动向》，席永杰：《首届"中国·赤峰红山文化国际高峰论坛"纪要》，《赤峰学院学报（汉文哲学社会科学版）》2007 年第 1 期。

[25] 湖北省文物考古研究所：《湖北省天门市张家山新石器时代遗址发掘简报》，《江汉考古》2004 年第 7 期。

[26] 湖南清江隔河岩考古队：《湖北清江香炉石遗址的发掘》，《文物》

1995 年第 9 期。

[27] 华阳、霍东峰、付珺:《四平山积石墓再认识》,《赤峰学院学报（汉文哲学社会科学版）》2009 年第 2 期。

[28] 华玉冰、王来柱:《新城子文化初步研究:兼谈与辽东地区相关考古遗存的关系》,《考古》2011 年第 6 期。

[29] 霍东峰:《环渤海地区新石器时代考古学文化研究》,博士学位论文,吉林大学,2010 年。

[30] 吉林大学边疆考古研究中心、内蒙古文物考古研究所:《2006 年赤峰上机房营子石城址考古发掘简报》,《北方文物》2008 年第 3 期。

[31] 吉林大学边疆考古研究中心、内蒙古文物考古研究所:《内蒙古赤峰市康家湾遗址 2006 年发掘简报》,《考古》2008 年第 11 期。

[32] 吉林大学考古学系、辽宁省文物考古研究所、旅顺博物馆、金州博物馆:《金州庙山青铜时代遗址》,《辽海文物学刊》1992 年第 1 期。

[33] 吉林省博物馆辑安考古队:《吉林辑安麻线沟一号壁画墓》,《考古》1964 年第 10 期。

[34] 吉林省文物考古研究所:《吉林抚松新安遗址发掘报告》,《考古学报》2013 年第 3 期。

[35] 吉林省文物考古研究所:《集安禹山 540 号墓清理报告》,《北方文物》2009 年第 1 期。

[36] 集安县文物保管所:《集安县两座高句丽积石墓的清理》,《考古》1979 年第 3 期。

[37] 集安县文物管理所:《集安高句丽墓葬发掘简报》,《考古》1983 年第 4 期。

[38] 贾莹、朱泓、金旭东、赵殿坤:《通化万发拨子墓葬颅骨人种的类型》,《社会科学战线》2006 年第 3 期。

[39] 贾莹、朱泓、金旭东、赵殿坤:《通化万发拨子遗址春秋战国时期丛

葬墓颅骨的观察与测量》，吉林大学边疆考古研究中心：《边疆考古研究》第 2 辑，科学出版社 2004 年版。

[40] 金旭东：《吉林通化万发拨子遗址》，国家文物局主编：《1999 中国重要考古发现》，文物出版社 2001 年版。

[41] 金旭东等：《探索高句丽的起源》，《中国文物报》2000 年 3 月 19 日。

[42] 考古研究所洛阳发掘队：《1958 年洛阳东干沟遗址发掘简报》，《考古》1959 年第 10 期。

[43] 李爱玲：《西周燕国农业探研》，《农业考古》2013 年第 4 期。

[44] 李恭笃：《辽宁敖汉旗小河沿三种原始文化的发现》，《文物》1977 年第 12 期。

[45] 李恭笃：《辽宁凌源县三官甸子城子山遗址试掘报告》，《考古》1986 年第 6 期。

[46] 李浩然：《小珠山五期文化研究》，硕士论文，辽宁师范大学，2015 年。

[47] 李建平：《先秦两汉粮食容量制度单位量词考》，《农业考古》2014 年第 4 期。

[48] 李健才：《三论北夫余、东夫余即夫余的问题》，《社会科学战线》2000 年第 6 期。

[49] 李开森：《是温酒器，还是食器——关于汉代染炉染杯功能的考古实验报告》，《文物天地》1996 年第 2 期。

[50] 梁志龙、王俊辉：《辽宁桓仁出土青铜遗物墓葬及相关问题》，《博物馆研究》1994 年第 2 期。

[51] 梁志龙：《辽宁本溪刘家哨发现青铜短剑墓》，《考古》1992 年第 4 期。

[52] 辽宁省博物馆、旅顺博物馆、长海县文化馆：《长海县广鹿岛大长山岛贝丘遗址》，《考古学报》1981 年第 1 期。

[53] 辽宁省博物馆、旅顺博物馆：《大连市郭家村新石器时代遗址》，《考古学报》1984 年第 3 期。

[54] 辽宁省博物馆、昭乌达盟文物工作站、赤峰县文化馆：《内蒙古赤峰县四分地东山咀遗址试掘简报》，《考古》1983 年第 5 期。

[55] 辽宁省文物干部培训班：《辽宁北票丰下遗址 1972 年春发掘简报》，《考古》1976 年第 6 期。

[56] 辽宁省文物考古研究所、朝阳市博物馆、朝阳县文物管理所：《辽宁朝阳田草沟晋墓》，《文物》1997 年第 11 期。

[57] 辽宁省文物考古研究所：《辽宁凌源安杖子古城址发掘报告》，《考古学报》1996 年第 2 期。

[58] 辽宁省文物考古研究所：《牛河梁第十六地点红山文化积石冢中心大墓发掘简报》，《文物》2008 年第 10 期。

[59] 辽宁省西丰县文物管理所：《辽宁西丰县新发现的几座石棺墓》，《考古》1995 年第 2 期。

[60] 辽宁文物考古研究所、吉林大学考古学系：《辽宁彰武平安堡遗址》，《考古学报》1992 年第 4 期。

[61] 林晓平：《简说汉代耳杯》，《华夏考古》2013 年第 4 期。

[62] 林沄：《夏代的中国北方系青铜器》，吉林大学边疆考古研究中心等主编：《边疆考古研究》第 1 辑，科学出版社 2002 年版。

[63] 刘俊勇、王璁：《辽宁大连市郊区考古调查简报》，《考古》1994 年第 1 期。

[64] 刘俊勇：《大连市旅顺口区小黑石砣子古代遗址破坏纪实》，《辽宁文物》1981 年第 1 期。

[65] 刘武、邢松、张银运：《中国直立人牙齿特征变异及其演化意义》，《人类学学报》2015 年第 4 期。

[66] 栾丰实：《北辛文化研究》，《考古学报》1998 年第 3 期。

[67] 旅大市文物管理组：《旅顺老铁山积石墓》，《考古》1978 年第 2 期。

[68] 旅顺博物馆、辽宁省博物馆：《旅顺于家村遗址发掘简报》，《考古》

编辑部编：《考古学集刊》(一)，中国社会科学出版社 1981 年版。

[69] 马健：《集安七星山 96 号高句丽积石墓时代小议》，《博物馆研究》2013 年第 3 期。

[70] 马世之：《也谈王子婴次炉》，《江汉考古》1984 年第 1 期。

[71] 齐俊：《辽宁桓仁浑江流域新石器及青铜时期的遗迹和遗物》，《北方文物》1992 年第 1 期。

[72] 乔梁：《高句丽陶器的编年与分期》，《北方文物》1999 年第 4 期。

[73] 任日新：《山东诸城汉墓画像石》，《文物》1981 年第 10 期。

[74] 山东省博物馆、聊城地区文化局、茌平县文化馆：《山东茌平县尚庄遗址第一次发掘简报》，《文物》1978 年第 4 期。

[75] 山东省博物馆：《谈谈大汶口文化》，文物编辑委员会编：《文物集刊——长江下游新石器时代文化学术讨论会文集》，文物出版社 1980 年版。

[76] 山东省文物考古研究所：《茌平尚庄新石器时代遗址》，《考古学报》1985 年第 4 期。

[77] 山东省文物考古研究所：《山东高青县陈庄西周遗存发掘简报》，《考古》2011 年第 2 期。

[78] 山东省文物考古研究所：《山东高青县陈庄西周遗址》，《考古》2010 年第 8 期。

[79] 沈阳市文物管理办公室：《沈阳新民县高台山遗址》，《考古》1982 年第 2 期。

[80] 沈阳市文物管理办公室：《新民高台山新石器时代遗址和墓葬》，《辽宁文物》1981 年第 1 期。

[81] 随县擂鼓墩一号墓考古发掘队：《湖北随县曾侯乙墓发掘简报》，《文物》1979 年第 7 期。

[82] 孙灵芝、梁峻：《论民族芳香药的研究》，《中国民族民间医药》2015 年第 4 期。

[83] 索秀芬、李少兵：《兴隆洼文化的类型研究》，《考古》2013 年第 11 期。

[84] 索秀芬：《燕山南北地区新石器时代文化研究》，博士学位论文，吉林大学，2006 年。

[85] 唐淼、段天璟：《夏时期下辽河平原地区考古学文化刍议——以高台山为中心》，吉林大学边疆考古研究中心编：《边疆考古研究》第 7 辑，科学出版社 2008 年版。

[86] 唐淼：《长白山地及其延伸地带青铜时代墓葬分群及谱系关系》，吉林大学边疆考古研究中心：《边疆考古研究》第 11 辑，科学出版社 2012 年版。

[87] 田广林：《关于夏家店下层文化燕北类型的年代及相关问题》，《内蒙古大学学报（人文社会科学版）》2003 年第 2 期。

[88] 田立坤、万欣、李国学：《朝阳十二台营子附近的汉墓》，《北方文物》1990 年第 10 期。

[89] 王春鸣：《双砣子二期文化研究》，硕士学位论文，辽宁师范大学，2013 年。

[90] 王璁：《小黑石砣子遗址被破坏地段清理简报》，《辽宁文物》1982 年第 3 期。

[91] 王富德、潘世泉：《关于新乐遗址出土炭化谷物形态鉴定初步结果》，李德深：《新乐遗址学术讨论会文集》，沈阳市文物管理办公室出版，1983 年。

[92] 王立新、齐晓光、夏保国：《夏家店下层文化渊源刍论》，《北方文物》1993 年第 2 期。

[93] 王绵厚：《高句丽的城邑制度与山城》，《社会科学战线》2001 年第 4 期。

[94] 王绵厚：《关于汉以前东北貊族考古学文化的考察》，《文物春秋》1994 年第 1 期。

[95] 王绵厚：《关于通化万发拨子遗址的考古与民族学考察》，《北方文物》2001 年第 1 期。

[96] 王绵厚：《辽东"貊系"青铜文化的重要遗迹及其向高句丽早期文化的传承演变——关于高句丽早期历史的若干问题之四》，《东北史地》2006 年第 6 期。

[97] 王青：《试论山东龙山文化郭家村类型》，《考古》1995 年第 1 期。

[98] 王颖娟、王志俊：《试论史前进食用具箸的出现》，西安半坡博物馆编：《史前研究》，三秦出版社 2004 年版。

[99] 文化部文物局田野考古领队培训班：《兖州西吴寺遗址第一、二次发掘简报》，《文物》1986 年第 8 期。

[100] 席永杰、滕海键、季静：《夏家店上层文化研究述论》，《赤峰学院学报（汉文哲学社会科学版）》2011 年第 5 期。

[101] 新民县文化馆、沈阳市文物管理办公室：《新民高台山新石器时代遗址 1976 年发掘简报》，《文物资料丛刊》第 7 辑，文物出版社 1983 年版。

[102] 许明纲、许玉林、苏小华、刘俊勇、王璀英：《长海县广鹿岛大长山岛贝丘遗址》，《考古学报》1981 年第 1 期。

[103] 许明纲：《试论大连地区新时期和青铜文化》，中国考古学会编：《中国考古学会第六次年会论文集》，文物出版社 1990 年版。

[104] 许玉林、杨永芳：《辽宁岫岩北沟西山遗址发掘简报》，《考古》1992 年第 5 期。

[105] 许玉林：《后洼遗址考古新发现与研究》，中国考古学会编：《中国考古学会第六次年会论文集》，文物出版社 1990 年版。

[106] 杨福瑞：《小河沿文化陶器及相关问题的再认识》，《赤峰学院学报（汉文哲学社会科学版）》2008 年第 S1 期。

[107] 杨贵金、毋建庄：《河南焦作市出土西汉铜鍪》，《中原文物》1994 年第 4 期。

[108] 杨建华：《赤峰东山嘴遗址布局分析及其相关问题》，《北方文物》2001 年第 1 期。

[109] 杨占风、李鹏昊：《郭家村遗址分期再研究》,《内蒙古文物考古》2008 年第 2 期。

[110] 沂水县博物馆：《山东沂水县发现金代铁器》,《考古》1996 年第 7 期。

[111] 袁广阔：《二里头文化研究》, 郑州大学 2005 年博士学位论文。

[112] 张丽、沈冠军、傅仁义、赵建新：《辽宁本溪庙后山遗址铀系测年初步结果》,《东南文化》2007 年第 3 期。

[113] 赵宾福、杜战伟：《太子河上游三种新石器文化的辨识——论本溪地区水洞下层文化、偏堡子文化和北沟文化》,《中国国家博物馆馆刊》2011 年第 10 期。

[114] 赵宾福、杜战伟：《新乐下层文化的分期与年代》,《文物》2011 年第 3 期。

[115] 赵宾福：《从并立到互动——辽宁青铜时代的文化格局》,《辽宁大学学报（哲学社会科学版）》2015 年第 1 期。

[116] 赵宾福：《东北地区新石器时代考古学文化的发展阶段与区域特征》,《社会科学战线》2004 年第 4 期。

[117] 赵宾福：《双房文化青铜器的型式学与年代学研究》,《文物与考古》2010 年第 1 期。

[118] 赵宾福：《以陶器为视角的双房文化分期研究》,《考古与文物》2008 年第 1 期。

[119] 赵朝洪、吴小红：《中国早期陶器的发现、年代测定及早期制陶工艺的初步探讨》,《陶瓷学报》2000 年第 4 期。

[120] 赵建民：《北京 "焖炉烤鸭" 与汉代 "貊炙" 之历史渊源》,《扬州大学烹饪学报》2013 年第 1 期。

[121] 赵霖：《中华民族传统膳食结构的特点和优势》,《中国食品学报》2004 年第 5 期。

[122] 赵荣光：《箸的出现及相关问题的历史考察》, 西安半坡博物馆编：

《史前研究》，三秦出版社 2002 年版。

[123] 赵荣光：《箸与中华民族饮食文化》，《农业考古》1997 年第 1 期。

[124] 郑钧夫：《燕山南北地区新石器时代晚期遗存研究》，博士学位论文，吉林大学考古学及博物馆学，2010 年。

[125] 中国科学院考古研究所辽宁工作队：《敖汉旗大甸子遗址 1974 年试掘简报》，《考古》1975 年第 2 期。

[126] 中国社会科学院考古研究所、辽宁省文物考古研究所、大连市文物考古研究所：《辽宁长海县小珠山新石器时代遗址发掘简报》，《考古》2009 年第 5 期。

[127] 中国社会科学院考古研究所、内蒙古自治区文物考古研究所、吉林大学考古系赤峰考古队：《内蒙古喀喇沁旗大山前遗址 1996 年发掘简报》，《考古》1998 年第 9 期。

[128] 中国社会科学院考古研究所、内蒙古自治区文物考古研究所赤峰考古队、吉林大学边疆考古研究中心：《内蒙古喀喇沁旗大山前遗址 1998 年的发掘》，《考古》2004 年第 3 期。

[129] 中国社会科学院考古研究所安阳工作队：《安阳殷墟五号墓的发掘》，《考古学报》1977 年第 2 期。

[130] 中国社会科学院考古研究所等：《内蒙古喀喇沁旗大山前遗址 1998 年的发掘》，《考古》2004 年第 3 期。

[131] 中国社会科学院考古研究所东北考古队：《沈阳肇工街和郑家洼子遗址的发掘》，《考古》1989 年第 10 期。

[132] 朱泓：《兖州西吴寺龙山文化颅骨的人类学特征》，《考古》1990 年第 10 期。

三 网络资源

[1] "维基百科"（https：//en.wikipedia.org）。

[2] (元) 佚名：《增广和剂局方药性总论》(http：//www.zysj.com.cn)。

[3] 新浪微博 (《权利与信仰》——良渚文化展)(http：//blog.sina.com.cn)。

[4] 豆瓣网 (https：//www.douban.com)。

[5] 北京大学赛克勒考古与艺术博物馆网站 (http：//amsm.pku.edu.cn)。

[6] 北京自然博物馆网站 (http：//www.bmnh.org.cn)。

[7] 甘肃省博物馆网站 (http：//www.gansumuseum.com)。

[8] 河南博物院网站 (http：//www.chnmus.net)。

[9] 湖南考古·考古知识 (李忠超)(http：//www.hnkgs.com)。

[10] 吉林省图书馆 "打牲乌拉图片库" (http：//222.161.207.53)。

[11] 吉林省图书馆 "长白山动植物图片数据库" (http：//222.161.207.53)。

[12] 旅顺博物馆网站 (http：//www.lvshunmuseum.org)。

[13] 青岛市博物馆网站 (http：//www.qingdaomuseum.com)。

[14] 山东博物馆网站 (http：//www.sdmuseum.com)。

[15] 山西省博物院网站 (http：//www.shanximuseum.com)。

[16] 陕西省博物馆网站 (http：//www.sxhm.com)。

[17] 上海博物馆网站 (https：//www.shanghaimuseum.net)。

[18] 四川博物院网站 (http：//www.scmuseum.cn)。

[19] 潍坊市博物馆网站 (http：//www.wfsbwg.com)。

[20] 新浪微博 (罗勒叶子 blog.sina.com.cn/cllcl62)。

[21] 新乡市博物馆网站 (http://www.xxbwg.com)。

[22] 壹号收藏网 (http：//www.1shoucang.com)。

[23] 营口市博物馆网站 (http：//www.ykbwg.com)。

[24] 浙江省博物馆网站 (http：//www.zhejiangmuseum.com)。

[25] 中国国家博物馆网站 (http：//www.chnmuseum.cn)。

[26] 中国考古网 (http://www.kaogu.cn/cn/l)。

[27] 中国农业博物馆网站 (http：//www.ciae.com.cn)。

后　记

　　《集安火盆文化》，缘于 2016 年秋的一次工作汇报。笔者提出"貊盘即火盆"的概念，为时任通化市委常委宣传部经希军部长所重视。部长鼓励笔者，把研究工作深入进行下去。

　　2017 年，在希军部长及通化市委宣传部积极推动下，"集安火盆"登上央视舞台《魅力中国城》。至此，"集安火盆文化"研究正式启动，同时得到时任集安市委书记李东友、市长杨文慧的鼎力支持，2018 年 11 月，出版立项工作顺利完成。

　　希军部长后虽调任其他领导岗位，但是始终关注写作进度，并对火盆文化传播提出卓见，寄予厚望。本书写作，还得到原吉林省社科院邵汉明院长、吉林大学领军人才刘信君教授的关怀指导。原辽宁省博物馆王绵厚馆长、吉林省考古研究所安文荣所长、通化师范学院耿铁华教授亦不吝赐教。通化市社科联、柳河县委宣传部、集安市委宣传部等部门领导也热情襄助。长春工程学院张米教授拨冗润色插图，中国社会科学出版社安芳女士精心编校，并倾力推进出版发行工作。值此，谨致以诚挚谢忱！

　　本书旨在通过学术深耕，诠释地域特色美食，弘扬优秀传统文化，助力东北振兴发展。由于格局粗创，请不吝赐正。因沟通渠道所限，笔者未能与部分图片作者取得联系，各位朋友若有稿费诉求，我们将按行业标准支付。

著者

己亥年立秋